JN023713

大学初年次で学ぶ

物理のコツ

Tips on Physics for Freshman

浅賀 圭祐・秋山 永治［共著］

鈴木 久男［監修］

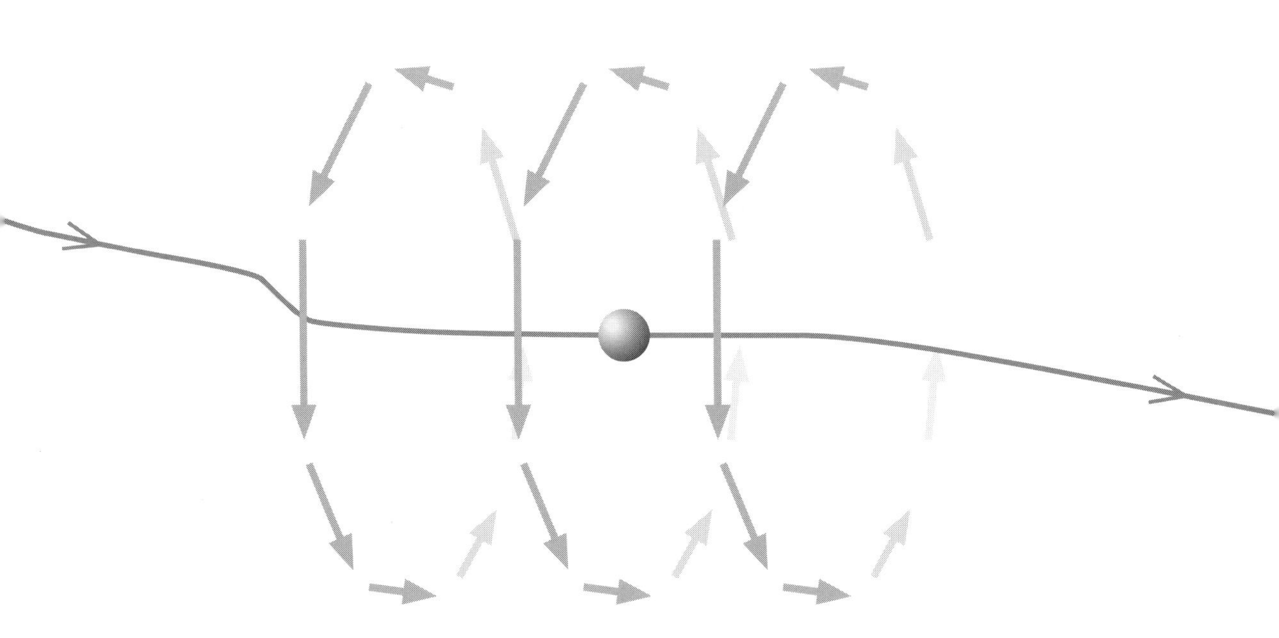

学術図書出版社

はじめに

大学に入学し，物理学の履修に不安を感じる学生は少なくありません．特に高校で物理を選択しておらず，大学から物理学を学びはじめる学生にはなおさらのことでしょう．それでも，興味を持っている専門分野を学ぶために必要な基礎学力を身に付けるため，物理学に全力で取り組みたいと思っている学生も多いと思います．本書は大学で初めて物理学の学習をはじめる学生の方にもわかりやすいように，大学教養レベルの物理学の要点を解説しています．しかし，決してレベルを下げて解説しているわけではありません．難しいと思われがちな物理学ですが，丁寧な説明があれば，誰でも必ず理解できるものという確信があるからです．もちろん，高校で物理を履修した学生にとっても，基礎を固め理解を深めるために大いに役立つことでしょう．本書が皆さんの物理学の学習にお役に立てば幸いです．

微積分を用いるのが本来の物理学

さて，大学初年次で学ぶ物理学の主な内容は「力学・波動」「熱力学」「電磁気学」です（流体力学，光学，核物理学などを重点的に学ぶ場合もあります）．実は大学初年次の物理学で扱う内容は高校物理とそれほど変わりません．では何が違うのでしょうか．高校物理では基本的に，微積分を用いずに物理的な概念を理解することを目標としています．それに対し，大学初年次の物理学では微積分を用います．そうすることで，高校物理における複数の“公式”が一つに繋がり，物理量の厳密な定義ができるようになって，様々な現象を幅広く扱えるようになります．別の視点でいえば，大学初年次の物理学は高校物理を正当な方法でやり直すことともいえるでしょう．したがって，高校物理を学んでいないことに気後れする必要はありません．逆にいうと，“高校で物理をやっていない”というのは単なる言い訳になってしまいます．それよりも“大学で最初から学べるんだ”と前向きに捉えましょう．勉強するのに時期は関係ありません．曖昧な理解のままにせず納得できるまで自分の頭で考え理解を積み重ねることが最も重要です．

使う数学は高校レベル $+\alpha$

微積分を用いるといっても，高校レベル（数学Ⅲ程度）の微積分ができれば十分です．大学の微分積分学を同時に履修しないと理解できないということでは決してありません．とはいえ高校レベルを超えた数学も出てきます．そのときには必ず補足説明があるはずなので，その都度理解していきましょう．その反面，大学の授業で高校レベルの数学の解説を期待することはできません．高校で習う微積分やベクトルの計算など，もし高校数学の理解が十分でない場合は，授業とは別に各自で補うことをお勧めします．

物理を学ぶコツ

高校物理を学んだ人でも，授業だけ聞いて大学の物理学を習得できる人は稀です．数学同様，自分で手を動かして演習問題をこなさなければ，物理学を自分のものにすることはできません．具体的には，教科書の例題や演習問題を自主的に解いていくことが基本的な姿勢となります．本書でも，基本的・典型的な演習問題として“試金石問題”を用意していますので，是非チャレンジしてみてください[注1]．

注1 加えて，最低限理解しておくべき内容を列挙した試験前チェックを各章の最後に用意しました．理解度チェックに活用してください．

次に，物理学を学ぶ上でのコツをいくつかみてみましょう．

(1) 想像力を養う

物理では想像力が重要です．考える状況を正しくイメージすることが問題を解くための出発点になり，数式を用いるのは状況を理解してからになります．基本的に物理現象は3次元（空間）的で，物体の空間的な広がりや動作が含まれますが，それを2次元の紙面やスライドまたは文章で表現せざるをえないのでわかりづらくなってしまいます．描かれている図をそのまま平面的に捉えるのではなく，立体的に捉えることを積極的に意識してみてください．また，時には小説などを読んで，活字から状況を想像したり，芸術に触れたりなど，普段の生活で様々な経験をすることも想像力を養うのに有益でしょう．

(2) 数式中の記号の意味を一つ一つ確認する

物理的な意味はもちろん，定数か変数か（変数なら別の変数の関数か），スカラー（ただの数）かベクトルかを区別することが非常に大切です．また，メートル (m) やキログラム (kg) などの単位を意識すると物理的な意味を理解しやすくなります．そのような意識を常に持つことで，実際の難しさ以上に難しく感じることは少なくなるでしょう．

(3) 解答を見るよりも自分で考えたり計算した方が理解が早いこともある

物理の理解の仕方，捉え方は人により違いがあります．教科書や参考書にある解答も単に一つの考え方・表現に過ぎません．演習問題の答えがわからないときにすぐ解答を見て理解しようとするよりも，少し粘って自分で考えた方が早く楽に理解できることも少なくありません．また，その方が経験として根付き，記憶に残るようになります．

(4) 質問せずにわからないのは当たり前

物理学自体の難しさとは別に物理的な事象を伝える難しさがあります．文脈の中で当然となっている事項は省略されてしまいがちなので，説明の中にどうしても“暗黙の了解”が入ってしまうことになります（たとえば g は重力加速度を表すなどの記号の意味や，空気抵抗は無視する，物体を質点と考えるといった状況設定など）．したがって，わからなくなる人が出てくるのは当然です．これは単にコミュニケーションの問題ですから，物理学自体の難しさとは分けて考えるべきです．日常会話と同様，よくわからなかったら聞き返して（質問して）確認するしかありません．自分からわかろうと努めることは，大学で学ぶ上で大変重要なことです．

問題が解けない・わからない理由

どんなことにもいえることですが，“解けない・わからない”にも理由があり，ある程度共通しています．いくつか主なものを見てみましょう．

(1) 定義が曖昧なまま解こうとしている

用語や定義を曖昧に理解しているために，問題がわからなくなるケースが多くあります．大学に入学したばかりの学生にありがちなパターンです．

(2) “すぐに・簡単に” わかろうとしている

順序立ててゆっくりと考えれば（計算すれば）わかるのに，手っ取り早く先に進めようとしてわからなくなってしまうパターンです．

(3) 問題文の意味が正確に読みとれていない

物理学の分野ではあまり見かけませんが，物理的な理解の前に読解力の部分で引っかかってしまうパターンです．

心当たりはありませんでしたか？　他にもどんなことがあるか考えてみてください．“わからない”で止まってしまっていてはこの先どうしようもありません．なぜわからないのか，どうしたらわかるようになるのかを俯瞰して考えることができれば，具体的な解決策がみえてきます．主体的な学習姿勢が大学では重要になってきます．もし受け身の学習をしているならばそこから脱却し，自分で考え，アクションを起こし，問題を解決していけるように力をつけていきましょう．

最後に

物理学で養われる論理的・抽象的思考や物理的事象の捉え方は，物事の本質を見抜く上で大いに役に立ち，文系理系に限らず様々な分野で活用することができます．また，社会で必要とされる，課題をみつける能力や解決法をみいだす能力などを養う上でも大変有益です．本書を通して物理学を単なる学問として学ぶだけでなく，物理学の面白さを感じ諸学問を学ぶきっかけになればこの上ない喜びです．最後に，本書の執筆にあたり多くのアドバイスをいただいた清水将英氏，内容の改善にご協力をいただいた須田裕介氏ならびに佐々木伸氏に感謝申し上げます．また，学術図書出版社の貝沼稔夫氏には本書の出版に尽力を注いでいただきました．心から感謝申し上げます．

2020 年 2 月

著者一同

目　次

各編において次の事柄を前提とします.

力学編 重力加速度を g とする.

熱力学編 特に断りのない限り外部と物質のやりとりのない系を想定し,
気体定数を R とする.

電磁気学編 真空の誘電率を ε_0, 真空の透磁率を μ_0 とする.

第I部

力学編

1 位置・速度・加速度の関係

まとめ

物体の運動について，物体の**位置ベクトル**を $\vec{r}$，**速度ベクトル**を $\vec{v}$，**加速度ベクトル**を $\vec{a}$ とすると，次の関係が成り立つ．

$$\vec{v}(t) = \frac{\mathrm{d}\vec{r}(t)}{\mathrm{d}t}, \quad \vec{a}(t) = \frac{\mathrm{d}\vec{v}(t)}{\mathrm{d}t} = \frac{\mathrm{d}^2\vec{r}(t)}{\mathrm{d}t^2}$$

1.1 速度は位置の時間微分

まずは簡単に**1 次元の運動**(ある一定の方向にのみ動く運動) を考えてみましょう．最も簡単な運動は次のような一定速度の運動でしょう．

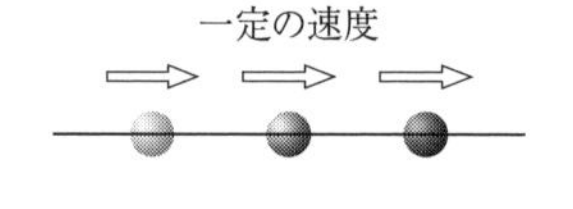

図 1.1

これなら，速度 v は簡単に計算できます．適当に 2 点をとって，

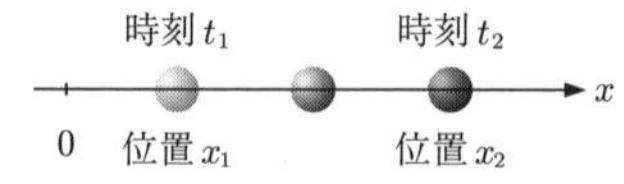

図 1.2

距離 ÷ 時間です．

$$v = \frac{\Delta x}{\Delta t} = \frac{x_2 - x_1}{t_2 - t_1} \quad \text{注 1}$$

注 1 Δx は位置 x の変化分，Δt は時間 t の変化分という意味です．このように Δ は "変化" を表します．

次に，徐々に速度が上がる運動ではどうでしょう．

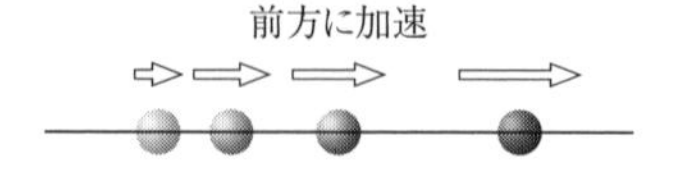

図 1.3

速度が刻々と変わるので，先のような単純な方法では速度を計算できません．そこで，

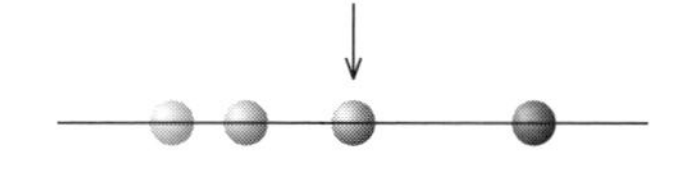

図 1.4

この近くで距離 ÷ 時間を計算するしかありません.

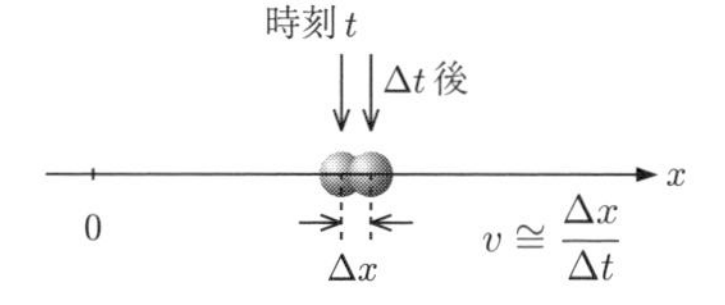

図 1.5

$\cong$ は大体イコールという意味です.

ところで, 各時刻に物体はどこかに位置するわけですから, 一般に位置 x は時刻 t の関数として表されます. その関数を $x(t)$ としましょう (たとえば $x(t) = t^2$ はいまのように前方に加速する運動を表します). すると時刻 t における速度 $v(t)$ のおおよその値は次のように計算できます.

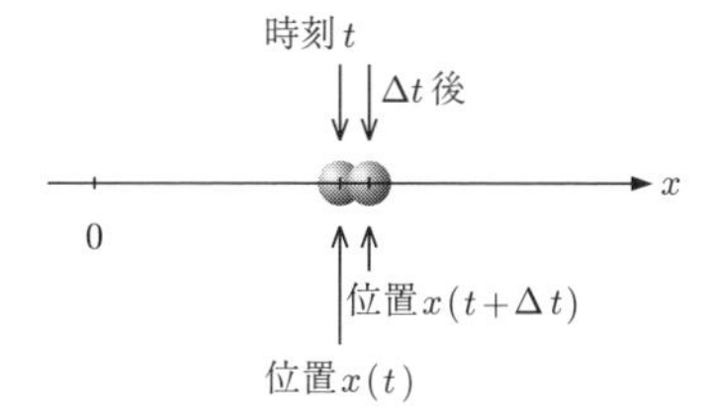

図 1.6

$$v(t) \cong \frac{\Delta x}{\Delta t} = \frac{x(t+\Delta t) - x(t)}{\Delta t}$$

Δt はできるだけ小さな値の方が, $v(t)$ の値がより正確に求められるはずです. なので Δt を無限小にする極限を考えます.

$$\begin{aligned} v(t) &= \lim_{\Delta t \to 0} \frac{x(t+\Delta t) - x(t)}{\Delta t} \\ &= \frac{\mathrm{d}x(t)}{\mathrm{d}t} \end{aligned}$$

← 微分の定義になっている

$$\therefore v(t) = \frac{\mathrm{d}x(t)}{\mathrm{d}t} \tag{1.1}$$

よって, 速度 $v(t)$ は位置 $x(t)$ の時間微分です. たとえば $x(t) = t^2$ なら, $v(t) = 2t$ となります.

ちなみに

速度 $v(t)$ は正と負のどちらの値もとります. $v(t) > 0$ ならば x 軸の正の向き, $v(t) < 0$ ならば x 軸の負の向きに物体は運動します. 速度 $v(t)$ の大きさ $|v(t)|$($|\ |$ は絶対値) のことを**スピード**あるいは**速さ**といいます.

1.2　加速度は速度の時間微分

位置 $x(t)$ の時間微分が速度 $v(t)$ になるのと同じ要領で，速度 $v(t)$ の時間微分が加速度 $a(t)$ です．速度の変化の度合いという意味です．

$$a(t) = \frac{\mathrm{d}v(t)}{\mathrm{d}t} \tag{1.2}$$

1.3　微分の反対は積分だから・・・

微分を繰り返すことにより位置から速度，速度から加速度がわかるということは，加速度を積分して速度を，速度を積分して位置を求めることができるということです．

たとえば，図 1.7 の灰色部分の面積は時刻 t_1 から t_2 までの物体の位置の変化（＝**変位**）を表します．

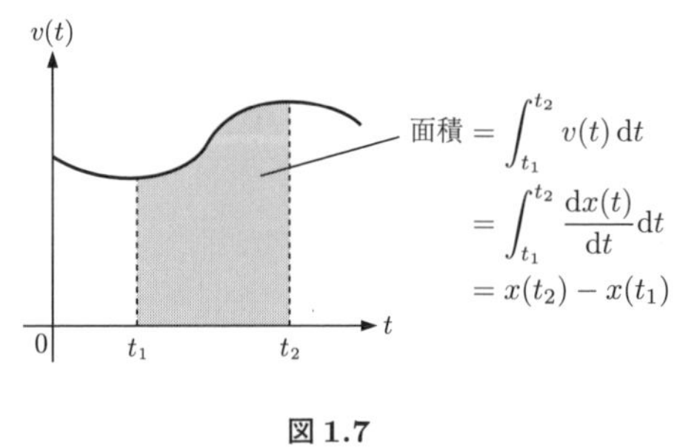

図 1.7

1.4　ベクトル表記に慣れる

ここまでは x 方向のみの 1 次元の運動についてでした．実際の物体の運動は 3 次元の運動です．式 (1.1), (1.2) の関係が x, y, z 方向それぞれについて独立に成り立ちます．

$$\begin{cases} v_x(t) = \dfrac{\mathrm{d}x(t)}{\mathrm{d}t} \\ v_y(t) = \dfrac{\mathrm{d}y(t)}{\mathrm{d}t} \\ v_z(t) = \dfrac{\mathrm{d}z(t)}{\mathrm{d}t} \end{cases} \qquad \begin{cases} a_x(t) = \dfrac{\mathrm{d}v_x(t)}{\mathrm{d}t} \\ a_y(t) = \dfrac{\mathrm{d}v_y(t)}{\mathrm{d}t} \\ a_z(t) = \dfrac{\mathrm{d}v_z(t)}{\mathrm{d}t} \end{cases} \tag{1.3}$$

これらをいちいち書くのは面倒ですが，**ベクトル**を使うとこれらをスッキリとまとめることができます．まず物体の位置 $\vec{r}(t)$ は次のベクトルを意味します．

$$\vec{r}(t) = \begin{pmatrix} x(t) \\ y(t) \\ z(t) \end{pmatrix}$$

同様に速度 $\vec{v}(t)$，加速度 $\vec{a}(t)$ はそれぞれ

$$\vec{v}(t) = \begin{pmatrix} v_x(t) \\ v_y(t) \\ v_z(t) \end{pmatrix}, \qquad \vec{a}(t) = \begin{pmatrix} a_x(t) \\ a_y(t) \\ a_z(t) \end{pmatrix}$$

と書けます．すると式 (1.3) は

$$\vec{v}(t) = \frac{\mathrm{d}\vec{r}(t)}{\mathrm{d}t}, \qquad \vec{a}(t) = \frac{\mathrm{d}\vec{v}(t)}{\mathrm{d}t} \tag{1.4}$$

とまとめられます．逆にいうと式 (1.4) の意味する内容が式 (1.3) です．

ちなみに，3 次元の運動の場合，物体のスピード $v(t)$ は速度 $\vec{v}(t)$ の (ベクトルの) 大きさのことです．

$$v(t) = |\vec{v}(t)| = \sqrt{v_x^2(t) + v_y^2(t) + v_z^2(t)}$$

例題 1.1　物体が，ある初速度 v_0 から一定の加速度 a で減速して止まる．初速度が 2 倍になると，静止するまでにかかる (i) 時間と (ii) 距離はそれぞれ何倍になるか．

解説　図 1.8 のように考え，答えを求めることができます．

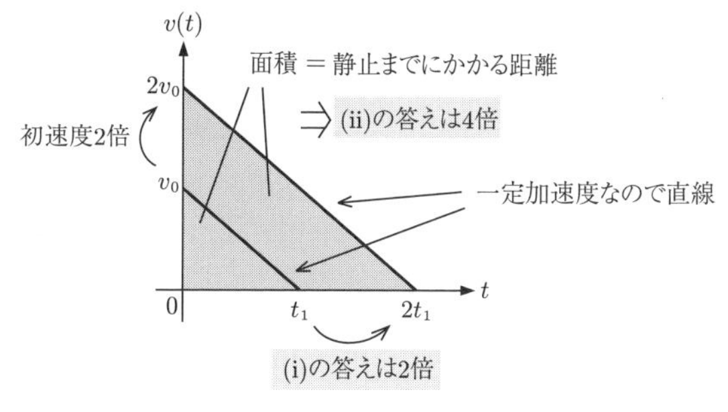

図 1.8

一方で，計算から求めることもできます (詳しくは第 2 章でみていきます)．

$$v(t_1) = -at_1 + v_0 = 0 \qquad \therefore t_1 = \frac{v_0}{a} \quad (a > 0)$$

等加速度運動で成り立つ式 (→ 試金石問題 *1.2* (3)) より

$$\underbrace{v^2(t_1)}_{=0} - v_0^2 = -2a\Delta x \qquad \therefore \Delta x = \frac{v_0^2}{2a}$$

これらから答えがわかります．

このように，1 つの問題に対し，解法は 1 つとは限りません．複数の考え方を学ぶことで，物理の理解を深めることができます．

試金石問題

1.1 物体が位置 $x(t) = -2t^2 + 8t + 5$ で表される 1 次元の運動をする．

(1) $t = 3$ における速度 $v(3)$ を求めよ．

(2) 加速度 $a(t)$ を求めよ．

(3) $t = 1$ から $t = 3$ までの変位 Δx と移動距離 l を求めよ．

1.2 物体が位置 $x(t) = \dfrac{1}{2}at^2 + v_0 t + x_0$ で表される 1 次元の運動をする．

(1) 速度 $v(t)$，加速度 $a(t)$ を求めよ．

(2) a, v_0, x_0 の物理的な意味を答えよ．

(3) $v^2(t_2) - v^2(t_1) = 2a\Delta x$ を示せ[注2]．

(4) 時速 36 km のスピードで走っていた車が，ブレーキをかけて大きさ 5.0 m/s^2 の加速度で減速して止まった．ブレーキをかけてから止まるまでに必要な距離 l を求めよ．また，元のスピードが時速 54 km だとどうか．

注2 $\Delta x \equiv x(t_2) - x(t_1)$ 記号 $\equiv$ は定義するという意味です．

1.3 物体が位置 $x(t) = r\cos\omega t,\ y(t) = r\sin\omega t$ で表される 2 次元の運動をしている．

(1) スピード v を求めよ．

(2) この運動はどのような運動か．

試験前チェック

□ x 方向のみ (1 次元) に運動する物体の速度と加速度の定義をそれぞれ説明することができる．

$$v(t) = \frac{\mathrm{d}x(t)}{\mathrm{d}t}$$

$$a(t) = \frac{\mathrm{d}v(t)}{\mathrm{d}t}$$

□ x, y, z 方向 (3 次元) に運動をする物体の速度と加速度の定義をそれぞれ説明することができる．

$$\vec{v}(t) = \frac{\mathrm{d}\vec{r}(t)}{\mathrm{d}t}$$

$$\vec{a}(t) = \frac{\mathrm{d}\vec{v}(t)}{\mathrm{d}t}$$

$\vec{r}(t)$ は，$x(t)$，$y(t)$，$z(t)$ 成分をもつ位置ベクトル．

$\vec{v}(t)$ は，$v_x(t)$，$v_y(t)$，$v_z(t)$ の成分をもつ速度．

$\vec{a}(t)$ は，$a_x(t)$，$a_y(t)$，$a_z(t)$ の成分をもつ加速度．

□ 物体が移動した距離は，v–t 図の面積で表されることを説明することができる．

$$\int_{t_1}^{t_2} v(t)\mathrm{d}t = \int_{t_1}^{t_2} \frac{\mathrm{d}x(t)}{\mathrm{d}t}\mathrm{d}t = x(t_2) - x(t_1)$$

2 等加速度運動

等加速度運動とは加速度が場所や時間によらず常に一定である運動のことです．等加速度運動の位置・速度・加速度の関係は以下の4つの式に集約することができます．

まとめ

等加速度運動の公式

(1) $v(t) = v_0 + at$ 　$x(t) - x_0$ が不明のとき

(2) $x(t) - x_0 = v_0 t + \frac{1}{2}at^2$ 　$v(t)$ が不明のとき

(3) $x(t) - x_0 = \frac{1}{2}(v(t) + v_0)\, t$ 　a が不明のとき

(4) $v^2(t) = v_0^2 + 2a\,(x(t) - x_0)$ 　t が不明のとき

x_0：初期位置　v_0：初速度　a：加速度 (定数)

便利な公式ですので，いつでも導けるようにしておきましょう．公式の暗記は推奨されません．ここで学ぶ力学では，考える状況がわかっていれば，ほとんどの式を簡単に導くことができます．たとえるなら映画みたいなものです．2時間の映画を見たとき，私達は登場人物のセリフや細かい行動を一つ一つ覚えているわけではありません．所々の場面やストーリー展開を記憶しているので，映画の内容を覚えているのです．物理でも物体が運動する状況を正しくイメージできるようにしておけば式を論理的に導くことでき，覚えることは最小限ですみます．それでは，等加速度運動の公式を導出してみましょう．

2.1 等加速度運動の公式の導出

加速度と速度の定義から等加速度運動の公式を導いていきましょう．

加速度の定義

$$a(t) \equiv \frac{\mathrm{d}v(t)}{\mathrm{d}t} = a\,(\text{定数})$$

$$\int \mathrm{d}v = a \int \mathrm{d}t \quad \text{注 1}$$

$$v(t) + C_2 = a\,(t + C_1)$$

注 1　a は一定なので積分の外に出せることに注意しましょう．

C_1 と C_2 の定数をまとめて C_3 とおくと，

$$v(t) = at + C_3$$

$t = 0$ のとき，$v = v_0$ とすれば，

$$v_0 = a \cdot 0 + C_3 \qquad \therefore v_0 = C_3$$

$$v(t) = v_0 + at \tag{2.1}$$

速度の定義
$v(t) \equiv \dfrac{\mathrm{d}x(t)}{\mathrm{d}t}$　　よって，$\displaystyle\int v(t)\mathrm{d}t = \int \mathrm{d}x$
$v(t) = v_0 + at$ より，

$$\int (v_0 + at)\,\mathrm{d}t = \int \mathrm{d}x$$
$$v_0 t + \frac{1}{2}at^2 + C_4 = x(t) + C_5$$

C_4 と C_5 の定数をまとめて C_6 とおくと，

$$x(t) = v_0 t + \frac{1}{2}at^2 + C_6$$

$t = 0$ のとき，$x = x_0$ であるので，$x_0 = C_6$

$$x(t) - x_0 = v_0 t + \frac{1}{2}at^2 \tag{2.2}$$

式 (2.1) より，

$$a = \frac{v(t) - v_0}{t}$$
$$x(t) - x_0 = v_0 t + \frac{1}{2}\left(\frac{v(t) - v_0}{t}\right)t^2$$
$$x(t) - x_0 = \frac{1}{2}\left(v(t) + v_0\right)t \tag{2.3}$$

式 (2.1) より，

$$t = \frac{v(t) - v_0}{a}$$

これを式 (2.3) に代入して式をまとめると，

$$x(t) - x_0 = \frac{1}{2}\left(v(t) + v_0\right)\left(\frac{v(t) - v_0}{a}\right)$$
$$\left(v(t) + v_0\right)\left(v(t) - v_0\right) = 2a\left(x(t) - x_0\right)$$
$$v^2(t) - v_0^2 = 2a\left(x(t) - x_0\right)$$

$$v^2(t) = v_0^2 + 2a\left(x(t) - x_0\right) \tag{2.4}$$

これらの公式を組み合わせて用いることで，$v(t)$，v_0，t，$x(t) - x_0$，a のうち 3 つがわかれば，すべてを導くことができます．物理的な状況を考えるときは，何がわかっていて何が求めるべきものかを把握するようにしましょう．何

度か問題を解くうちに自然と使うべき公式がわかるようになってきます．2次元の運動であれば成分 (たとえば x 成分と y 成分) に分解して，それぞれについて計算しましょう．

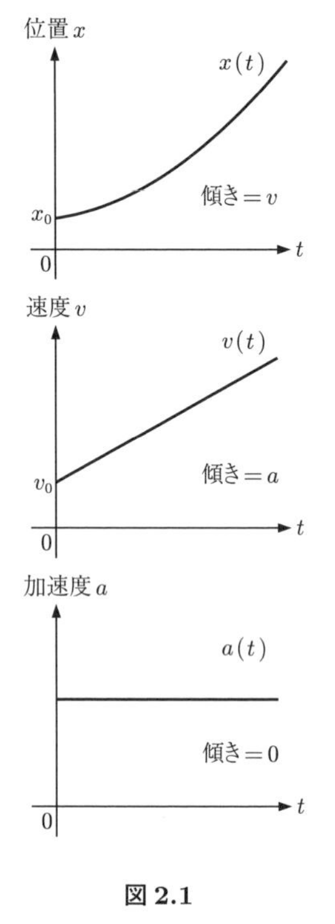

図 2.1

2.2　位置・速度・加速度の特徴

等加速度運動をする物体の位置，速度，加速度のグラフを描き，それらの特徴をみてみましょう．等加速度なので加速度は常に一定です (図 2.1 下)．速度は一定の割合で変化するので，v–t 図におけるグラフの傾きは一定となります (図 2.1 中央)．位置は速度に応じて変化するので，単位時間当たりの変位は徐々に大きくなっていきます (図 2.1 上)．なお，等速度運動では加速度はゼロ，速度は一定となり，距離は一定の割合で変化します．前項では加速度や速度を積分して速度や位置をそれぞれ求めましたが，その逆も可能です．式 (2.2) を時間に関して微分すると式 (2.1) が得られます．これらの関係は x–t，v–t，a–t 図で示す傾きの関係からもみてとれます．

試金石問題

2.1 図 2.2 は 3 通りの方法で地面からクラブでゴルフボールを打ったときのボールの軌道を示している．空気の影響を無視した場合，(1) 鉛直方向の初速度，(2) 滞空時間，(3) 水平方向の初速度，(4) 最終スピードのそれぞれについて，a, b, c を大きくなる順に並べ，その理由を説明せよ．

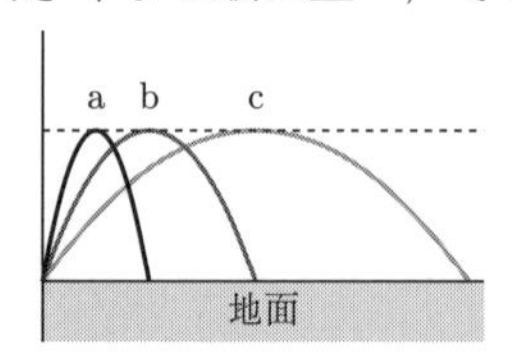

図 2.2

試験前チェック

- □ 等加速度運動を例を用いて説明することができる．
- □ 等加速度運動の公式をすべて導くことができる．
  - (1) $v(t) = v_0 + at$
  - (2) $x(t) - x_0 = v_0 t + \frac{1}{2}at^2$
  - (3) $x(t) - x_0 = \frac{1}{2}(v(t) + v_0)t$
  - (4) $v^2(t) = {v_0}^2 + 2a(x(t) - x_0)$
- □ 等加速度運動をする物体の位置，速度，加速度の時間変化をそれぞれグラフで表すことができる．

3 運動方程式は微分方程式

まとめ

物体の質量を m，位置を $\vec{r}(t)$，物体に働く力を $\vec{F}$ とすると，物体の運動は次の**運動方程式**を満たす．

$$m\frac{\mathrm{d}^2\vec{r}(t)}{\mathrm{d}t^2} = \vec{F}$$

$\vec{F}$ が具体的に与えられたとき，この微分方程式を解くことにより運動を求めることができる．

3.1 運動方程式

物理学では運動の法則を数式で表したものを運動方程式と呼びます．運動方程式にはオイラーの運動方程式やラグランジュの運動方程式などたくさんありますが，なかでも**ニュートンの運動方程式**はご存知の方も多いのではないでしょうか．高校で習うニュートンの運動方程式は，質量 m の物体に力 $\vec{F}$ が加わったとき物体の加速度を $\vec{a}$ とすると，$m\vec{a} = \vec{F}$ が成り立つという関係式でした．

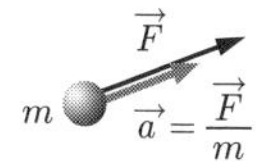

図 3.1

ところで加速度 $\vec{a}(t)$ とは位置 $\vec{r}(t)$ を 2 回時間微分した物理量でした (→ 第 1 章 位置・速度・加速度の関係)．よって運動方程式は次式に書きかえられます．

$$m\frac{\mathrm{d}^2\vec{r}(t)}{\mathrm{d}t^2} = \vec{F} \tag{3.1}$$

式 (3.1) は数学的には**微分方程式**と呼ばれるものです．

微分 (や積分) を用いることで複雑な状況でも厳密に説明することができるようになり，高校物理よりも多くの内容を系統的かつ解析的に扱えるようになります．言いかえると，高校の物理学は微分 (や積分) を用いなくても扱うことのできる特別な場合に限定されたものだったのです．等加速度運動 (第 2 章) は良い例です．大学初年次の物理学は高校物理を拡張したもので本質的には同じです．そして，そこで扱う微分積分の計算はそれほど難しいものではありませんし，困難な計算ができるようになることが目的ではありません．むしろ式の意味を理解し式から状況をイメージできるようになることが重要です．そうすることで自然と自分で運動方程式を立てる力が身につくでしょう．

3.2　微分方程式とは

微分方程式という言葉を初めて聞く人も少なくないでしょう．中学校の頃から知っている“普通”の方程式はたとえば次のようなものでした．

$$x^2 - 5x + 6 = 0$$

解はもちろん $x = 2, 3$ です．解はただの“数”です．それに対し微分方程式とは，次のように式の中に微分が入っているものです．

$$\frac{\mathrm{d}^2 x(t)}{\mathrm{d}t^2} + 4x(t) = 0 \tag{3.2}$$

この方程式の解の 1 つは $x(t) = \sin 2t$ です．この解を式 (3.2) に代入し，実際に式が成り立つことを確かめてみてください．このように，微分方程式の解は“関数”になります．実は式 (3.2) の解は他にもあります．先の解 $x(t) = \sin 2t$ を定数倍しても解です．$\sin 2t$ だけでなく $\cos 2t$ も解ですし，これらの和も解です．最も一般的な解は次のように書けます．

$$x(t) = C_1 \sin 2t + C_2 \cos 2t \quad (C_1, C_2 \text{ は定数})$$

2 回微分した項を含む微分方程式のことを 2 階微分方程式といいます．そして上式のような最も一般的な解のことを**一般解**といいます．式 (3.2) は 2 回微分したものですので，2 回積分すれば $x(t)$ の式が得られることになります．1 回の積分で 1 つ定数項が出てくることに注意すると，“2 階微分方程式の一般解は定数を必ず 2 個含む”ことがわかります．逆に定数を 2 個含んでいれば一般解といえることが知られています．なお，1 つの独立変数しか持たない微分方程式を**常微分方程式**，2 つ以上の独立変数を持ち偏微分を含む微分方程式を**偏微分方程式**と呼んでいます．

3.3　1 次元の自由落下運動

最も簡単な例で運動方程式を解いてみましょう．

注 1　**自由落下**とは重力以外に力が働かない状況での落下のことです．

例題 3.1　質量 m の物体が自由落下[注1]する．鉛直上向きに y 軸をとる．時刻 t における物体の位置 $y(t)$ を求めよ．初期位置，初速度をそれぞれ y_0，v_0 とする．重力加速度の大きさを g とし，空気抵抗は無視する．

解説　自由落下は鉛直方向 (y 方向) のみの一次元の運動です．重力の大きさは mg です．重力の働く向きは鉛直下向き(y 軸の負の向き)であることに注意すると，運動方程式は次式になります．

$$m\frac{\mathrm{d}^2 y(t)}{\mathrm{d}t^2} = -mg$$

両辺を m で割って m を消します．両辺を t で1回積分し積分定数を C_1 とすると，次式になります．

$$\frac{\mathrm{d}y(t)}{\mathrm{d}t} = -gt + C_1 \tag{3.3}$$

さらに両辺を t で積分すると，積分定数を C_2 として次式になります．

$$y(t) = -\frac{1}{2}gt^2 + C_1 t + C_2 \tag{3.4}$$

定数を2個含むのでこれが一般解だとわかります．では，2個の定数 C_1, C_2 はどのように決まるでしょうか．これらの定数は初期位置と初速度についての条件から決まります．

式(3.3)の左辺の $\dfrac{dy(t)}{\mathrm{d}t}$ は速度 $v(t)$ のことなので，式(3.3)は次のように書けます．

$$v(t) = -gt + C_1$$

初速度 $v(t=0)$ が v_0 に等しいと問題文にあるので

$$v(0) = C_1 = v_0$$

とわかります．同様に初期位置が y_0 であることから，式(3.4)より

$$y(0) = C_2 = y_0$$

とわかります．したがって最終的な答えは次です．

$$y(t) = -\frac{1}{2}gt^2 + v_0 t + y_0$$

これで鉛直方向に自由落下する物体の動きが完全にわかったことになります．

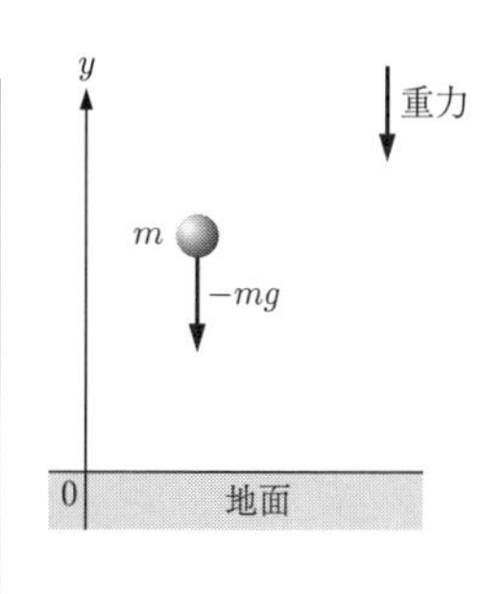

図 3.2

ここまでの要点をまとめます．

まず，運動方程式は数学的には2階微分方程式です．その一般解は任意な定数を2個含みます．それらの定数は物体の運動を具体的に指定する条件から決まります．上の例題では，その条件とは位置と速度に関する初期条件のことでした．

$$\text{条件2つ}\begin{cases} y(0) = y_0 \\ v(0) = v_0 \end{cases} \implies C_1, C_2 \text{が求まる} \implies \text{運動が決定}$$

運動を具体的に指定する条件は初期条件に限りません．任意の時刻での位置や速度(あるいは位置と速度の関係など)が指定されればよく，独立な条件が2つあれば運動が決定します．

3.4 2 次元の自由落下運動

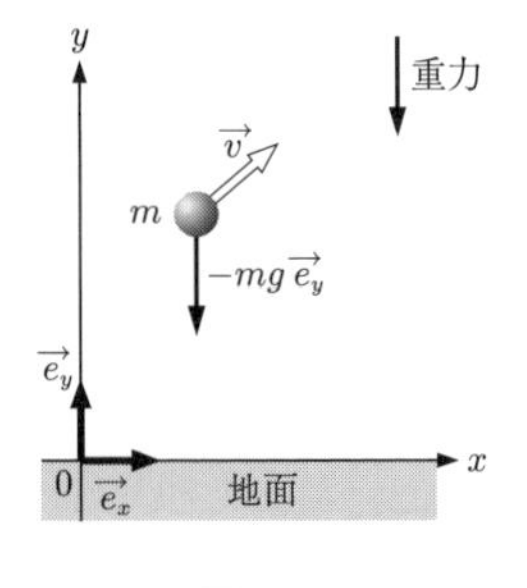

図 3.3

先の例題は y 方向のみの 1 次元の運動でしたが，図 3.3 のように x, y 方向に運動する 2 次元の運動ではどうなるでしょうか．

まずは運動方程式を書きます．

$$m\frac{\mathrm{d}^2\vec{r}(t)}{\mathrm{d}t^2} = \vec{F}_g \tag{3.5}$$

$\vec{F}_g$ は重力を表しますが，具体的にはどのように書けるでしょうか．$\vec{F}_g$ は大きさが mg で y 軸の負の向きです．よって y 方向の**単位ベクトル** $\vec{e}_y$ を使って，

$$\vec{F}_g = -mg\vec{e}_y \tag{3.6}$$

と書けます[注 2]．たまに式 (3.6) を運動方程式と呼んでいる人を見かけますが，それは間違いです．運動方程式はあくまでも式 (3.5) あるいは次式のことです．

注 2 単位ベクトルは大きさが 1 で向きを持ったベクトルです．速さのような方向を持たないスカラー量に単位ベクトルを掛けてあげると，元の値と同じ大きさで単位ベクトルの向きを持つベクトル量になります．

$$m\frac{\mathrm{d}^2\vec{r}(t)}{\mathrm{d}t^2} = -mg\vec{e}_y \tag{3.7}$$

式 (3.7) は詳しく書くと次式を意味します．

$$m\frac{\mathrm{d}^2x(t)}{\mathrm{d}t^2}\vec{e}_x + m\frac{\mathrm{d}^2y(t)}{\mathrm{d}t^2}\vec{e}_y = -mg\vec{e}_y$$

この等式が成り立つためには x, y 方向の成分がそれぞれ等しくなければなりません．よって，

$$m\frac{\mathrm{d}^2x(t)}{\mathrm{d}t^2} = 0, \quad m\frac{\mathrm{d}^2y(t)}{\mathrm{d}t^2} = -mg$$

あとは 1 次元のときと同様に解くだけです．やってみてください．

例題 3.2 ピンポン球を投げ上げたとき，最高点に達するまでの時間と最高点から元の位置に戻るまでの時間はどちらが短いか．ピンポン球には空気抵抗が働くとする．

解説 v–t 図を基に考えてみましょう．元の位置から最高点までの距離を l とします．もし空気抵抗が無ければ v–t 図は図 3.4 上のようになり，2 つの時間間隔は等しくなります．

空気抵抗があると，最高点に達するまでは重力と空気抵抗がどちらも鉛直下向きに働くため速度の変化が大きくなり，傾きが急になります．最高点に達した後は重力と空気抵抗が逆向きに働くので，傾きが緩やかになります (図 3.4 下)．色付き部分の面積 l はそれぞれ変わらないことから，戻る時間の方が長くなることがわかります．

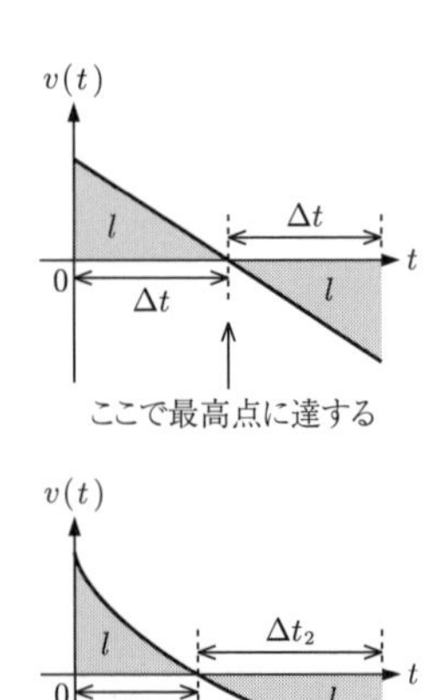

図 3.4

試金石問題

3.1 質量 m の物体を水平からの角度 θ，スピード v_0 で原点から発射する．空気抵抗は無視でき，水平方向に x 軸，鉛直上向きに y 軸をとることとする．

(1) 物体の位置 $\vec{r}(t) = (x(t), y(t))$ を求めよ．

(2) $x(t), y(t)$ から t を消去し，物体の軌跡を求めよ ($y = f(x)$ の形に書け)．

(3) x 軸を地面としたときの最高到達高度 h と飛距離 L を求めよ．

(4) L を最大にする θ を求めよ．

3.2 飛行機が 200 km/h の一定の速さで高度 300 m を水平飛行し，物を落とすことを考える．

(1) 物が飛行機から地上に落ちる間に進む水平方向の距離を求めよ．空気抵抗は無視する．

(2) 物が地上に落ちたときの速度を求めよ．

試験前チェック

□ 微分を用いて運動方程式を書き下し，その意味を説明することができる．

$$m\frac{\mathrm{d}^2\vec{r}(t)}{\mathrm{d}t^2} = \vec{F}$$

□ 自由落下する物体の位置を与える式を導くことができる．

4 空気抵抗下の落下運動と単振動

4.1 速度に比例する抵抗下の落下運動

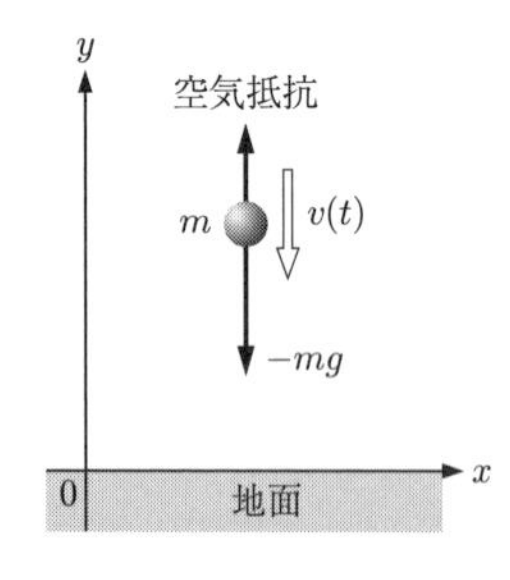

図 4.1

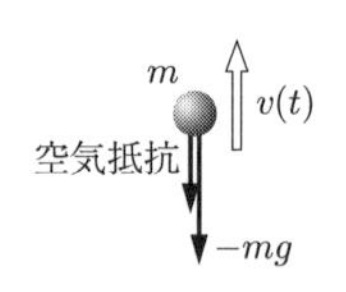

図 4.2

1 次元の落下運動で**空気抵抗**が働く場合はどのような運動になるでしょうか．速度に比例する抵抗 (比例係数 $b\,(>0)$) の場合についてみてみましょう．

この問題で間違えやすいのは運動方程式を立てるときです．正しい運動方程式は次式です．

$$m\frac{\mathrm{d}^2y(t)}{\mathrm{d}t^2} = -mg - bv(t) \tag{4.1}$$

右辺第 1 項は前章の自由落下のときと同じですが，右辺第 2 項の符号が間違えやすいところです．下向きに働く重力に対して空気抵抗は "逆向きだから"，ということで + 符号にしてしまいがちです．

しかし，もし図 4.2 に示すように上に投げ上げられているときはどうでしょう．重力も空気抵抗も同じ向きです．つまり重力と空気抵抗の向きは関係がありません．さらにいうと，重力の有無によらず空気抵抗は存在しえます．空気抵抗は常に "速度と逆向き" に働くというのがミソです．そのため式 (4.1) のように $-bv(t)$ が正解です．たとえば図 4.1 の状況では，$v(t)$ 自体が負の値なので $-bv(t) > 0$ となり，空気抵抗は正しく鉛直上向きとなります．

あとは運動方程式を解くだけです．$\dfrac{\mathrm{d}y(t)}{\mathrm{d}t} = v(t)$ を用いて式 (4.1) を $v(t)$ についての式に書きかえます．

$$\frac{\mathrm{d}v(t)}{\mathrm{d}t} = -g - \frac{b}{m}v(t) \tag{4.2}$$

ちなみに式 (4.2) は $g = 0$ だと少し解きやすくなります．

$$\frac{\mathrm{d}v(t)}{\mathrm{d}t} = -\frac{b}{m}v(t) \tag{4.3}$$

大まかにみると式 (4.3) は次の構造になっています．

$$\frac{dv(t)}{dt} \propto v(t)$$ 注 1

注 1　$\propto$ は比例を表します．

つまり，微分しても自分自身に戻る関数は何か．皆さんはすでにそのような関数を知っています．式 (4.3) の解は次式になります．

$$v(t) = Ce^{-\frac{b}{m}t} \quad C\text{ は定数}$$

定数を1つ含んでいるのでこれが**一般解**になります(1階微分方程式の一般解 $\Longleftrightarrow$ 定数を1個含む). この解が実際に式(4.3)を満たすことを確認してみてください. 実は, 式(4.2)も式(4.3)と同様に解くことができます.

式(4.2)に対してうまい変形があります.

$$\frac{\mathrm{d}}{\mathrm{d}t}\left(\underline{v(t)+\frac{mg}{b}}\right)=-\frac{b}{m}\left(\underline{v(t)+\frac{mg}{b}}\right) \tag{4.4}$$

式(4.4)の左辺第2項は $\frac{\mathrm{d}}{\mathrm{d}t}$(定数)なので結局0となるため, このような変形が可能です. $\underline{v(t)+\frac{mg}{b}}$ をひとまとめに見ると, 式(4.4)は式(4.3)と同様に微分して自分自身に戻るという構造をしています. そのため次のように解くことができます.

$$\underline{v(t)+\frac{mg}{b}}=Ce^{-\frac{b}{m}t}\quad C\text{ は定数}$$

続きは試金石問題 *4.1* をやってみてください.

4.2 単振動

ばねによる振動について考えてみましょう. ばねを伸ばす(縮ませる)とばねが縮む(伸びる)向きに力が生じます. 通常, その力の大きさは, ばねの自然長からの伸び(縮み)に比例します(**フックの法則**). 図4.3の状況で, ばねの自然長の位置を x 軸の原点ととると運動方程式は次式になります.

$$m\frac{\mathrm{d}^2x(t)}{\mathrm{d}t^2}=-kx(t) \tag{4.5}$$

注2,3

注2 $x(t)>0$ のとき, ばねによる力は x 軸の負の向きに働きます. そのため右辺はマイナス符号です.

注3 $k\,(>0)$ を**ばね定数**といいます.

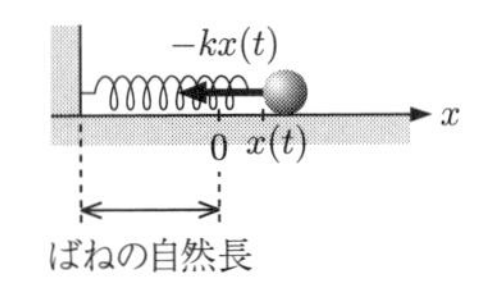

図4.3

大まかにみると式(4.5)は, 2回微分するとマイナス符号を出して元の $x(t)$ に戻る, という構造になっています. そのような解(関数)は, (実関数の範囲では)三角関数です.

$$x(t)=\sin\sqrt{\frac{k}{m}}t \tag{4.6}$$

このような運動を**単振動**と呼びます. ちなみに単振動は仮想的な**等速円運動**の射影と考えることができます.

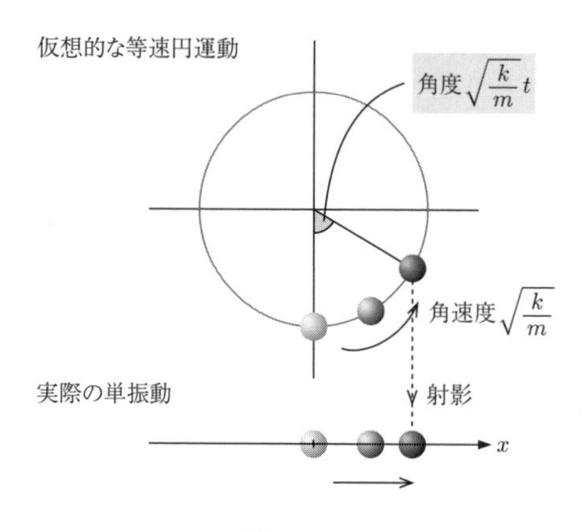

図 4.4

式 (4.6) 中の $\sqrt{\dfrac{k}{m}}$ は**角振動数**と呼ばれますが，これは仮想的な等速円運動の**角速度**に対応します．角振動数や角速度は ω と表されることが多いので，次のように最初から ω を使って書かれることがしばしばあります．

$$\frac{\mathrm{d}^2x(t)}{\mathrm{d}t^2} = -\omega^2 x(t) \quad \left(\omega \equiv \sqrt{\frac{k}{m}}\right) \tag{4.7}$$

さて式 (4.6) は解の一例 (**特殊解**といいます) です．最も一般的な解である一般解は次式です (2 階微分方程式なので 2 個の任意定数を含む解をみつければそれが一般解です).

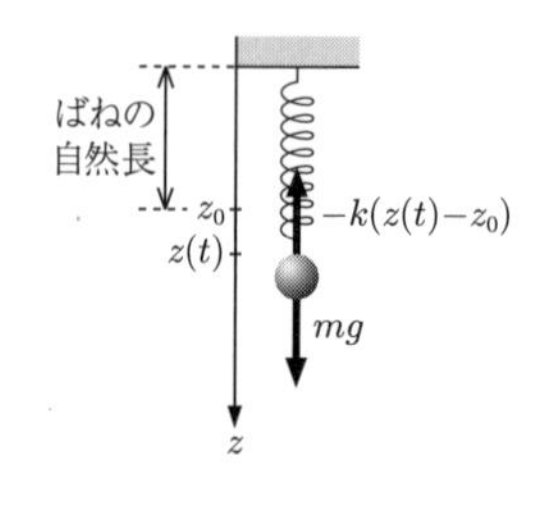

図 4.5

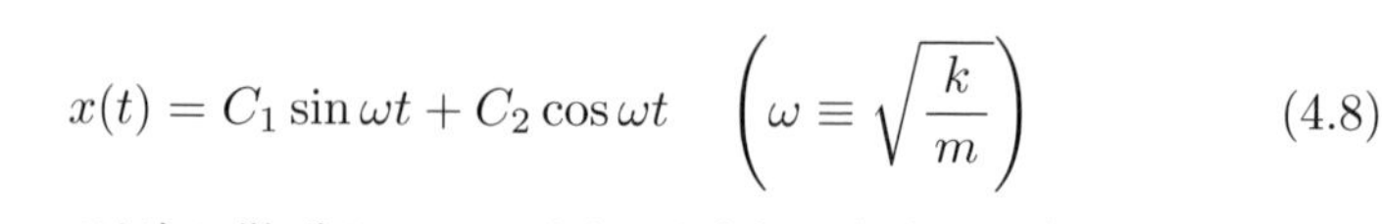

$$x(t) = C_1 \sin\omega t + C_2 \cos\omega t \quad \left(\omega \equiv \sqrt{\frac{k}{m}}\right) \tag{4.8}$$

単振動については次に挙げる 3 つのポイントを押さえましょう．

ポイント① 定数項があっても問題なし

図 4.5 の状況における物体の運動方程式は

$$\begin{aligned} m\frac{\mathrm{d}^2z(t)}{\mathrm{d}t^2} &= -k\,(z(t) - z_0) + mg \\ &= -k\left(z(t) - z_0 - \frac{mg}{k}\right) \end{aligned}$$

となるので，$z'(t) \equiv z(t) - z_0 - \dfrac{mg}{k}$ と置くと，

$$m\frac{\mathrm{d}^2z'(t)}{\mathrm{d}t^2} = -kz'(t) \quad \text{注 4}$$

注 4　$\because \dfrac{\mathrm{d}z(t)}{\mathrm{d}t} = \dfrac{\mathrm{d}z'(t)}{\mathrm{d}t}$

この方程式の形は式 (4.5) と同じです．このように，定数項があっても位置の基準をずらすことで定数項がなくなります．いまの例ではつり合いの位置 $(z = z_0 + \dfrac{mg}{k})$ を z 軸の原点にとり直すことに相当します．

ポイント②近似を用いることがある

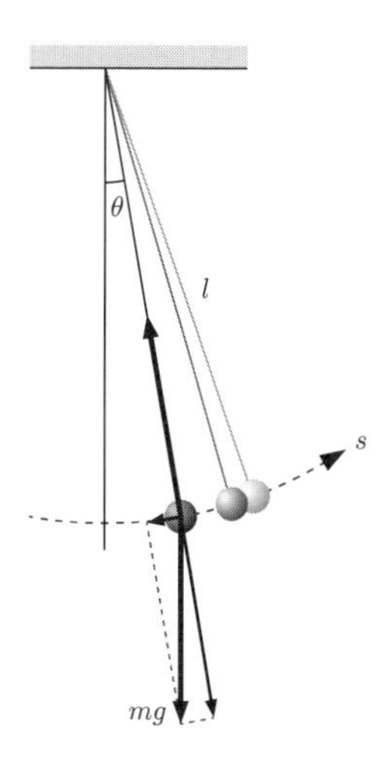

図 4.6

図 4.6 の**振り子**[注5]の運動方程式は次式です.

$$m\frac{\mathrm{d}^2 s(t)}{\mathrm{d}t^2} = -mg\sin\theta(t)$$

$$\therefore \frac{\mathrm{d}^2\theta(t)}{\mathrm{d}t^2} = -\frac{g}{l}\sin\theta(t) \quad \text{注 6}$$

この微分方程式を解くのは容易ではありません. しかし振り幅が十分小さい ($|\theta(t)| \ll 1$) とすれば $\sin\theta \cong \theta$ と近似でき[注7], 単振動の式になります.

$$\frac{\mathrm{d}^2\theta(t)}{\mathrm{d}t^2} = -\frac{g}{l}\theta(t)$$

式 (4.7) と比べると, 振り子の角振動数は,

$$\omega = \sqrt{\frac{g}{l}}$$

であることがわかります.

注 5　**単振り子**といいます.

注 6　$s(t) = l\theta(t)$

注 7　$\sin x$ の**マクローリン展開**は $\sin x = x - \frac{1}{3!}x^3 + \frac{1}{5!}x^5 + \cdots$ (付録 C 参照)

ポイント③基本関係式を頭に入れること

角振動数 ω, **振動数** f, **周期** T には以下の関係式が成り立ちます. 物理的な意味を考えれば“暗記”せずに頭に入れられると思います.

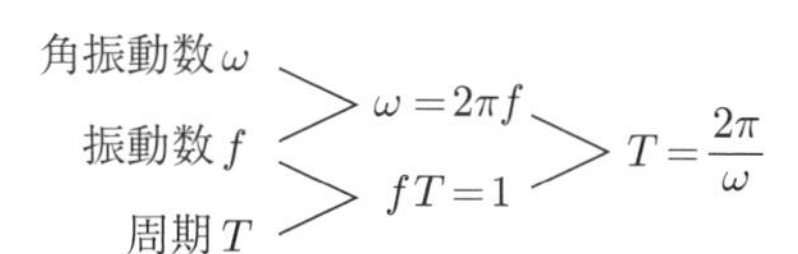

試金石問題

4.1 質量 m の物体が速度に比例する**空気抵抗** (比例係数 b) を受けながら鉛直方向に落下する. 鉛直上向きに y 軸をとる.

(1) この物体が従う運動方程式を書け.

(2) 初速度を 0 として $v(t)$ を求めよ. $v(t)$ から**終端速度** v_t を求めよ.

(3) v_t だけならば (1) の運動方程式から直接求めることができる. どうすればよいか.

(4) 霧のような場合に $m = 4.2 \times 10^{-12}\,\mathrm{kg}$, $b = 3.5 \times 10^{-9}\,\mathrm{N\cdot s/m}$ と見積もった. v_t を求めよ. $g = 9.8\,\mathrm{m/s}$ を用いよ. また, 速度 v が $(1 - e^{-2})v_\mathrm{t} \cong 0.86v_\mathrm{t}$ (つまり, ほぼ終端速度) に達する時刻 t_1 を求めよ.

4.2 (図 4.6 のような) 単振り子の周期が振り幅によらないことを説明せよ. 振り幅は十分に小さいと考えてよい. 余力があれば $\sin\theta \cong \theta$ の近似が 5% 以下の精度で成り立つための θ の上限を求めてみよ.

試験前チェック

- □ 速度に比例して空気抵抗が働く運動について，運動方程式を立式し解くことができる．

$$m\frac{\mathrm{d}^2 y(t)}{\mathrm{d}t^2} = -mg - bv(t)$$

- □ フックの法則を式で表し，その意味を説明することができる．

$$m\frac{\mathrm{d}^2 x(t)}{\mathrm{d}t^2} = -kx(t)$$

- □ 単振動，等速円運動，振り子の運動を与える運動方程式をそれぞれ立式し解くことができる．
- □ 振動数，角振動数，周期の関係性を説明できる．

5 慣性力(特にコリオリ力)とは

まとめ

慣性力は**慣性系**から**加速度系**への“乗り換え”で現れる．2つの系の視点を区別することが重要．**等速回転系**で現れる慣性力は**遠心力**と**コリオリ力**の2つである．

Prologue

理由はさておき，あなたは発車前の電車の中でピッチングに挑んでいます．あなたが投球動作をはじめると，18 m先の友人がミットを構え力の込もった目線をこちらに向けてきます．あなたは体の動きを確かめつつも，昨日学んだ運動方程式をふと思い出していました．

$$m\frac{\mathrm{d}^2\vec{r}(t)}{\mathrm{d}t^2} = m\vec{g} \quad (\text{止まっている電車の中})$$

空気抵抗も考えるべきでは？とぼんやり考えていたところ，気がつけば電車が前方に徐行運転をはじめています．もしや電車のスピードが加わって球速がアップするのでは？と微かに期待し投げてみると，友人は何食わぬ顔でボールを投げ返してきます．そんなことあるわけないかと，あなたはボールを受けとると同時に友人に背を向けたのでした．

$$m\frac{\mathrm{d}^2\vec{r}(t)}{\mathrm{d}t^2} = m\vec{g} \quad (\text{等速直線運動する電車の中})$$

不可解なことが起こったのは次の投球のときです．あなたはそれまで同様ストレートを投げました．それにも関わらず，ボールの軌道はグニャリと曲がり横に逸れていったのです．友人はハッとした表情をみせ，点々とするボールを追いかけます．空気抵抗を考えたっていまのボールは理解できません．まさか，運動方程式は電車の中では成り立たないのでは？

$$m\frac{\mathrm{d}^2\vec{r}(t)}{\mathrm{d}t^2} \neq m\vec{g} \quad (\text{加速する電車の中})$$

ということは，ニュートンの第二法則は実は間違いなのか？　ニュートンは電車に乗ったことないだろうし．物理って大丈夫？　あなたは思いがけず物理がわからなくなってしまったのでした．

はたしてニュートンの第二法則は本当に間違いなのでしょうか．皆さんは正しく答えられますか？

5.1 ニュートンの第一法則とは

第二法則の前に第一法則について確認しましょう．この法則は慣性の法則として有名です．

ニュートンの第一法則 (慣性の法則)
「すべての物体は外部から力が加えられない限り，静止している物体は静止状態を，運動している物体は等速直線運動を続ける」

注 1　系とは“考察の対象とする物理的な状況・部分”という意味です．

この法則が成り立つ系[注1]のことを**慣性系**といいます．要するに加速していない系のことです．(自転や公転の影響を無視すると) 地上は近似的に慣性系と考えられます．そして，その地上に対して等速直線運動をしている電車の中も慣性系となります．一方，加速する電車の中では上の法則は成り立たず，そこは慣性系ではありません．

さて，**ニュートンの第二法則**というのは運動方程式

$$m\frac{\mathrm{d}^2\vec{r}}{\mathrm{d}t^2}=\vec{F} \tag{5.1}$$

のことでした．

これら 2 つの法則を知って，次のように思うかも知れません—「外部からの力がなければ運動方程式は $m\frac{\mathrm{d}^2\vec{r}}{\mathrm{d}t^2}=\vec{0}$ で，その解は静止か等速直線運動である．よって第二法則は第一法則を含むことになり，第二法則だけあれば十分ではないか….」

実はこの疑問は間違いです．見落としがちですが，ニュートンの第二法則には“慣性系において”という前提が付きます．つまりニュートンの第一法則は，続く第二法則・第三法則の前提である慣性系を準備するものなのです．

したがって Prologue 後半のようなことが起こってもニュートンの第二法則が間違いとはなりません．おそらく電車がカーブにさしかかったのでしょう．カーブする電車の中は慣性系ではないので，式 (5.1) で等号が成り立たなくても何も問題ありません．

5.2 慣性力はみかけの力

それでは，加速する系 (以下，**加速度系**) で運動方程式に対応する式はないのでしょうか．実はあります．そこで出てくるのが慣性力です．

たとえば電車に乗り込み電車が出発すると，後ろ向きに引っ張られるような力を感じます．しかし実際には誰も (何も) そのような力をあなたに加えてはいません．このように，加速度系で“働くようにみえる力”のことを**慣性力**とい

います．

なぜ加速度系で慣性力が働くようにみえるのか．それは，慣性力も考え合わせることで，加速度系でも運動方程式に相当する式が成り立つからです．加速度 $\vec{a}$ で加速する電車内では次式が成立します．

$$m\frac{\mathrm{d}^2\vec{r}(t)}{\mathrm{d}t^2} = m\vec{g} - m\vec{a} \quad \text{(加速する電車の中)}$$

右辺第 2 項が慣性力です．

5.3　慣性系と加速度系の視点を区別する

慣性系と加速度系の 2 つの視点を区別しないと慣性力がわからなくなってしまいます．電車の例でこの視点の違いを確認しましょう．

図 5.1 は地上 (慣性系) から見た様子です．つまりこの電車を外から見ている人の視点です．宙に浮いているボールには重力しか働きません．人が電車の後方に倒れそうになるのは電車と接している足の裏が電車の動きによって前方に“持っていかれる”からです．

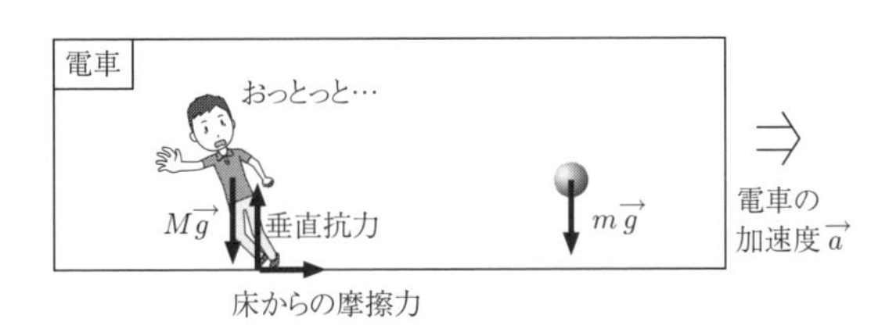

図 5.1　加速度 $\vec{a}$ で動く電車を地上から見る

図 5.2 は電車内 (加速度系) から見た様子です．つまり電車内にいる人の視点です．あなたが電車内に立っているのであれば，電車はあなたと共に止まっています．この視点では人が後ろに倒れそうになるのは慣性力が働くためと考えます．

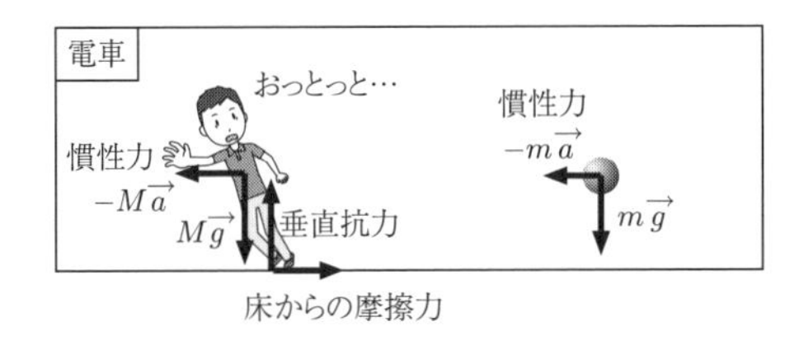

図 5.2　加速度 $\vec{a}$ で動く電車内から見る

このように，慣性力とは視点を慣性系から加速度系へ変更した際に現れます．慣性力を加えることで慣性系から加速度系へ視点を変えることができるともいえます．したがって，図 5.3 のように電車が加速していて，かつ慣性力も描かれているような図には注意が必要です．地上からと電車内の 2 つの視点を同時に持てる観測者は存在しないため，混乱を招く恐れがあります．

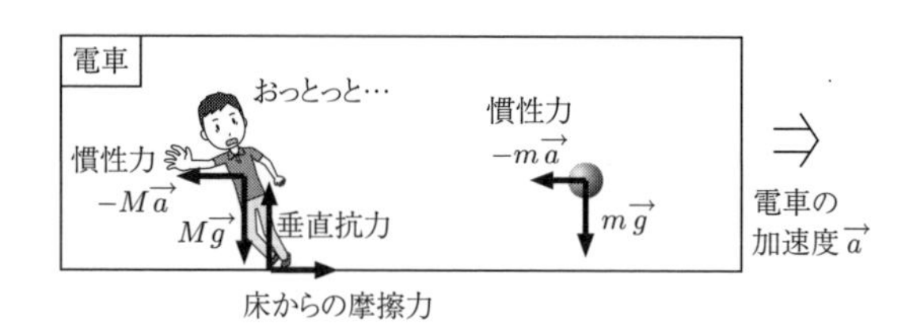

図 5.3　地上からと電車内の視点が混在している図に注意

5.4　回転系における慣性力–遠心力とコリオリ力

今度はメリーゴーランドのように一定の角速度で回転する円盤を考えましょう．円盤のふちに A 君が乗っています．地上には B さんがいて，回転する円盤と A 君を見ています．

図 5.4 は B さん (慣性系) の視点を描いています．A 君が回転していられるのは，円盤からの摩擦力 (円盤の中心向き) が A 君の回転に必要な**向心力**[注2]となっているためです．

注 2　物体が角速度 ω で等速円運動をする場合，その物体には大きさ $mr\omega^2$ の力が円の中心向きに働いています．この力を向心力と呼びます．

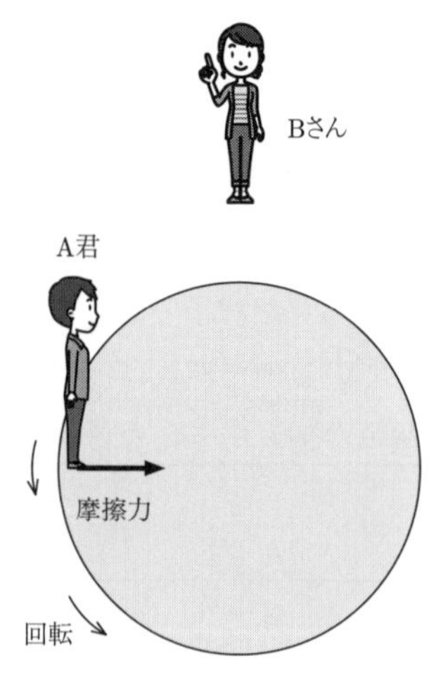

図 5.4　(B さんの視点)

一方，円盤上の A 君 (加速度系) からは図 5.5 のように見えます．円盤は自分とともに止まっていて，回っているのは B さんの方です．A 君には回転系における慣性力である**遠心力**が働きます．遠心力は日常でも体感できるので，イメージしやすいことでしょう (車がカーブを曲がるときなど)．

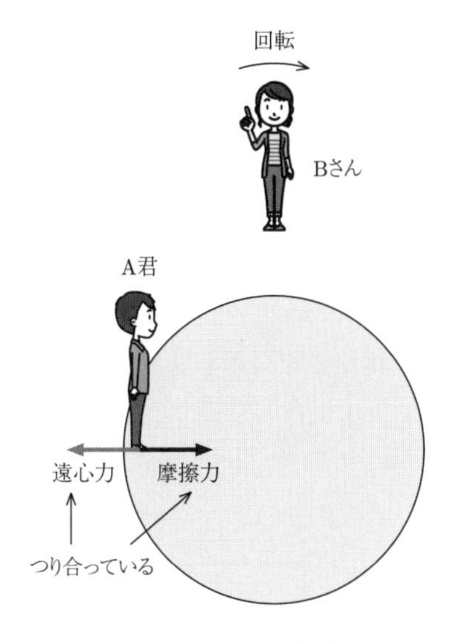

図 5.5　(A 君の視点)

実は等速回転系における慣性力は遠心力の他にもう 1 つあります．それが**コリオリ力**です．不思議なことに，円盤上で止まっているときにはコリオリ力は働きません．コリオリ力の大きさは円盤上を動くスピードに比例します．しかも円盤上を動く向きと垂直右向き(円盤が時計回りの場合は左向き)に働きます．

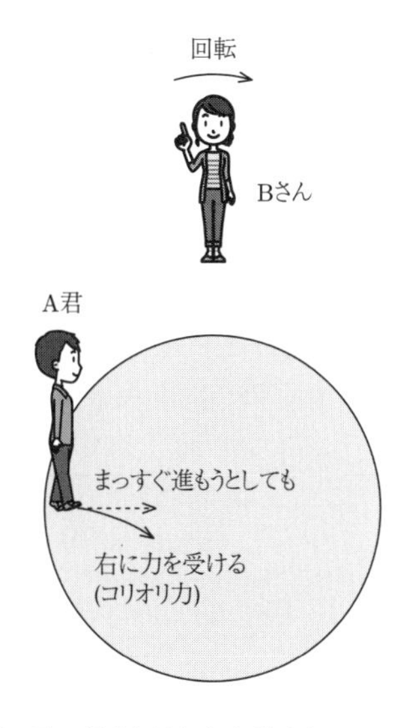

図 5.6　(A 君の視点) 円盤上を動くとコリオリ力が働く

コリオリ力を日常で体感することはほとんどありません．しかし地球上における大気や海流の大規模な循環は，地球の自転によってもたらされるコリオリ力に支配されているといっても過言ではありません (地学分野で詳しく学ぶことができます)．コリオリ力の理解は地球環境を考える上で大変重要な要素となっています．

5.5　なぜコリオリ力は右を向くのか

図 5.6 にあるように反時計回りの円盤上では進行方向の右向きにコリオリ力が働きます．なぜ左ではなく右なのでしょうか．次のような状況を考えてみましょう．

点 P から中心に向かってボールを発射します．円盤とボールの間に摩擦は働かないものとします．

図 5.7a　(B さんの視点)

図 5.7b　(B さんの視点)

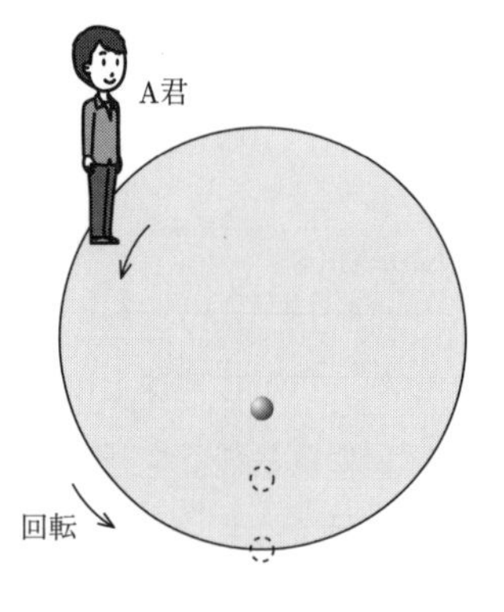

図 5.7c　(B さんの視点)

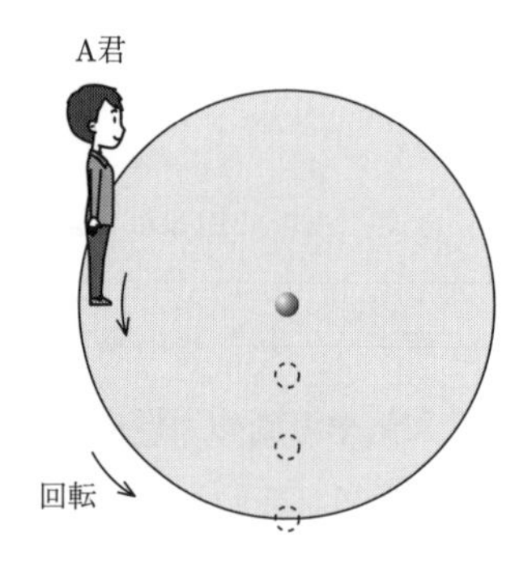

図 5.7d　(B さんの視点)

円盤が 90° 回転したとき，ちょうどボールが中心に来ました．

図 5.7a〜図 5.7d は B さんから見た動きです．さて，円盤上の A 君から見たボールの動きはどのようになるでしょうか．次のようになります．

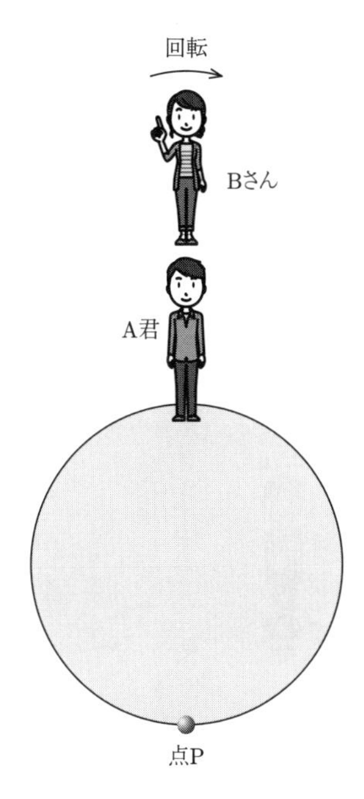

図 5.7a と同じ状態から・・・

図 5.8a　(A 君の視点)

A 君とボールの位置関係が図 5.7b のそれと等しいことを確認してください．

図 5.8b　(A 君の視点)

A 君とボールの位置関係が図 5.7c のそれと等しいことを確認してください.

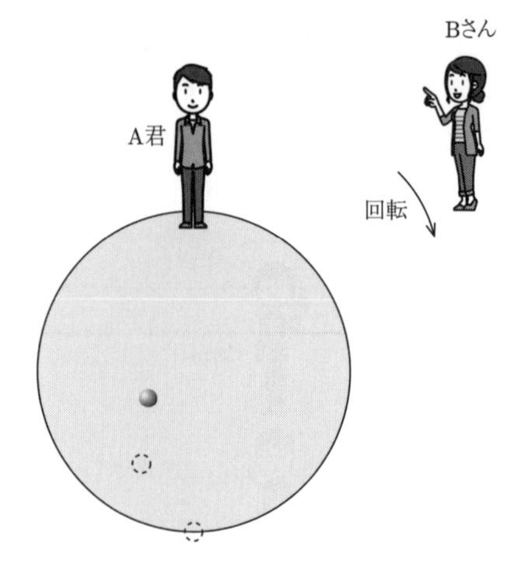

図 5.8c　(A 君の視点)

A 君とボールの位置関係が図 5.7d のそれと等しいことを確認してください.

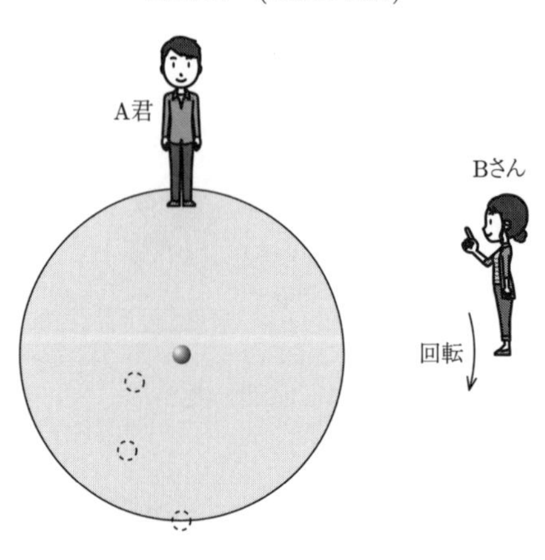

図 5.8d　(A 君の視点)

図 5.8a〜図 5.8d のボールの動きをまとめると図 5.9 のようになります. ボールの進行方向に対し右向きの力が働くと考えなければ, A 君はボールの動きを説明できないことがわかります.

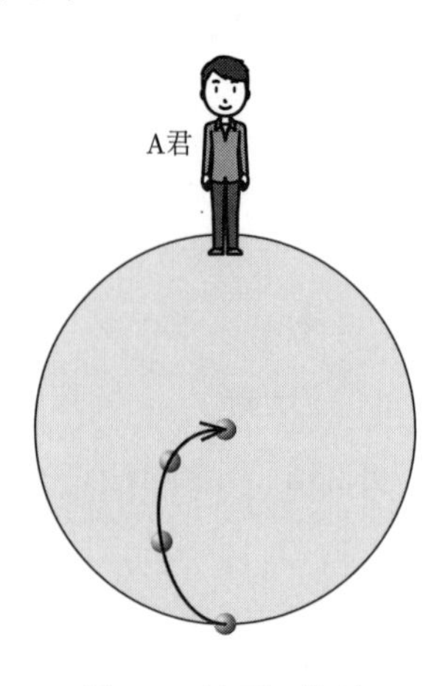

図 5.9　(A 君の視点)

角速度 ω，反時計回りの**等速回転系**における**慣性力**は次の 2 つです．

遠心力 … 回転中心から放射状に外向き (力の大きさ $mr\omega^2$)

コリオリ力 … 物体の進行方向に対し右向き (力の大きさ $2mv\omega$，回転が時計回りの場合は進行方向に対し左向き)

5.6 コリオリ力の例

コリオリ力を知る手段として，**フーコーの振り子**があります．このフーコーの振り子，地球の自転を証明するのに用いられました．物体は慣性の法則に従って運動します．外力 (加速度) を受けなければ，振り子は一定の方向に揺れます．地球のような自転している回転体上にあると，コリオリ力の影響を受けるため，北半球では振り子の振動面が時計回りに，南半球では反時計回りに回転します．宇宙から見ると振り子は単に往復運動をしていて，地上にいる観測者の方が回転していることに注意しましょう．

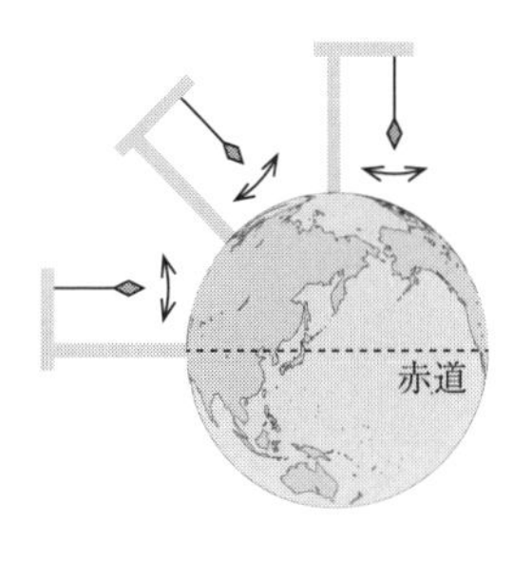

図 5.10 考える状況

図 5.10 のように緯度の異なる 3 地点に振り子を建て，その振動方向を図 5.11 の太い実線で示します．ある時刻に，観測者が振り子の振動面を観察した様子が図 5.11(A) だとすると，6 時間後，地球は 90° 自転するので，観測者と振動面の方向関係は図 5.11(B) で示すように変化します．

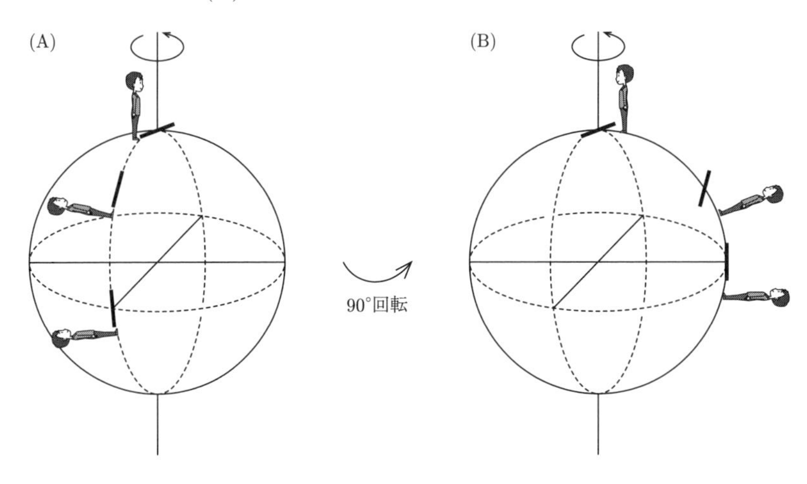

図 5.11

このとき，地上の観測者からどのように見えるかを考えてみましょう．赤道では振動面の方向が変化せず，北極では 90° 回転していることがわかります．中間地では振り子の振動面の方向は変化しますが 90° 未満であることが見てわかります．これを図 5.12 の拡大図を用いて詳しくみてみましょう．振り子の振動面は地面に垂直であることに着目すると，地上の観測者から見た振動面の回転量は緯度 δ に依存することがわかります．自転の角速度 ω とすると，緯度 δ

の地点における振り子の振動面の回転の角速度は $\omega \sin \delta$ となります．赤道では $\omega \sin 0^\circ = 0$ となり振動面は回転しません．このことは観測者に対し振り子の振動面は常に同じ向きになることからもイメージできます．

一方，北極や南極では図からもわかるように 1 日で 360° 回転することが見てとれます．では，東京の場合はどうでしょうか．東京の緯度は約北緯 35° ですので，地上の観測者から見て，1 日で $360^\circ \times \sin 35^\circ = 206^\circ$ 回転することになります．

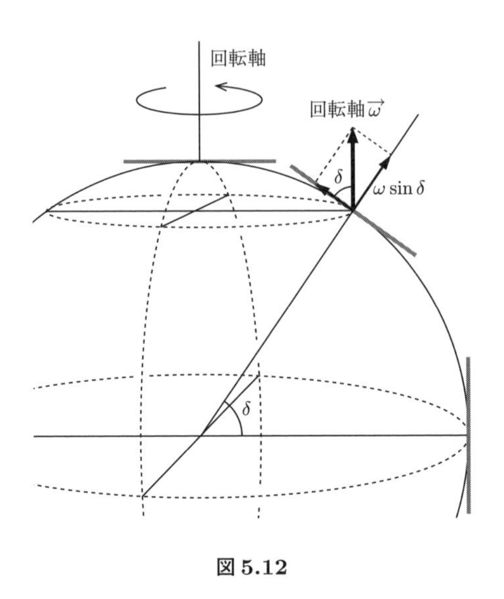

図 5.12

試験前チェック

- □ ニュートンの第一法則を基に慣性系とは何かを説明することができる．
- □ 慣性力とは何かを説明することができる．
- □ 遠心力とコリオリ力が働く状況を図示し，それらの性質を説明することができる．

6 エネルギー保存則の導き方

まとめ

運動方程式に速度をかけて積分すると**エネルギー保存則**が導かれる．

$$\frac{1}{2}mv^2(t) + U(\vec{r}(t)) = E \ (\text{定数})$$

ただし，働く力が**保存力** (→ 第 7 章) の場合に限る．

着目する系の運動方程式 (微分方程式) を解くことができれば，物体の運動の様子を説明することができます (→ 第 3 章，第 4 章)．しかしながら運動方程式を解くことが容易であるとは限りません．むしろ解けない場合の方が多くあります．

そんなとき，**力学的エネルギー保存則**を使うことにより運動方程式を具体的に解くことなく物体の位置や速度を容易に計算することができます．力学的エネルギーを理解することは，すべての自然現象の根底に横たわるエネルギーという普遍的な概念を理解する最初の一歩となります．

力学的エネルギー保存則を導くには，まず運動方程式の両辺に速度 $v(t)$ を掛けるのが定石です．以下，簡単な例から順にみていきましょう．

6.1　1 次元の自由落下運動

鉛直方向のみの自由落下運動の運動方程式は次式でした (→ 第 3 章)．

$$m\frac{\mathrm{d}^2y(t)}{\mathrm{d}t^2} = -mg \tag{6.1}$$

この式の両辺に速度 $v(t)$ を掛けてみましょう．

$$mv(t)\frac{\mathrm{d}v(t)}{\mathrm{d}t} + mgv(t) = 0 \tag{6.2}$$

ここから式 (6.2) を $\dfrac{\mathrm{d}}{\mathrm{d}t}(\cdots) = 0$ という形に書きかえてみます．そのために次式が成り立つことを確認してください．

$$\frac{\mathrm{d}}{\mathrm{d}t}v^2(t) = 2v(t)\frac{\mathrm{d}v(t)}{\mathrm{d}t}$$

もし v^2 を v で微分するなら答えは $2v$ です．しかしいまは t で微分するので，さらに $v(t)$ 自体の t の微分が掛かります．合成関数の微分です (→ 付録 B)．

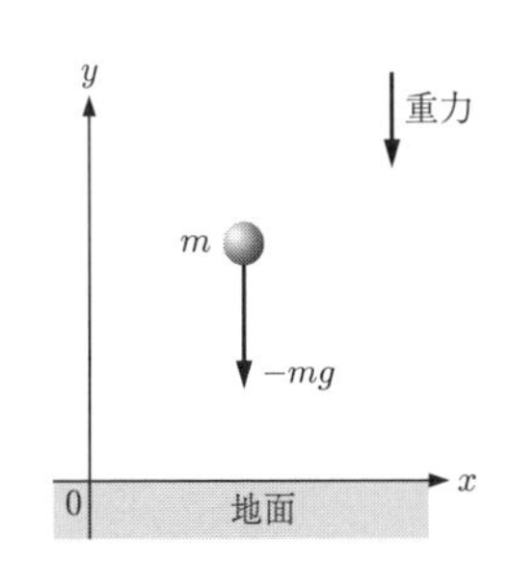

図 6.1

式 (6.2) 第 2 項の $v(t)$ は $\dfrac{\mathrm{d}y(t)}{\mathrm{d}t}$ に書き換えます．以上より式 (6.2) は次のように書きかえられます．

$$\frac{\mathrm{d}}{\mathrm{d}t}\left(\frac{1}{2}mv^2(t)+mgy(t)\right)=0$$

時間微分して 0 になるので，( ) の中身は時間に依らない定数だということになります．その定数を E と書いて，**エネルギー**と呼ぶことにしましょう．

$$\frac{1}{2}mv^2(t)+mgy(t)=E\ (\text{定数}) \tag{6.3}$$ 注 1

注 1　第 1 項を**運動エネルギー**，第 2 項**位置 (ポテンシャル) エネルギー**，これらの和のことを**力学的エネルギー**と呼びます．

$y(t)$ や $v(t)$ はもちろん t の関数なのに，式 (6.3) の左辺の組み合わせにすると t によらなくなるというわけです．落下する物体をただ眺めているだけでは，なかなか気が付けないことではないでしょうか．

では，本当に式 (6.3) は成り立つのでしょうか．初期位置 y_0，初速度 v_0 のもとで式 (6.1) を解くと，次の解が得られます (→ 第 3 章)．

$$\begin{cases} y(t)=-\dfrac{1}{2}gt^2+v_0t+y_0 \\ v(t)=-gt+v_0 \end{cases} \tag{6.4}$$

この解を実際に式 (6.3) の左辺に代入してみます．

$$\begin{aligned}&\frac{1}{2}mv^2(t)+mgy(t)\\&=\frac{1}{2}m\left(-gt+v_0\right)^2+mg\left(-\frac{1}{2}gt^2+v_0t+y_0\right)=\cdots\end{aligned}$$

計算結果は，物体が最初に持っていた力学的エネルギーに一致することがわかります [注 2]．

注 2　是非計算してみてください．

6.2　3 次元の自由落下運動

以上の内容を 3 次元の自由落下運動の場合に拡張してみましょう．

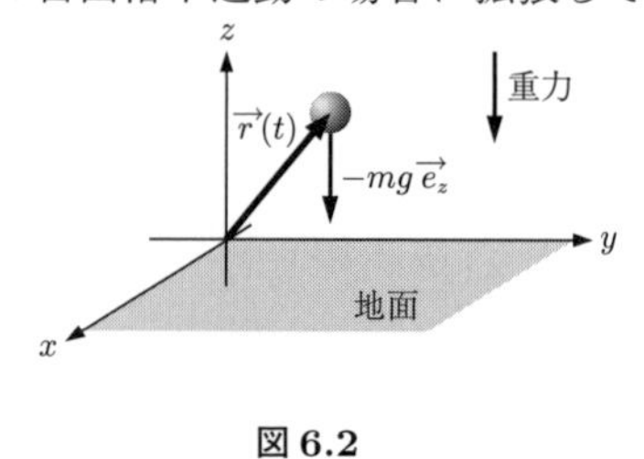

図 6.2

運動方程式は次式です．

$$m\frac{\mathrm{d}^2\vec{r}(t)}{\mathrm{d}t^2}=-mg\vec{e}_z$$ 注 3

注 3　$\vec{r}(t)$ は物体の位置ベクトルで，次を意味します．$\vec{r}(t)=x(t)\vec{e}_x+y(t)\vec{e}_y+z(t)\vec{e}_z$

1 次元のときと同様に速度 $\vec{v}(t)$ を掛けて**エネルギー保存則**を導出します．ただしこの場合の掛けるとはベクトル同士の内積をとることを意味します．

$$m\vec{v}(t)\cdot\frac{\mathrm{d}\vec{v}(t)}{\mathrm{d}t}+mg\vec{v}(t)\cdot\vec{e_z}=0 \tag{6.5}$$

式 (6.5) の第 1 項を詳しくみてみましょう.

$$\begin{aligned}\vec{v}(t)\cdot\frac{\mathrm{d}\vec{v}(t)}{\mathrm{d}t} &= v_x(t)\frac{\mathrm{d}v_x(t)}{\mathrm{d}t}+v_y(t)\frac{\mathrm{d}v_y(t)}{\mathrm{d}t}+v_z(t)\frac{\mathrm{d}v_z(t)}{\mathrm{d}t}\\ &= \frac{1}{2}\frac{\mathrm{d}}{\mathrm{d}t}\left(v_x^2(t)+v_y^2(t)+v_z^2(t)\right)\\ &= \frac{1}{2}\frac{\mathrm{d}}{\mathrm{d}t}\left(v^2(t)\right) \quad \text{注 4}\end{aligned}$$

注 4　$v(t)=|\vec{v}(t)|$

式 (6.5) の第 2 項は,

$$\begin{aligned}\vec{v}(t)\cdot\vec{e_z} &= \left(\frac{\mathrm{d}x(t)}{\mathrm{d}t}\vec{e_x}+\frac{\mathrm{d}y(t)}{\mathrm{d}t}\vec{e_y}+\frac{\mathrm{d}z(t)}{\mathrm{d}t}\vec{e_z}\right)\cdot\vec{e_z}\\ &= \frac{\mathrm{d}z(t)}{\mathrm{d}t} \quad \text{注 5}\end{aligned}$$

注 5　$\vec{e_x},\vec{e_y},\vec{e_z}$ はそれぞれ x,y,z 方向の単位ベクトルなので, $\vec{e_x}\cdot\vec{e_z}=\vec{e_y}\cdot\vec{e_z}=0,\vec{e_z}\cdot\vec{e_z}=1$ です.

となるので, 式 (6.5) は,

$$\frac{\mathrm{d}}{\mathrm{d}t}\left(\frac{1}{2}mv^2(t)+mgz(t)\right)=0$$

となります. したがって, 力学的エネルギー保存則が導かれます.

$$\frac{1}{2}mv^2(t)+mgz(t)=E\ (\text{定数})$$

6.3　斜面を下る場合にも成立

以上は自由落下の例でしたが, 現実には物体が地面や斜面に沿って運動することがよくあります. そんなときでも, 斜面からの摩擦が無視できる限り力学的エネルギー保存則が成り立ちます.

図 6.3 で表されるように物体が斜面を下る状況を考えてみましょう. 重力の他には斜面からの**垂直抗力** $\vec{N}$ が物体に働きます.

この系の運動方程式は次のように書けます.

$$m\frac{\mathrm{d}^2\vec{r}(t)}{\mathrm{d}t^2}=-mg\vec{e_y}+\vec{N} \tag{6.6}$$

$\vec{N}$ は物体の運動中に斜面から物体に働く垂直抗力で, 定ベクトルではなく物体の位置や斜面の形状によって決まるものです.

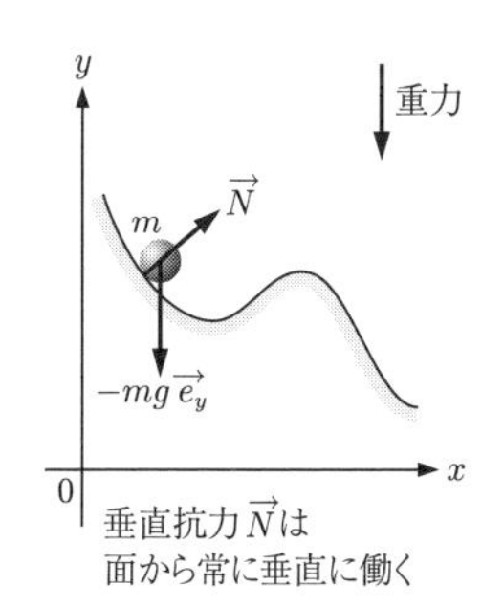

図 6.3

さて, 例によって式 (6.6) の両辺に速度 $\vec{v}$ を掛けてみます.

$$m\vec{v}(t)\cdot\frac{\mathrm{d}\vec{v}(t)}{\mathrm{d}t}+mg\vec{v}\cdot\vec{e_y}-\vec{v}\cdot\vec{N}=0 \tag{6.7}$$

垂直抗力の最大の特徴は文字通り常に斜面に垂直に働くということです. つまり常に斜面に平行な速度ベクトルと必ず垂直になります ($\vec{v}\cdot\vec{N}=0$).

したがって式 (6.7) 左辺第 3 項はなくなって自由落下の場合と同じ式になります．摩擦が働かない限り斜面に沿う運動でも**力学的エネルギー保存則**が成り立つことがわかりました[注6]．

注 6　では摩擦のある場合はどう考えればよいでしょう？

試金石問題

6.1 地上から初速 v_0 で質量 m の物体を真上に発射した．最高到達高度 h を次の 2 つの方法で求めよ．

(1) 式 (6.4) を用いて $y(t_1)$ を計算する $(v(t_1) = 0)$．

(2) 力学的エネルギー保存則から計算する．

6.2 図 6.4 のような摩擦のない斜面を質量 10 kg の物体が，地上からの高さ 10 m の地点から初速 5.0 m/s で滑り落ちる．$g = 9.8\,\mathrm{m/s^2}$ とする．

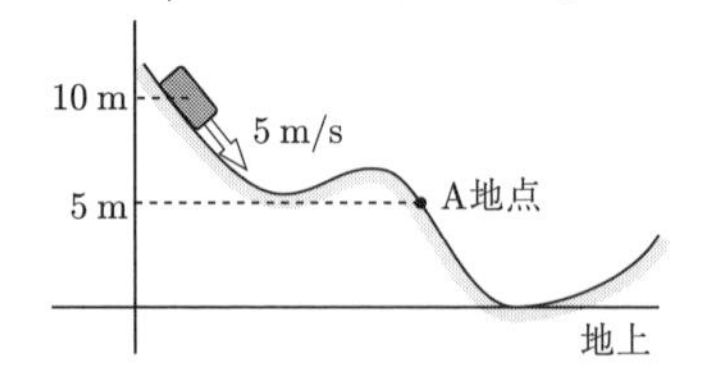

図 6.4

(1) 物体が A 地点に来たときのスピード v_{A} を求めよ．

(2) 物体のスピードが 14 m/s になるのはどの地点か．

6.3 図 6.5 のようにばね (ばね定数 k) につながれた質量 m の物体が水平面上を運動する．ばねが自然長のときの物体の位置を x 軸の原点として運動方程式を立て，力学的エネルギー保存則を導け．

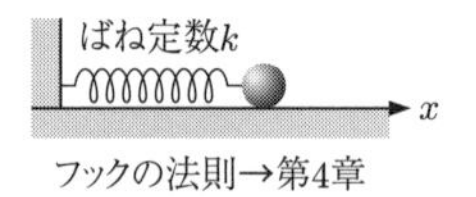

フックの法則→第4章

図 6.5

試験前チェック

□ 自由落下運動する物体の運動方程式を考え，力学的エネルギー保存則を導くことができる．

$$\frac{1}{2}mv^2(t) + mgz(t) = E\,(\text{定数})$$

□ 摩擦などの抵抗を無視した場合，斜面に沿って運動する物体にも力学的エネルギー保存則が成立することを示すことができる．

7 仕事とエネルギー

まとめ

仕事はエネルギーを変化させる．**保存力**とは“仕事が途中の経路に依らない力”である．

運動する物体は静止する物体に比べて何か運動の“勢い”なるものを持っていると素朴に考えられます．同じ質量の物体でもスピードが大きいほどそれは大きく，あるいはスピードが同じでも質量が大きいほどそれは大きくなり，生み出すためには力をより強く“長く”加え続ける必要があるでしょう．ではこの“長く”とはどういう意味でしょう．長さには距離的な長さと時間的な長さが考えられます．力を加えた距離に着目するのが仕事という物理量です．そして仕事を加えることで生じる運動の勢いが**運動エネルギー**です ($\rightarrow$ 第 6 章)．運動の勢いの変化は運動エネルギーの変化として表現されます．また，力を加えた時間に着目するのが**力積**であり，力積によって生じる運動の勢いのことを**運動量**といいます ($\rightarrow$ 第 8 章).

7.1 仕事の定義

仕事は次式で定義されます．

$$W = \int \vec{F} \cdot \mathrm{d}\vec{l} \tag{7.1}$$

いきなりこう書かれても意味がわからないという人も少なくないでしょう．簡単な例から順に仕事を計算していきます．図 7.1 のように手の力 $\vec{F}$(一定) と物体の変位 (= 位置の変化) $\vec{l}$ が常に同じ向きの場合，手がする仕事 W は単に力 $\vec{F}$ の大きさ F と動いた距離 l の積になります．

$$W = Fl \quad (F = |\vec{F}|, l = |\vec{l}|)$$

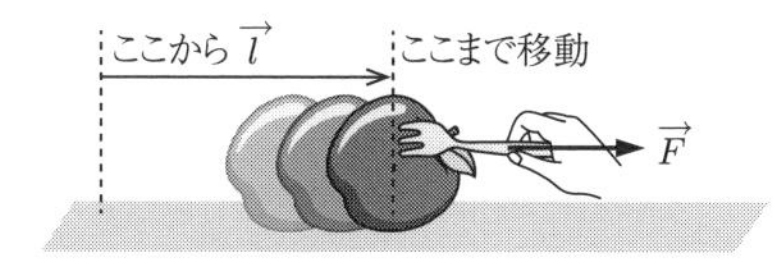

図 7.1

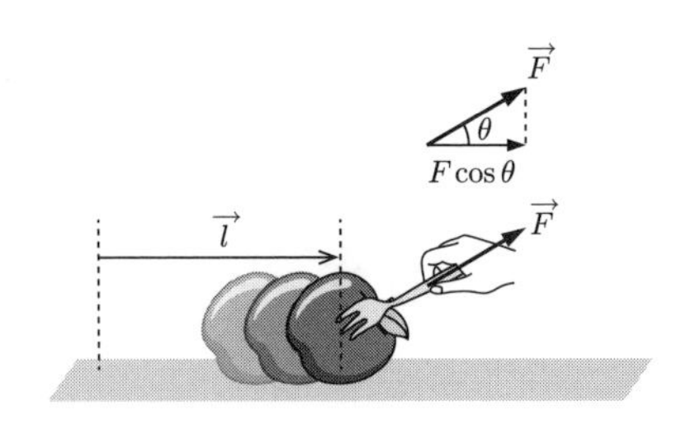

図 7.2

力 $\vec{F}$ と物体の変位 $\vec{l}$ が違う向きのまま動く場合は，

$$W = \vec{F} \cdot \vec{l} = Fl\cos\theta \tag{7.2}$$

このように手がする仕事 W は力 $\vec{F}$ と物体の変位 $\vec{l}$ の内積になります．つまり，加えた力のうちの進行方向の成分だけが**仕事**として計算されます．

では次の場合はどのように考えればよいでしょう．$\vec{F}$ の向きと大きさが連続的に変わっています．

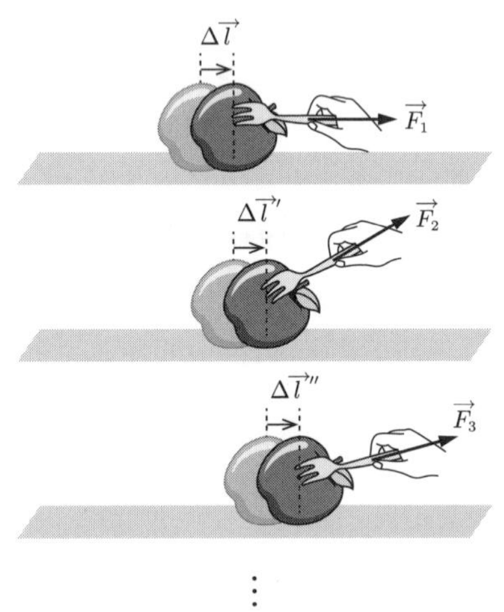

⋮

図 7.3

このように刻々と力の向きが変わると式 (7.2) では太刀打ちできません．なのでその瞬間ごとの微小な仕事を足し上げるしかありません．たとえば l を 10 等分し ($\vec{l} = \Delta\vec{l}_1 + \Delta\vec{l}_2 + \cdots + \Delta\vec{l}_{10}$)，それぞれの場面での $\vec{F}$ の代表値 $\vec{F}_1 \sim \vec{F}_{10}$ を定めます．すると次のように近似的に仕事が計算できます．

$$W \cong \vec{F}_1 \cdot \Delta\vec{l}_1 + \vec{F}_2 \cdot \Delta\vec{l}_2 + \cdots + \vec{F}_{10} \cdot \Delta\vec{l}_{10} = \sum_{i=1}^{10} \vec{F}_i \cdot \Delta\vec{l}_i \quad \text{注 1}$$

注 1　厳密に＝ではないので“大体イコール”という意味で ≅ と書いています．

分割を 50 個，100 個と増やせば $\vec{F}$ がより正確な値で計算に反映されるので，W の値は正しい値に近づくと考えられます．そこで，分割を無限大に増やす極限を考えます．そうすると $\Delta\vec{l}_i$ はどんどん微小になり，

$$\sum_{i=1}^{N} \vec{F}_i \cdot \Delta\vec{l}_i \xrightarrow[\Delta\vec{l}_i \to \text{微小}]{N\to\infty} \int_{\mathrm{i}}^{\mathrm{f}} \vec{F} \cdot \mathrm{d}\vec{l}$$

というように微小な仕事の足し上げを積分を用いて扱うことができます．積分範囲がiからfまでというのは物体の位置について始め (initial) から終わり (final) までということを表しています．こうしてこのときの仕事は式 (7.1) の定積分として導かれます．

7.2　仕事はエネルギーを変化させる

なぜ仕事というものが重要なのかというと，本章の冒頭にもあるように，仕事はエネルギーの変化と関係するものだからです．たとえば林檎を持ち上げると，林檎の**位置エネルギー**が大きくなります．手が林檎に仕事をしたからです．

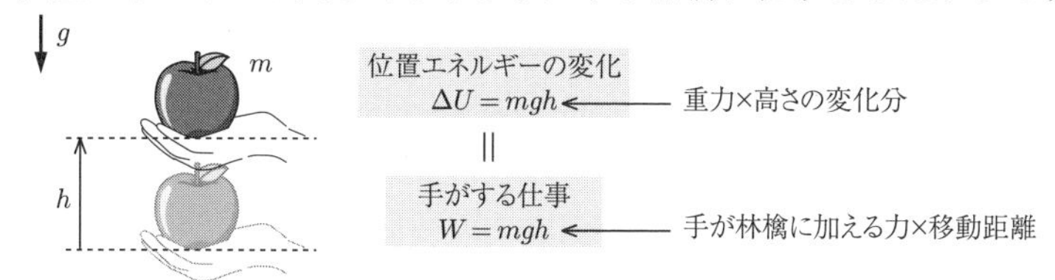

図 7.4

また，一定の力で林檎を水平に初速度 0 から加速すると，手のする仕事が林檎の**運動エネルギー**に変わります．

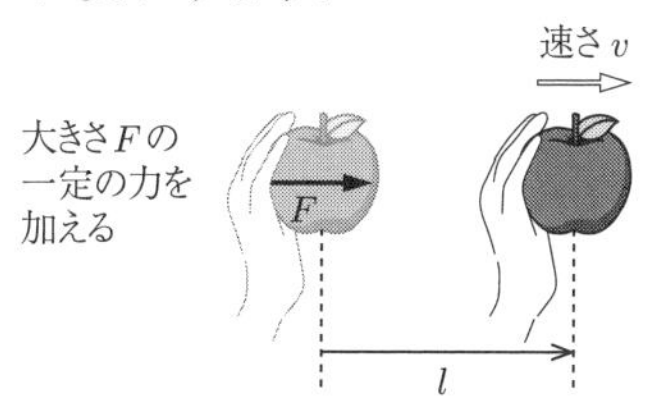

位置エネルギーの変化 $\Delta K = \dfrac{1}{2}mv^2$

||

手がする仕事 $W = Fl$

$\therefore Fl = \dfrac{1}{2}mv^2$

図 7.5

このような仕事とエネルギーの関係は何を根拠に成り立つのでしょうか．実はこれも運動方程式からの帰結です．たとえば先程の林檎を持ち上げる例での運動方程式は次式になります．

$$m\frac{\mathrm{d}^2y(t)}{\mathrm{d}t^2} = -mg + F_{\text{手}}$$

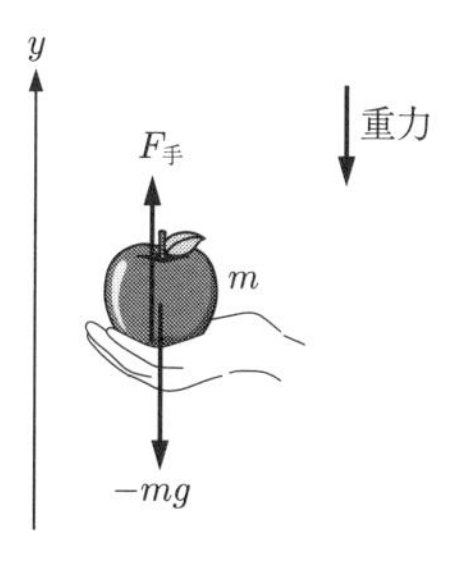

図 7.6

エネルギー保存則を導くのと同じ要領で両辺に速度 $v(t) = \dfrac{\mathrm{d}y(t)}{\mathrm{d}t}$ を掛けて変形します．

$$mv(t)\frac{\mathrm{d}v(t)}{\mathrm{d}t} + mg\frac{\mathrm{d}y(t)}{\mathrm{d}t} = F_{\text{手}}\frac{\mathrm{d}y(t)}{\mathrm{d}t}$$

注 2　力学的エネルギー (→第 6 章)

$$\therefore\ \frac{\mathrm{d}}{\mathrm{d}t}\underbrace{\left(\frac{1}{2}mv^2(t)+mgy(t)\right)}_{E(t)}=F_{\text{手}}\frac{\mathrm{d}y(t)}{\mathrm{d}t}$$ 注 2

さらにここから両辺を t で積分します.

注 3　始状態を i，終状態を f で表しています.

$$\int_{t_\mathrm{i}}^{t_\mathrm{f}}\frac{\mathrm{d}E(t)}{\mathrm{d}t}\mathrm{d}t=\int_{t_\mathrm{i}}^{t_\mathrm{f}}F_{\text{手}}\frac{\mathrm{d}y(t)}{\mathrm{d}t}\mathrm{d}t$$ 注 3

$$\therefore\ E_\mathrm{f}-E_\mathrm{i}=\int_{y_\mathrm{i}}^{y_\mathrm{f}}F_{\text{手}}\mathrm{d}y=W_{\text{手}}\ (\text{手のする仕事})$$

注 4　ΔE：力学的エネルギー E の“変化”

$$\therefore\ \Delta E=W_{\text{手}}$$ 注 4

このように手がする仕事によって林檎の**力学的エネルギー**が変化することが導かれます．逆にいうと，外からの仕事がなければ系の力学的エネルギーは保存するということです.

7.3　位置エネルギーが存在する条件

林檎を持ち上げる例でもあったように重力には**位置エネルギー**が存在します．しかし，すべての力に対して位置エネルギーが存在するわけではありません．たとえば摩擦力に位置エネルギーは定義できません．位置エネルギーを定義できるか否かは何から決まるのでしょうか.

注 5　外界とは，たとえば林檎に着目した場合，手は外界です.

“外界から仕事をされると位置エネルギーが増える”ということは，“位置エネルギーとは外界からの仕事を蓄えたもの”ともいえます[注 5].

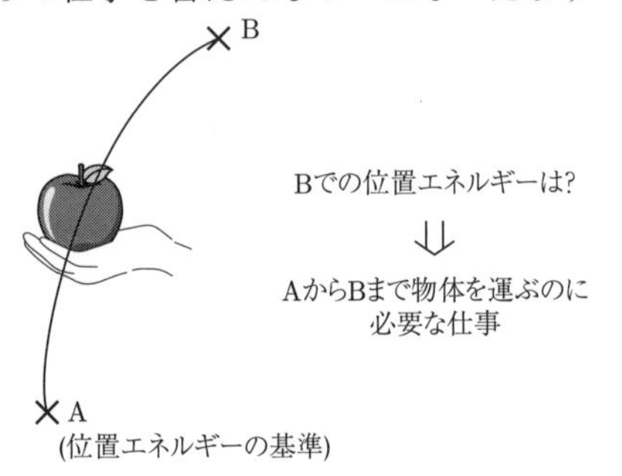

図 7.7

ということは，A から B へ運ぶのに必要な仕事がその経路のとり方に依存してしまうと，B での位置エネルギーが定まりません.

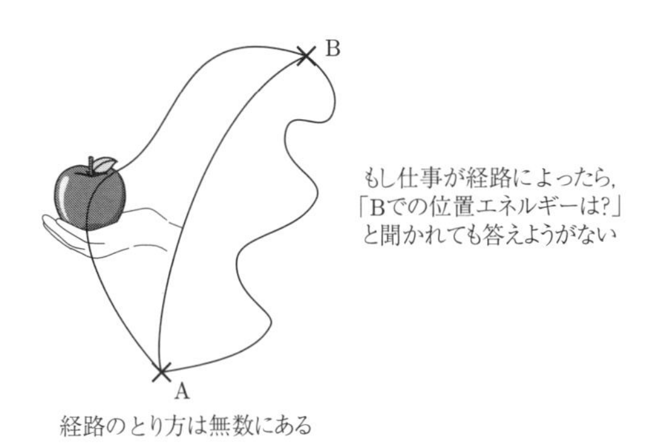

図 7.8

2 点間を結ぶどの経路で計算しても仕事が等しくなる力，つまり仕事が経路に依らない力を**保存力**といいます．そして保存力の場合に限り，位置エネルギーが定義可能です．

では，実際に重力が保存力であることを次の例題で確認してみましょう．

例題 7.1　質量 m の物体を A 地点から，距離 h だけ真上にある B 地点まで持ち上げる．図 7.9 の ① ～ ③ の経路に沿って持ち上げるのに必要な仕事 W をそれぞれ求めよ．

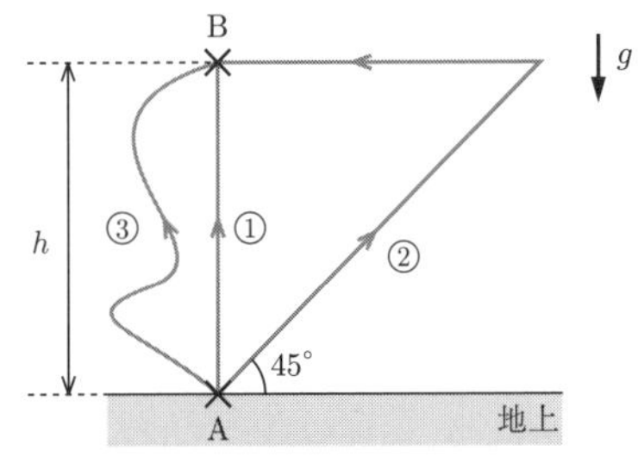

図 7.9

解説　経路 ①：$W = mgh$

経路 ②：斜めに移動させるときの仕事 $W_{斜め}$ は

$$W_{斜め} = mg \times \underbrace{\sqrt{2}h}_{移動距離} \times \sin 45^\circ$$

$$= mgh$$

横に移動させるときの仕事 $W_{横}$ は

$$W_{横} = mg \times h \times \sin 0^\circ$$

$$= 0$$

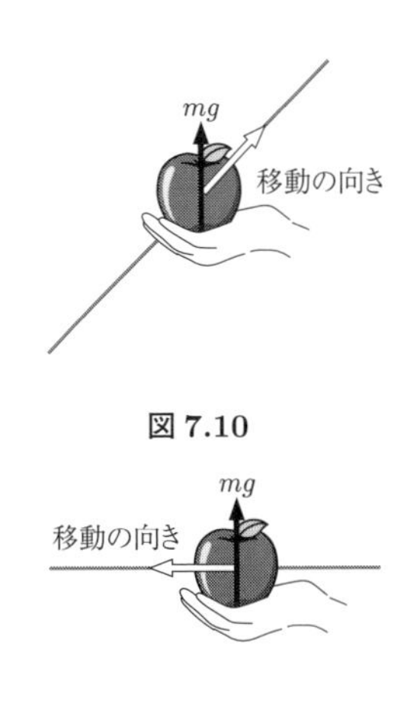

図 7.10

図 7.11

よって，

$$W = W_{斜め} + W_{横} = mgh$$

経路 ③

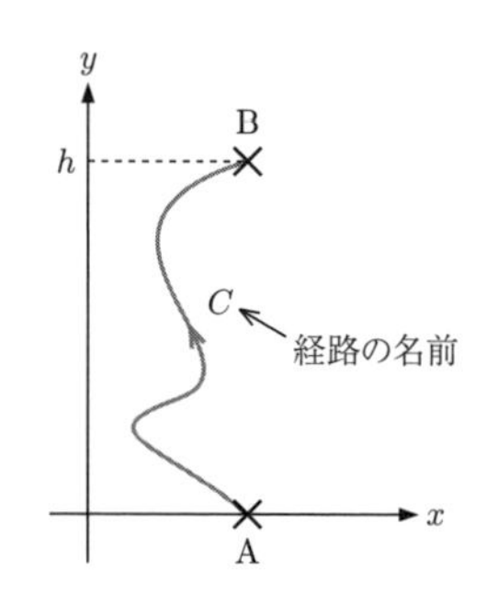

図 7.12

$$
\begin{aligned}
W &= \int_C \vec{F}_{手} \cdot \mathrm{d}\vec{l} \\
&= \int_C mg\vec{e}_y \cdot (\vec{e}_x \mathrm{d}x + \vec{e}_y \mathrm{d}y) \quad \text{注 6} \\
&= \int_0^h mg\,\mathrm{d}y \quad \text{注 7} \\
&= mgh
\end{aligned}
$$

注 6　$\mathrm{d}\vec{l} = \vec{e}_x \mathrm{d}x + \vec{e}_y \mathrm{d}y$

注 7　積分変数が y になったので積分区間を 0 から h と書ける．

経路 ③ の計算は A から B へ向かう任意の経路で成り立ちます．これにより仕事 W が経路によらず，重力が保存力であることがわかります．

試金石問題

7.1 摩擦のある斜面 (水平面からの角度 θ) を質量 m の物体が滑り落ちる．静止した状態から距離 L だけ滑り落ちたときの物体のスピードを求めよ．斜面の動摩擦係数を μ とする[注 8]．

注 8　まず摩擦力について理解してください．

7.2 ばね定数 k のばねを天井から吊るし，質量 m の物体をとりつけ，ばねが自然長になるように手で支えた．

(1) この状態から手をゆっくり下げていくと，ばねの伸びが l になったところで物体は手から離れた．l を求め，この間に手が物体にした仕事を求めよ．

(2) 最初の状態に戻し急に手を離したところ，ばねは最大で L だけ伸びた．L を求めよ．

試験前チェック

- □ 仕事の定義式を書き下し，仕事とは何かを説明することができる．

$$W \equiv \int \vec{F} \cdot \mathrm{d}\vec{l}$$

- □ 仕事を通して物体の位置エネルギーが変化する状況を説明することができる．
- □ 保存力とは何かを説明することができる．

8 作用・反作用の法則と運動量保存則

まとめ

運動方程式と**作用・反作用の法則**から**運動量保存則**が導かれる．全運動量は系の重心の運動と関係している．

8.1　作用・反作用の法則

ニュートンの第三法則は**作用・反作用の法則**です．“すべての力は逆向きで同じ大きさの対を作る”というもので，地味なようで非常に重要な法則です．

たとえば私たちが地面に立っていられるのも，この法則により理解されます．まず，私たちには重力が働いています (↓)．そして，足が地面を押します (⇩)．

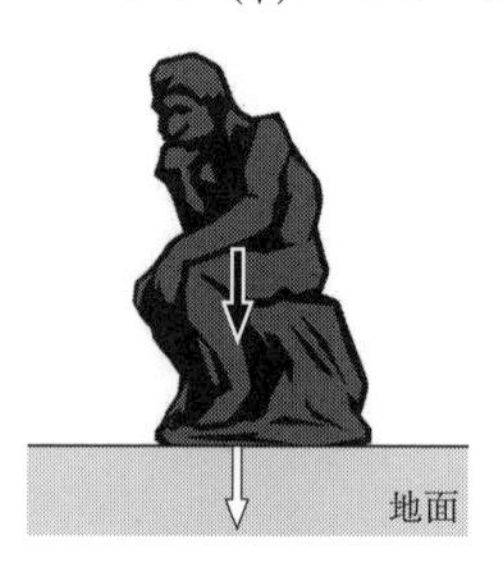

図 8.1

すると地面も私たちを押し返します (⇧)．図 8.2 の ⇩ と ⇧ が作用と反作用の関係になっています．そして私たちに働く ↓ と ⇧ がつりあい，私たちは静止できます．これら ↓，⇧，⇩ はすべて同じ大きさの力です．⇧ は垂直抗力といいます．

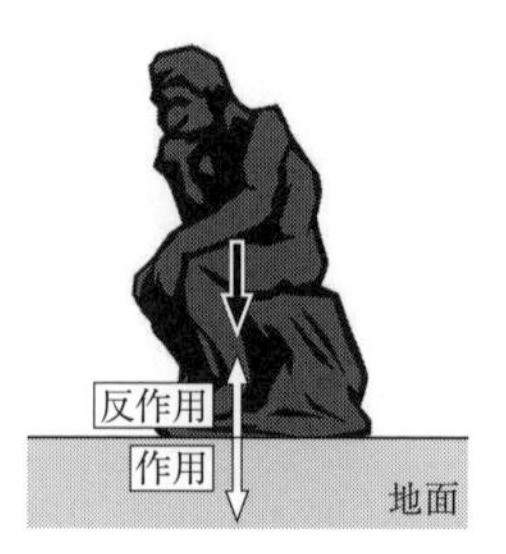

図 8.2

もし反作用の力がなければ私たちはどんどん地面の中に沈んで行ってしまいます．同一の物体に作用と反作用の力が働くのではないということが重要なポイントです．

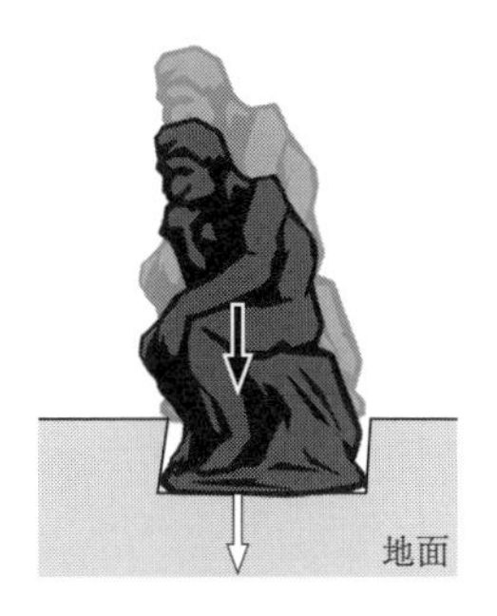

図 8.3

次のように 2 つのボールがぶつかる場合でも，ぶつかった瞬間に働く 2 つの力に作用・反作用の法則が成立します．

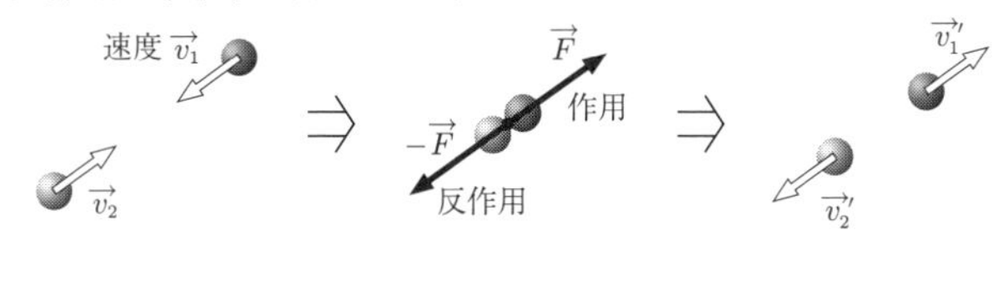

図 8.4

以上の例は物体同士の接触における作用・反作用の法則でしたが，この法則が成り立つのは接触の場合に限りません．あらゆる物体同士に働く万有引力や電荷同士に働くクーロン力 ($\rightarrow$ 第 19 章) のような力にも作用・反作用の法則が成り立ちます．

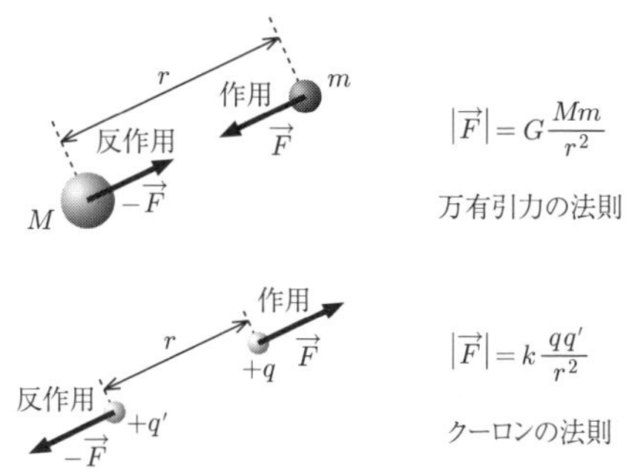

図 8.5

作用・反作用の法則はあらゆる力に成り立つ法則です．ただし，慣性力 ($\Rightarrow$ 第 5 章) に対する反作用は存在せず，作用・反作用の法則は成立しません．作用・反作用の法則は**慣性系**でのみ成り立ちます．

8.2　内力と外力

運動量保存則を導き出すための準備として内力と外力の区別を理解しましょ

う．この区別は考える系(注目する物体)をどうとるかによって決まります．系の内部で働き作用・反作用の関係にある力を内力，系の外部から系に働く力を外力といいます．

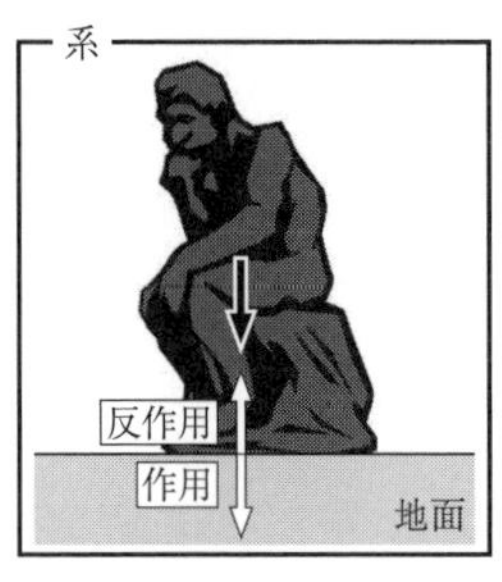

図 8.6

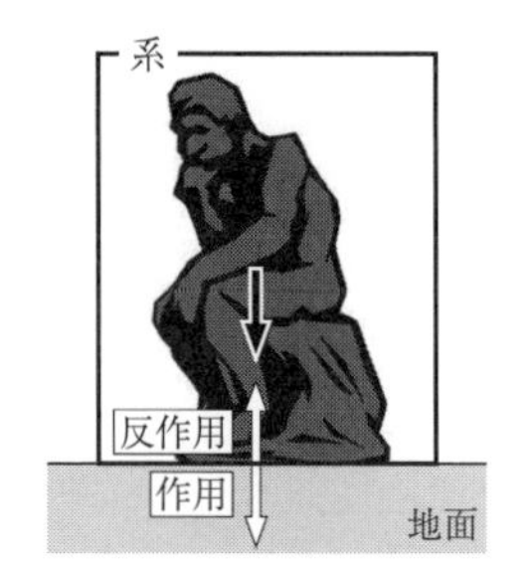

図 8.7

たとえば図 8.6 のように人と地面の一部を合わせて系ととると，↓ (重力) は外力，⇧と⇩は内力となります．

一方，図 8.7 のように人だけを系ととれば，↓ も ⇧ も外力になります (⇩は系外)．

8.3 運動量保存の法則

エネルギー保存則は運動方程式から直接導かれる法則でした (→ 第 6 章)．**運動量保存則**は運動方程式と作用・反作用の法則から導かれます．まず，物体の持つ運動量 $\vec{p}(t)$ とは質量と速度を掛け合わせた物理量のことです．

$$\vec{p}(t) \equiv m\vec{v}(t)$$

以下では系に働く外力がつり合っている状況を考えます．

- 系に含まれる物体の数が 1 個の場合，$\vec{p}$ が保存されることは運動方程式から直接導かれます．

$$\text{運動方程式：} m\frac{\mathrm{d}^2\vec{r}}{\mathrm{d}t^2} = \vec{0} \Leftrightarrow \frac{\mathrm{d}\vec{p}}{\mathrm{d}t} = \vec{0}$$

$$\Leftrightarrow \vec{p}\text{ は時間によらない定ベクトル}$$

外力がつり合っていれば等速直線運動になるので，運動量が一定になる (保存する) のは明らかです．

- 系に含まれる物体の数が 2 個の場合は，物体間に内力が働きえます．

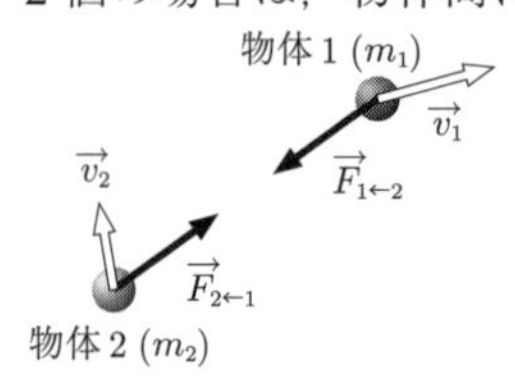

図 8.8

$$\begin{cases} m_1 \dfrac{\mathrm{d}^2 \vec{r}_1(t)}{\mathrm{d}t^2} = \vec{F}_{1\leftarrow 2} \text{ (外力)} \\ m_2 \dfrac{\mathrm{d}^2 \vec{r}_2(t)}{\mathrm{d}t^2} = \vec{F}_{2\leftarrow 1} \text{ (内力)} \end{cases}$$

この 2 式を足すと系の全運動量 $\vec{p} \equiv \vec{p}_1(t) + \vec{p}_2(t)$ が保存することがわかります.

$$\frac{\mathrm{d}}{\mathrm{d}t}\left(\underbrace{m_1\vec{v}_1(t)}_{=\vec{p}_1(t)} + \underbrace{m_2\vec{v}_2(t)}_{=\vec{p}_2(t)}\right) = \vec{F}_{1\leftarrow 2} + \vec{F}_{2\leftarrow 1} = \vec{0} \quad \therefore \frac{\mathrm{d}\vec{p}}{\mathrm{d}t} = \vec{0}$$

内力に対する作用・反作用の法則が重要な働きをしていることがわかります.

- 系に含まれる物体の数が 3 個の場合でも同様に全運動量が保存します.

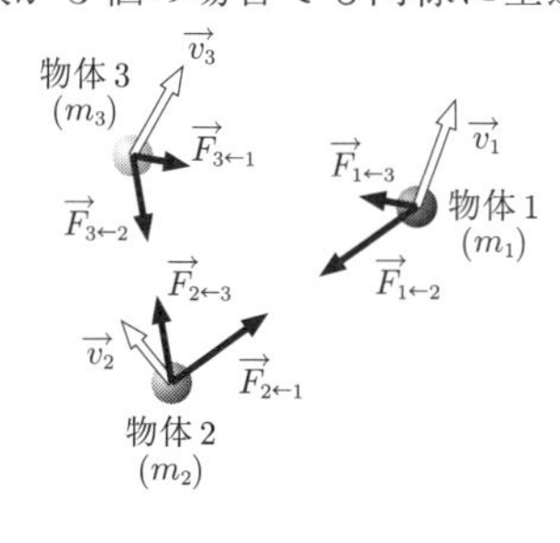

図 8.9

$$\begin{aligned} m_1 \frac{\mathrm{d}^2 \vec{r}_1(t)}{\mathrm{d}t^2} &= \cancel{\vec{F}_{1\leftarrow 2}} + \cancel{\vec{F}_{1\leftarrow 3}} \\ &+ \\ m_2 \frac{\mathrm{d}^2 \vec{r}_2(t)}{\mathrm{d}t^2} &= \cancel{\vec{F}_{2\leftarrow 1}} + \cancel{\vec{F}_{2\leftarrow 3}} \\ &+ \\ m_3 \frac{\mathrm{d}^2 \vec{r}_3(t)}{\mathrm{d}t^2} &= \cancel{\vec{F}_{3\leftarrow 1}} + \cancel{\vec{F}_{3\leftarrow 2}} \end{aligned}$$

$$\Rightarrow \frac{\mathrm{d}}{\mathrm{d}t}(m_1\vec{v}_1(t) + m_2\vec{v}_2(t) + m_3\vec{v}_3(t)) = \frac{\mathrm{d}\vec{p}}{\mathrm{d}t} = \vec{0}$$

- まったく同様に, 系に含まれる物体の数がいくつであっても, 系に働く外力がつり合っているならば全運動量 $\vec{P} \equiv \sum \vec{p}_i(t)$ は保存します.

例題 8.1　摩擦のない水平面上をばねにつながれた 2 つの物体が振動・回転・並進運動を伴って複雑に運動している. この 2 つの物体の全運動量が保存することを説明せよ.

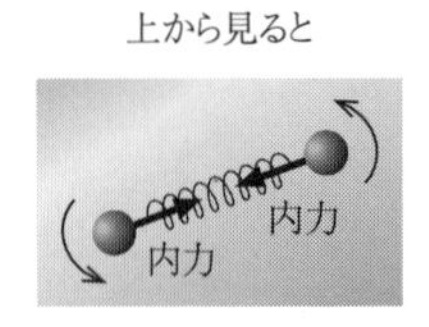

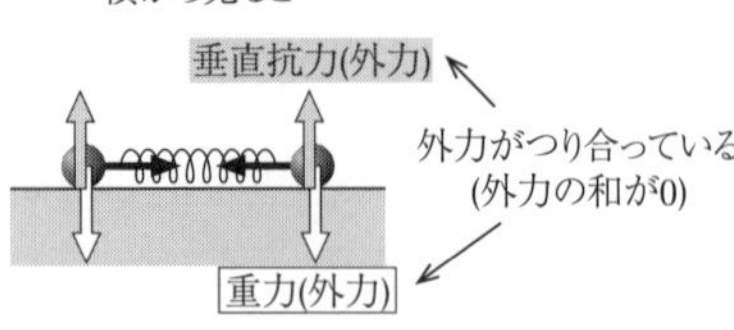

図 8.10

⇒ 外力がつり合っているので全運動量が保存する．

8.4 重心の運動

注 1 CM: Center of Mass

重心 $\vec{r}_{\rm CM}$ とは次のように定義されます [注1]．

$$\vec{r}_{\rm CM} \equiv \frac{m_1\vec{r}_1 + m_2\vec{r}_2 + \cdots + m_n\vec{r}_n}{m_1 + m_2 + \cdots + m_n} = \frac{\sum_i m_i\vec{r}_i}{\sum_i m_i}$$

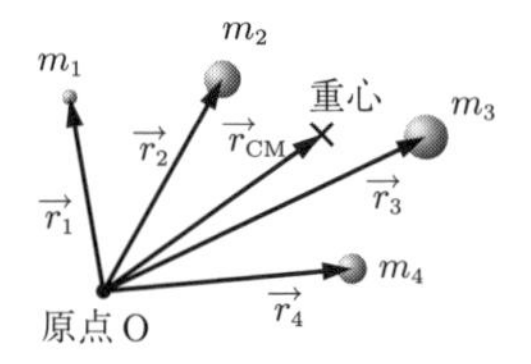

図 8.11

つまり，それぞれの質量で重み付けをした位置の平均になります．

そして系の重心の動きと全運動量とには以下の重要な関係があります．

注 2 $M = \sum_i m_i$

$$\vec{P} = \sum_i m_i\vec{v}_i = \frac{\mathrm{d}}{\mathrm{d}t}\left(\sum_i m_i\vec{r}_i\right) = M\frac{\mathrm{d}}{\mathrm{d}t}\left(\frac{\sum_i m_i\vec{r}_i}{M}\right) \quad \text{注 2}$$

$$= M\frac{\mathrm{d}}{\mathrm{d}t}\vec{r}_{\rm CM} = M\vec{v}_{\rm CM} \quad \therefore\ \vec{P} = M\vec{v}_{\rm CM}$$

つまり，全運動量とは重心に全質量が集まっているとしたときの運動量と解釈できます．ということは，全運動量が $\vec{0}$ で外力がつり合っている場合，系内でどのような動きをしても重心の位置は変わりません．図 8.12 のように水面に浮かぶボートの上を人が歩いても，ボートと人の重心の位置 (図中の × 印) は不変です．重心の位置は人の足の裏とボートの間に働く摩擦力 (内力) によらず変わりません．

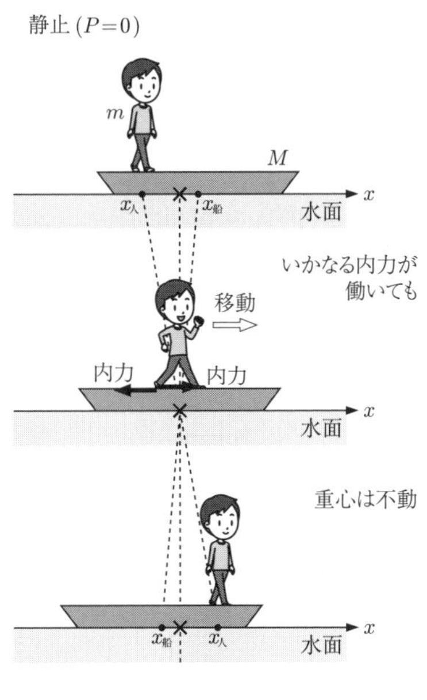

図 8.12

試金石問題

8.1 質量 m の人が質量 M の気球から縄梯子でぶら下がっている．地上に対しどちらも静止した状態から人が縄梯子に対し速さ v で登るとき，気球が地上に対して下がる速さ u を求めよ．また，人が登るのをやめたら人と気球の速さはどうなるか．

8.2 ボートの中央に人がとり残されている．はたして人は沿岸に渡れるだろうか．(1)，(2) のそれぞれについて答えよ．

(1)

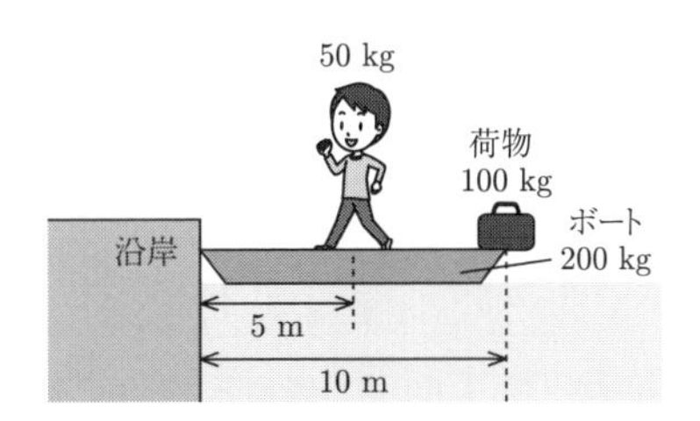

(2) おもりをボートの右端に移動させてから

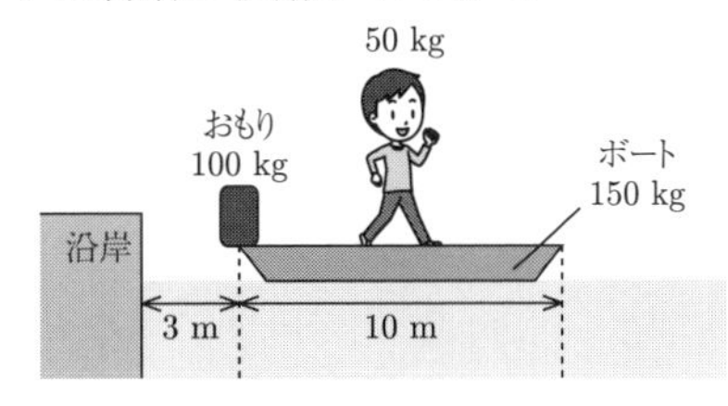

8.3 $\int \vec{F}\,\mathrm{d}t$ で定義される量を**力積**という．系の全運動量の時間変化が外力による力積に等しいことを示せ．

試験前チェック

- □ 作用・反作用の法則 (ニュートンの第三法則) について，図を用いて説明することができる．
- □ 内力と外力を区別することができる．
- □ 運動量の定義式を書き下し，作用・反作用の法則を用いて運動量保存則を導くことができる．

$$\vec{p}(t) \equiv m\vec{v}(t)$$

$$\frac{\mathrm{d}\vec{P}}{\mathrm{d}t} = \vec{0}$$

- □ 重心の定義式を書き下し，その性質を説明することができる．

$$\vec{r}_{\mathrm{CM}} \equiv \frac{m_1\vec{r}_1 + m_2\vec{r}_2 + \cdots + m_n\vec{r}_n}{m_1 + m_2 + \cdots + m_n} = \frac{\sum_i m_i\vec{r}_i}{\sum_i m_i}$$

9 角運動量と万有引力

まとめ

中心力を受けて運動する物体の**角運動量**は保存される．ケプラーの三法則から**万有引力の法則**が導かれる．

地球が巨大な磁石であるというギルバートの発見 (1600 年) を受け，ケプラーは天体間で作用する重力なるものを構想しました (1609 年)．地球や他の天体が磁石だというのなら，天体同士が力を及ぼし合っていても不思議ではないというわけです．しかし力と運動の関係を (アリストテレスと同様に) $\vec{F} = m\vec{v}$ と考えていたケプラーは，天体の軌道に関する偉大な 3 法則を遺したものの，正しい重力の定式化を得ることは叶いませんでした．

その後ガリレオやデカルトにより慣性の法則が確立されたことで，17 世紀後半にはそれに基づく正しい動力学が理解されはじめていました．そして天体の楕円軌道が天体間の引力によるものと主張する学者も現れていました．

そのような中で天体間に働く引力が距離の逆二乗の法則に従うことを数学的に (幾何学的に) 証明し，さらにはその引力が質量を持つすべての物体同士に働くと主張したのがニュートンです (『自然哲学の数学的諸原理 (プリンキピア)』(1687 年))．ニュートンによって提示された万有引力という概念は現在では常識かもしれませんが，発表された当時は反発もありました．距離を隔てた物体同士が瞬間的に力を及ぼし合う (遠隔作用) というのは中世の魔術的自然観を彷彿とさせたのです．そしてニュートン自身，自然を正しく記述する法則が得られれば十分と表明しながらも，万有引力を引き起こす真の原因を長年に渡り模索したのでした．

時代は下り，アインシュタインは重力を時空の歪みと捉える一般相対性理論によって重力を近接作用として理解することに成功しました (1916 年)．そして 2016 年 2 月，その理論的帰結である重力波が直接検出されたとの発表がなされました．

今回扱うケプラーの法則から万有引力を導く過程は，近代科学の礎を築いたニュートン力学の真骨頂だといえるでしょう．

9.1　中心力と角運動量

力学的エネルギー保存則は運動方程式に速度 $\vec{v}(t)$ を掛けて (内積をとって) 導きました (→ 第 6 章)．今度は運動方程式に位置 $\vec{r}(t)$ を掛けてみましょう．ただし今回は外積をとります．

$$\text{運動方程式}:\frac{\mathrm{d}\vec{p}}{\mathrm{d}t}=\vec{F}\ \Rightarrow\ \vec{r}\times\frac{\mathrm{d}\vec{p}}{\mathrm{d}t}=\vec{r}\times\vec{F}$$

よって，

$$\frac{\mathrm{d}}{\mathrm{d}t}(\vec{r}\times\vec{p})=\vec{r}\times\vec{F}\quad\text{注 1}\tag{9.1}$$

注 1　$\because\ \frac{\mathrm{d}}{\mathrm{d}t}(\vec{r}\times\vec{p})=\underbrace{\frac{\mathrm{d}\vec{r}}{\mathrm{d}t}\times\vec{p}}_{\vec{v}\times(m\vec{v})=\vec{0}}+\vec{r}\times\frac{\mathrm{d}\vec{p}}{\mathrm{d}t}$

ここで，方向が同じあるいは逆向きである 2 つのベクトルの外積は $\vec{0}$ になることに注意しましょう．すると，$\vec{F}$ が座標の原点方向を向く中心力のとき，$\vec{F}$ は $\vec{r}$ 方向に沿って働くので式 (9.1) の右辺は $\vec{0}$ になります．**角運動量** $\vec{L}$ を

$$\vec{L}\equiv\vec{r}\times\vec{p}$$

と定義すると式 (9.1) は

$$\frac{\mathrm{d}\vec{L}}{\mathrm{d}t}=\vec{0}$$

となります．つまり角運動量が保存されます．外積のおさらいですが，$\vec{A}\times\vec{B}=\vec{C}$ のとき，それぞれのベクトルの位置関係は図 9.1 のようになります．

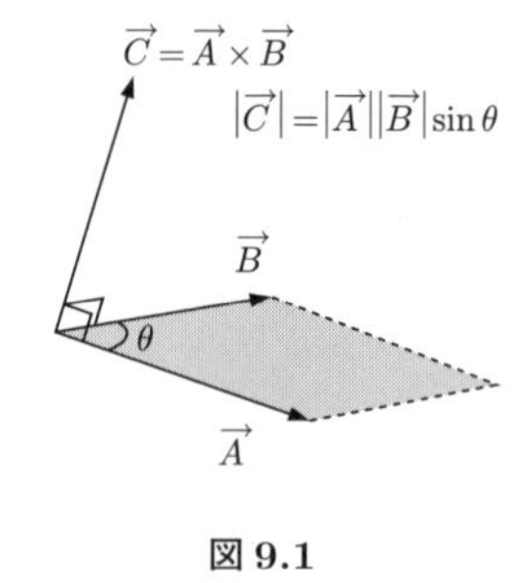

図 9.1

したがって $\vec{r}\times\vec{p}=\vec{L}$ の位置関係は図 9.2 のようになります．

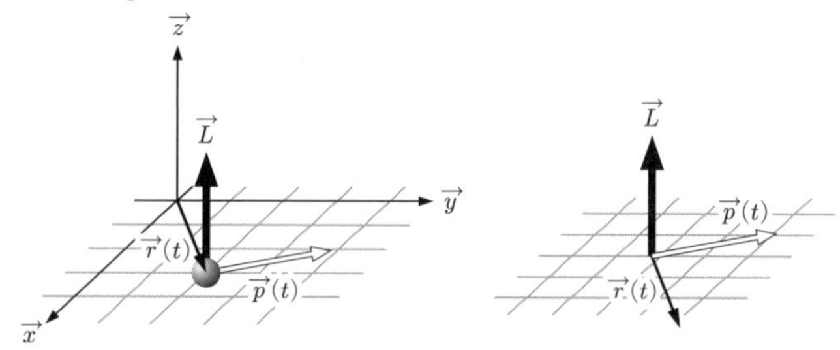

図 9.2

$\vec{r}(t)\perp\vec{L}$，$\vec{p}(t)\perp\vec{L}$ となるので，$\vec{L}$ が保存するということは物体が同一平面上で運動することを意味します．

9.2　極座標

角運動量は 1 つの平面内を円運動する物体をイメージすると理解しやすいです．また円運動を取り扱う場合は普段使う直交座標系 $(x(t),y(t))$ よりも**極座標系** $(r(t),\theta(t))$ を用いるのが便利です．では極座標系を用いて物体の位置を表

してみましょう．原点に対する**中心力**とはつまり r 方向に働く力なので，次のように書けます．

$$\vec{F} = f(r)\vec{e}_r(t) \quad \text{注 2}$$

注 2　$r = |\vec{r}|$

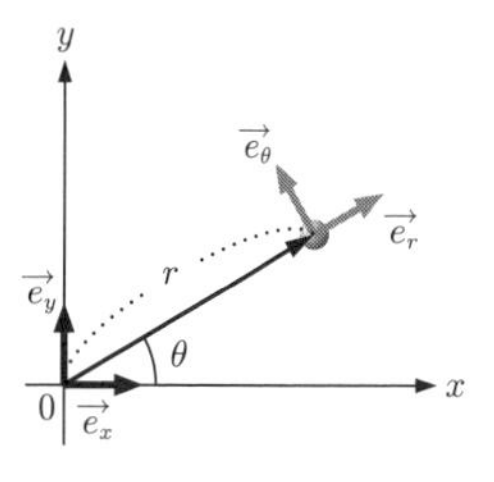

図 9.3

$\vec{e}_r(t)$ や $\vec{e}_\theta(t)$ は極座標における単位ベクトルです．物体の位置によって向きが変わるため，次式のように t に依存することに注意してください．

$$\vec{e}_r(t) = \cos\theta(t)\vec{e}_x + \sin\theta(t)\vec{e}_y \quad \text{注 3}$$

$$\vec{e}_\theta(t) = -\sin\theta(t)\vec{e}_x + \cos\theta(t)\vec{e}_y \quad \text{注 3}$$

注 3　これより

$$\frac{\mathrm{d}}{\mathrm{d}t}\vec{e}_r(t) = \vec{e}_\theta(t)\frac{\mathrm{d}\theta(t)}{\mathrm{d}t}$$

$$\frac{\mathrm{d}}{\mathrm{d}t}\vec{e}_\theta(t) = -\vec{e}_r(t)\frac{\mathrm{d}\theta(t)}{\mathrm{d}t}$$

となります．

これらを用いると位置 $\vec{r}(t)$ は次のように表せます．

$$\vec{r}(t) = r(t)\vec{e}_r(t)$$

これを微分していくことで速度 $\vec{v}(t)$，加速度 $\vec{a}(t)$ が求まります (時間微分を $\dot{\square}$ で表すことにします)．

$$\vec{v}(t) = \dot{r}(t)\vec{e}_r(t) + r(t)\dot{\theta}(t)\vec{e}_\theta(t) \quad \text{注 4}$$

$$\vec{a}(t) = (\ddot{r}(t) - r(t)\dot{\theta}^2(t))\vec{e}_r(t) + \underbrace{(2\dot{r}(t)\dot{\theta}(t) + r(t)\ddot{\theta}(t))}_{\frac{\mathrm{d}}{\mathrm{d}t}(r^2(t)\dot{\theta}(t))r(t) \quad \text{注 5}}\vec{e}_\theta(t)$$

注 4　$\dot{\theta}(t)$ は角速度 $\omega(t)$ のことになります．

注 5　確かめてみてください．

したがって運動方程式

$$m\vec{a}(t) = \vec{F} = f(r)\vec{e}_r$$

は次の 2 式を意味します．

$$m(\ddot{r}(t) - r(t)\dot{\theta}^2(t)) = f(r) \tag{9.2}$$

$$\frac{\mathrm{d}}{\mathrm{d}t}(mr^2(t)\dot{\theta}(t)) = 0 \tag{9.3}$$

実は式 (9.3) は**角運動量保存則**を表します．

$$mr^2(t)\dot{\theta}(t) = L \ (\text{一定}) \quad \therefore\ \dot{\theta}(t) = \frac{L}{mr^2(t)} \quad \text{注 6}$$

注 6　$\because |\vec{L}| = |\vec{r} \times \vec{p}| = \cdots = mr^2(t)\dot{\theta}(t)$

これを式 (9.2) に代入すると，

$$m\ddot{r}(t) = \frac{L^2}{mr^3(t)} + f(r) \tag{9.4}$$

さて，この運動はどのような軌道を描くでしょうか．軌道を求めるとは r と θ の関係，つまり $r(\theta)$ を求めるということです．そのためには $r(\theta)$ についての微分方程式を解く必要があります．ここで，煩雑さを避けるため (天下り的ではありますが) 補助変数 $u(t) = r(t)^{-1}$ を導入し，$u(\theta)$ を求めることを考えましょう．

$$\frac{\mathrm{d}u}{\mathrm{d}\theta} = \frac{\mathrm{d}u}{\mathrm{d}t}\Big/\frac{\mathrm{d}\theta}{\mathrm{d}t} = -\frac{m}{L}\dot{r} \quad \text{注 7}$$

$$\frac{\mathrm{d}^2u}{\mathrm{d}\theta^2} = -\frac{m}{L}\frac{\mathrm{d}\dot{r}}{\mathrm{d}\theta} = -\frac{m}{L}\frac{\mathrm{d}\dot{r}}{\mathrm{d}t}\Big/\frac{\mathrm{d}\theta}{\mathrm{d}t} = -\frac{m^2r^2}{L^2}\ddot{r}$$

注 7　$\dot{u} = -\frac{1}{r^2}\dot{r}$

これと式 (9.4) を合わせて次式が求まります．

$$\frac{\mathrm{d}^2u}{\mathrm{d}\theta^2}+u=-\frac{m}{L^2u^2}f(u^{-1}) \tag{9.5}$$

このようにして，中心力 $f(r)$ が具体的に与えられれば式 (9.5) を解くことで軌道を求めることができます．

9.3 ケプラーの法則

準備が整ったところでいよいよ**ケプラーの法則**から**万有引力の法則**を導いてみましょう．ケプラーはティコ・ブラーエの膨大な観測データを元に惑星の運動について次の 3 つの法則を見つけました．

第一法則 惑星の軌道は太陽の位置を焦点の 1 つとする楕円軌道である．

第二法則 惑星運動の**面積速度**は一定である．

第三法則 惑星の公転周期の 2 乗は惑星の楕円軌道の長半径の 3 乗に比例する．

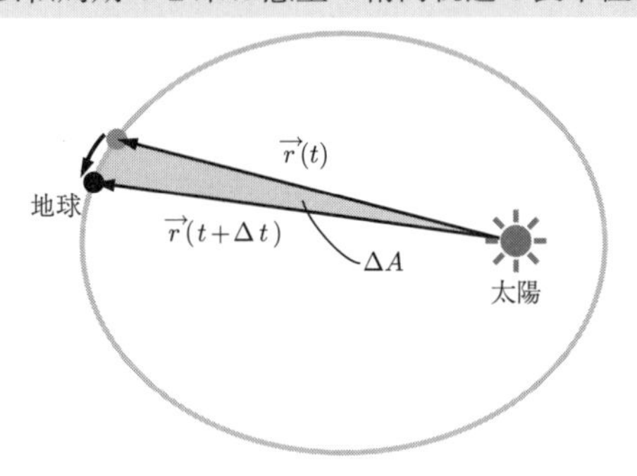

図 9.4 注 8

注 8 実際の軌道はもっと円に近いです．その円のほぼ中心に太陽は位置します．

まず第二法則に注目します．面積速度とは太陽と惑星を結ぶ線分が単位時間に掃く面積のことです．Δt の間に掃かれる面積 (図 9.4 の灰色部分) を ΔA とすると，

$$\Delta A \cong \frac{1}{2}|\vec{r}(t)\times(\vec{r}(t+\Delta t)-\vec{r}(t))|$$

$$\frac{\mathrm{d}A}{\mathrm{d}t}=\lim_{\Delta t\to 0}\frac{\Delta A}{\Delta t}=\frac{1}{2}|\vec{r}(t)\times\vec{v}(t)|=\frac{1}{2m}|\vec{L}| \tag{9.6}$$

したがって面積速度が一定とは角運動量の大きさが一定であることを意味します．このことは，太陽が惑星に何らかの力を及ぼしていると考えたとき，その力が中心力であることを強く示唆します．

次は第一法則です．楕円という図形は次式で表されます．

$$\frac{x^2}{a^2}+\frac{y^2}{b^2}=1$$

2 つの焦点 $(c,0),(-c,0)$ からの距離の和が $2a$ (一定) になります．

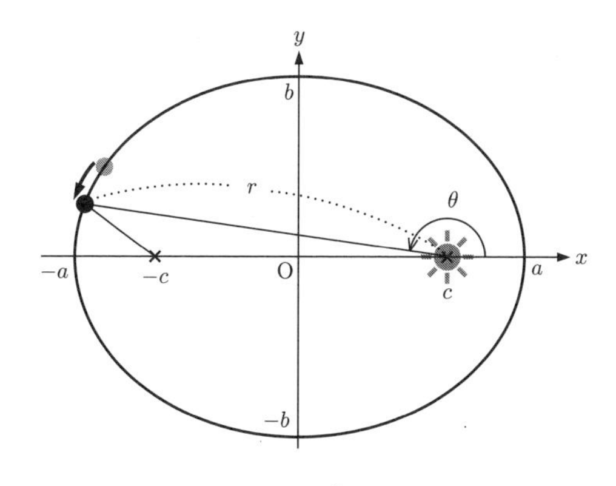

図 9.5 [注 9]

あるいは太陽の位置を原点とした極座標を使うと，$l \equiv b^2/a$ と離心率 $\epsilon = c/a$ を用いて次式のように書くこともできます．

$$r = \frac{l}{1 + \epsilon \cos\theta}$$

$u = r^{-1}$ を用いると，

$$u(\theta) = \frac{1}{l}(1 + \epsilon \cos\theta)$$

$u(\theta)$ は次の微分方程式を満たします．

$$\frac{\mathrm{d}^2 u}{\mathrm{d}\theta^2} + u = \frac{1}{l} \quad \text{注 10} \tag{9.7}$$

さて，あらためて第一法則の意味を考えてみましょう．第二法則より地球が太陽から受ける力が中心力と予想され，軌道を決める方程式は式 (9.5) となります．それが式 (9.7) と一致することから次式が得られます．

$$\underbrace{-\frac{m}{L^2 u^2} f(u^{-1})}_{\text{式 (9.5) の右辺}} = \underbrace{\frac{1}{l}}_{\text{式 (9.7) の右辺}} \qquad \therefore\ f(r) = -\frac{L^2}{ml}\frac{1}{r^2} \tag{9.8}$$

ここで万有引力の法則の特徴である逆 2 乗則がみえてきました．最後は第三法則です．惑星の公転周期を T とし式 (9.6) を軌道一周分，つまり時刻 0 から T まで時間で積分します．

$$\int_0^T \frac{\mathrm{d}A}{\mathrm{d}t}\mathrm{d}t = \underbrace{\pi ab}_{\text{楕円の面積}} = \frac{L}{2m}T$$

第 3 法則は a^3/T^2(a は長半径です) が惑星によらない定数となることを意味するので，

$$\frac{a^3}{T^2} = \frac{L^2}{(2\pi)^2 m^2 l} = \frac{C}{(2\pi)^2}\ (\text{定数}) \quad \text{注 11}$$

以上より，式 (9.8) から次式が結論されます．

$$f(r) = -C\frac{m}{r^2}$$

注 9　現在の地球軌道の離心率は約 0.0167 です．

注 10　確かめてみてください．

注 11　上で定義した $l \equiv b^2/a$ から $b = \sqrt{al}$ を代入

この式は太陽から距離 r の位置にある質量 m の惑星が，太陽から受けている力を表しています．作用・反作用の法則より，同じ大きさで逆向きの力が惑星から太陽に働いているはずです．また式を見ると，力が惑星の質量 m に比例しています．作用・反作用の法則に従うには，太陽の質量 M にも比例しないといけません．定数 C をあらためて G とおくと，両者の比例関係を同時に満たす式は以下のようになります．

$$f(r) = -G\frac{Mm}{r^2} \tag{9.9}$$

したがって，次式が太陽と惑星間に働く力と結論されます．

$$\vec{f}(\vec{r}) = -G\frac{Mm\vec{r}}{|\vec{r}|^3}$$

なお，定数 G を万有引力定数といいます．ニュートンはこの力が2天体の質量にしかよらないことから，(華麗に論理を飛躍させ) この力が質量を持つすべての物体同士に働く普遍的なものであると考えました．それが**万有引力**です[注12]．

注12　ここでは太陽の質量 M が地球の質量 m よりも非常に大きく，太陽の位置が不変であることを仮定しています．厳密には太陽は太陽と地球の共通重心の周りを回っているので，相対座標や換算質量を用いて議論しなければなりません．

9.4　万有引力から導かれる4つの軌道

万有引力を受ける物体は次の運動方程式に従います．

$$m\frac{\mathrm{d}^2\vec{r}}{\mathrm{d}t^2} = -G\frac{Mm}{r^3}\vec{r} \tag{9.10}$$

定石通り，これに速度 $\vec{v}(t)$ を掛けて変形すれば力学的エネルギー保存則が導かれるはずです．

$$m\vec{v}\cdot\frac{\mathrm{d}\vec{v}}{\mathrm{d}t} + G\frac{Mm}{r^3}\vec{v}\cdot\vec{r} = 0$$

ここで左辺2項目に対して上手い変形があります．

$$\vec{v}\cdot\vec{r} = \frac{1}{2}\frac{\mathrm{d}}{\mathrm{d}t}(\vec{r}\cdot\vec{r}) = \frac{1}{2}\frac{\mathrm{d}}{\mathrm{d}t}(r^2) = r\frac{\mathrm{d}r}{\mathrm{d}t}$$

$$\therefore\ m\vec{v}\cdot\frac{\mathrm{d}\vec{v}}{\mathrm{d}t} + G\frac{Mm}{r^2}\frac{\mathrm{d}r}{\mathrm{d}t} = 0$$

$$\therefore\ \frac{\mathrm{d}}{\mathrm{d}t}\left(\frac{1}{2}mv^2 - G\frac{Mm}{r}\right) = 0$$

$$\therefore\ \frac{1}{2}mv^2 \underbrace{-G\frac{Mm}{r}}_{\text{万有引力のポテンシャルエネルギー}} = E\ (\text{定数}) \tag{9.11}$$

一方，式 (9.4) に万有引力の式 (9.9) を代入すると，

$$m\ddot{r} = \frac{L^2}{mr^3} - G\frac{Mm}{r^2}$$

になります．

これに $\dot{r}$ を掛けて変形すると，

$$\frac{\mathrm{d}}{\mathrm{d}t}\left(\frac{1}{2}m\dot{r}^2 + \frac{L^2}{2mr^2} - G\frac{Mm}{r}\right) = 0$$

$$\therefore \ \frac{1}{2}m\dot{r}^2 + \frac{L^2}{2mr^2} - G\frac{Mm}{r} = E \ (\text{定数}) \tag{9.12}$$

実は式 (9.11) と式 (9.12) は等価です．式 (9.11) の v と式 (9.12) の $\dot{r}$ は別物であることに注意してください．式 (9.12) は，r 方向の運動と θ 方向の運動を区別し，角運動量 L が保存量であることを用いて r 方向の運動のみでエネルギー保存則を表した式となっています．式 (9.12) 左辺の第 2 項を**遠心力ポテンシャル**，第 3 項を**重力ポテンシャル**，第 2 項と第 3 項を合わせて**有効ポテンシャル** ($\equiv V_{\text{eff}}$) と呼んでいます．

図 9.6 は有効ポテンシャルのグラフを描いたものです．万有引力のポテンシャル (破線) だけだと $r=0$ に向かって真っ逆さまですが，遠心力ポテンシャルのおかげで $r=0$ に到達できなくなります (もし角運動量を持つ物体が $r=0$ に到達できてしまったら $L=0$ となり角運動量保存則に反してしまいます)．

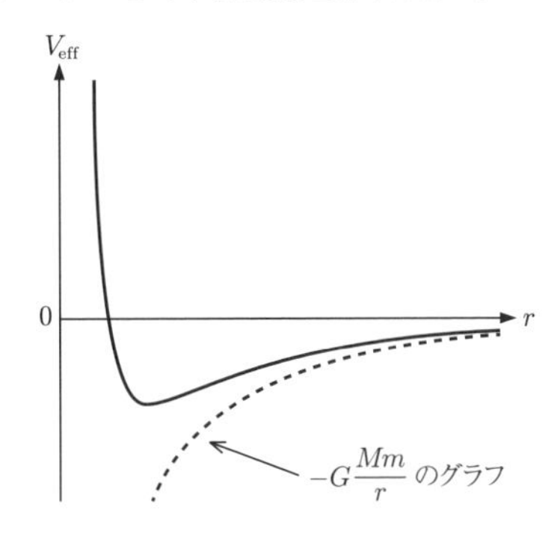

図 9.6

力学的エネルギー E の値によって物体の軌道は 4 種類に分けられます．V_{eff} の最小値を V_0 とすると，

① $E = V_0$ の場合 ⇒ 円軌道

② $V_0 < E < 0$ の場合 ⇒ 楕円軌道

③ $E = 0$ の場合 ⇒ 放物線軌道

④ $E > 0$ の場合 ⇒ 双曲線軌道

たとえば ② $V_0 < E < 0$ のときは図9.7 左のように有効ポテンシャルの谷の中を往復する運動になります．そして $V_{\text{eff}} = E$ の 2 つの解 $r_{\max}, r_{\min}$ がそれぞれ物体が焦点から最も離れたときの距離と最も近づいたときの距離になります．

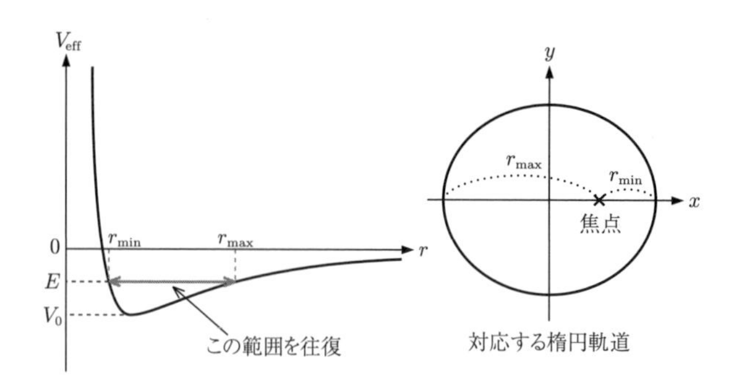

図 9.7

③④ $E \geq 0$ のときは有効ポテンシャルの谷の上なので，一度 $r(t) = r_{\text{min}}$ まで近づいても，そこから無限遠方へ離れていくことになります．彗星の多くはこのような軌道を持っており，観測できる機会が 1 度しかないことがしばしばあります．

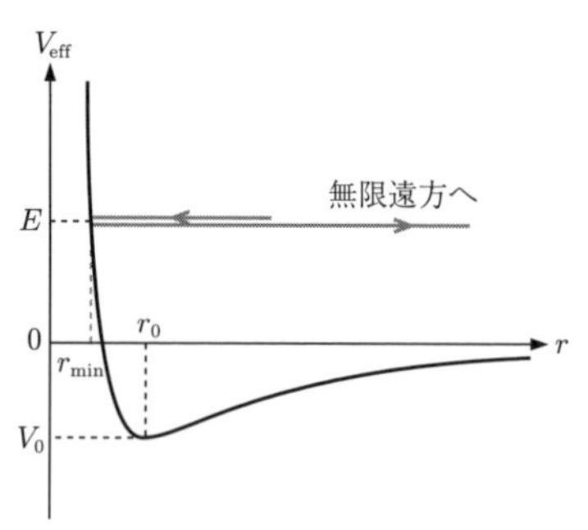

図 9.8

① $E = V_0$ のとき，図 9.8 から物体は常に距離 r_0 を保つことになります．r_0 を維持する運動は円運動になります．

ちなみに $E < V_0$ の場合はありえません．なぜなら，

$$\frac{1}{2}m\dot{r}^2 = E - V_{\text{eff}} \geq 0$$

$$\therefore \ E \geq V_{\text{eff}} \geq V_0$$

となり，必ず $E \geq V_0$ が成り立つからです．

試験前チェック

□ 角運動量の定義式を書き下し，角運動量が保存することを導くことができる．

$$\vec{L} \equiv \vec{r} \times \vec{p}$$

□ ケプラーの法則をすべて説明することができる．

□ 万有引力を表す式を導くことができ，万有引力の性質を説明すること

ができる．

$$\vec{f}(\vec{r}) = -G\frac{Mm\vec{r}}{|\vec{r}|^3}$$

□ 物体に万有引力が作用する場合，その物体がとりうる軌道をすべて説明することができる．

10 トルクと慣性モーメント

まとめ

剛体が静止しているとき，剛体に働く**合力**と**トルク**はそれぞれつり合っている状態にある．回転運動については次の**回転の運動方程式**が成り立つ．

$$I\frac{\mathrm{d}^2\theta(t)}{\mathrm{d}t^2} = \tau$$

前章までは物体をその大きさが無視できるもの (質点) として扱ってきました．しかし実際の物体には大きさがあります．大きさも考えると物体自体の回転運動も考える必要が出てきます．

剛体の運動 = (重心の) 並進運動 + (重心回りの) 回転運動 [注1]

注1　大きさはあるが一切変形しない物体を**剛体**といいます．

これまでは並進運動についてみてきましたが，第10章と第11章では剛体の回転運動について考えます．

10.1 剛体のつりあい

静止とは何か考え直してみましょう．質点の場合，静止とは“位置が変わらない”ことを意味します．そして剛体の静止には，“回転しない”という条件がさらに加わります．

ここで物体を“回転させる強さ”である**トルク**について理解しましょう．たとえば図10.1のプロペラを回転させるとき，最も勢いよく回すことができるのは1〜3のどの力でしょうか．力の大きさはどれも同じです．

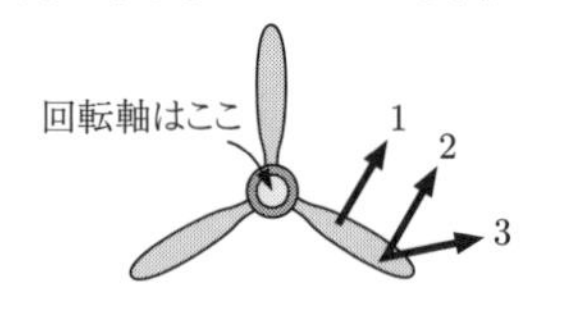

図 10.1

まず1と2を比べます．向きも大きさも同じですが，力を加える場所が違います．2の方がプロペラを強く回転させることがなんとなく想像できるのではないでしょうか．つまり力を加える場所が回転軸から離れるほどトルクが大きくなります．

次に 2 と 3 を比べます．今度は力の向きだけが違います．このとき，2 の方がプロペラを強く回転させます．つまりプロペラに対し垂直に加わる力の成分が大きいほどトルクが大きくなります．

以上を踏まえ，トルクの大きさは次のように定義されます．

$$\text{トルクの大きさ} \quad \tau = rF\sin\theta \quad ^{\text{注 2}}$$

注 2　$r = |\vec{r}|, F = |\vec{F}|$

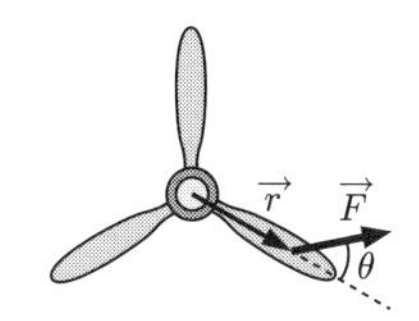

図 10.2

次のように理解することもできます．

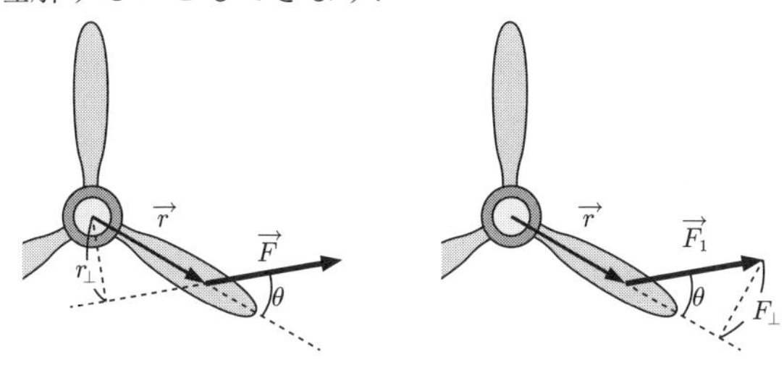

図 10.3

さて，剛体の静止とは“位置が変わらない”かつ“回転しない”ということです．前者は合力がゼロ，後者はトルクの合計がゼロを意味します．

$$\text{剛体の静止} = \underbrace{\text{位置が変わらない}}_{\Rightarrow \text{合力ゼロ}} + \underbrace{\text{回転しない}}_{\Rightarrow \text{トルクゼロ}}$$

たとえばプロペラが図 10.4 のように置かれています．まず合力のつりあいから次式が成り立ちます．

$$-Mg + N_1 + N_2 = 0$$

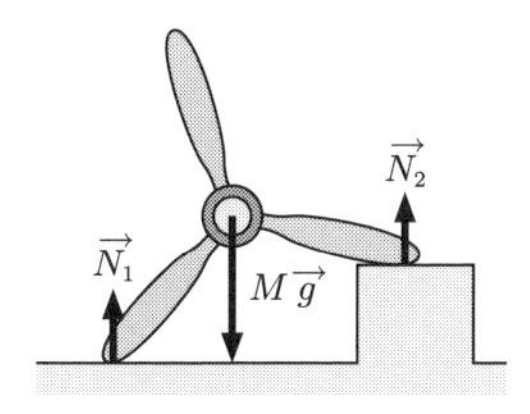

図 10.4

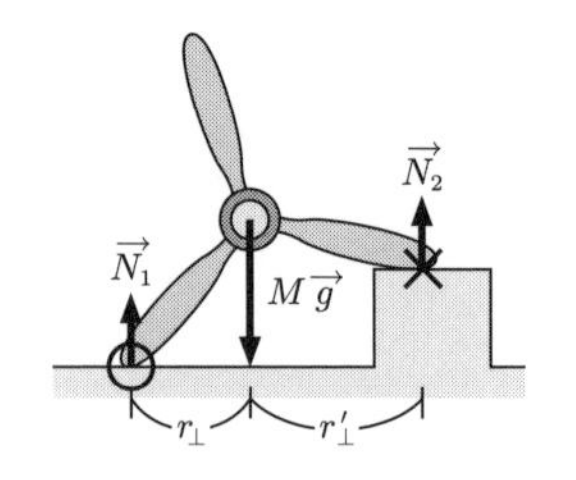

図 10.5[注3]

注 3　反時計回りを回転の正の向きとしています．

○を回転軸としたときのトルクのつりあいから次式が成り立ちます．

$$-Mg \cdot r_\perp + N_2 \cdot (r_\perp + r'_\perp) = 0 \tag{10.1}$$

注 4　つりあいを考えるときに限る

このとき回転軸の場所はどこにとっても構いません[注4]．

もし回転軸を × にとるとトルクのつりあいは次式になります．

$$Mg \cdot r'_\perp - N_1 \cdot (r_\perp + r'_\perp) = 0 \tag{10.2}$$

簡単な計算から式 (10.1) と式 (10.2) が同一であることがわかります．このように，合力のつりあいとトルクのつりあいの 2 式から N_1 と N_2 が求まります．

10.2　回転の運動方程式

物体の重心の運動に対する運動方程式 (**ニュートンの第二法則**) に対応して，回転運動に対する運動方程式というものがあります．それを導出してみましょう．

図 10.6 のように物体が半径 r (定数) の円運動をしています．θ 方向についての通常の運動方程式 (ニュートンの第二法則) は次のように書けます．

$$ma_\theta(t) = F_\theta \tag{10.3}$$

注 5　$\dfrac{\mathrm{d}^2\theta(t)}{\mathrm{d}t^2}$ や $\alpha(t)$ を**角加速度**といいます．

θ 方向の加速度 $a_\theta(t)$ は次式で定義されます．

$$a_\theta(t) = r\frac{d^2\theta(t)}{\mathrm{d}t^2} \equiv r\alpha(t) \quad \text{注 5}$$

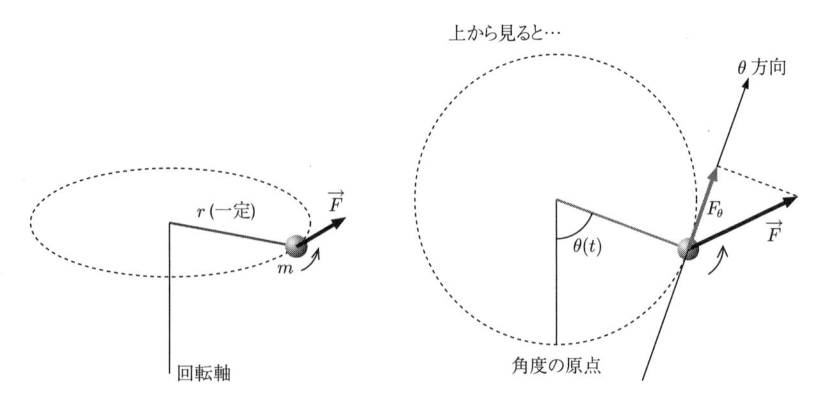

図 10.6

式 (10.3) の両辺に r を掛けると右辺はトルクになります.

$$mr^2\alpha(t) = rF_\theta = \tau$$

ところで

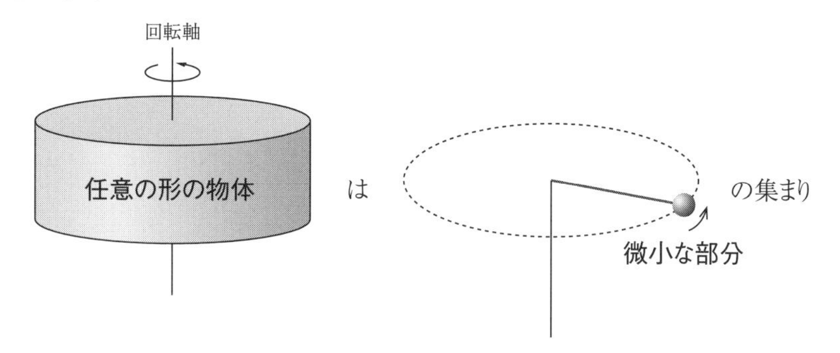

と考えられます. 各部分に $m_i r_i^2 \alpha = \tau_i$ が成り立ちます. これらをすべて足すと [注6],

注6 i は各部分の番号

$$\sum_i m_i r_i^2 \alpha(t) = \sum_i \tau_i$$

$$\therefore \underbrace{\left(\sum_i m_i r_i^2\right)}_{\equiv I} \alpha(t) = \tau_{\text{total}} \quad \text{注 7}$$

注7 角加速度 $\alpha(t)$ は各部分で共通なので $\sum$ の外に出せます

$$\therefore I\alpha(t) = \tau_{\text{total}} \tag{10.4}$$

となります. ここで, I を**慣性モーメント**と呼びます. そして式 (10.4) を**回転の運動方程式**と呼びます. 通常の運動方程式と回転の運動方程式を対比させてみましょう.

$$m\vec{a}(t) = \vec{F} \quad \overset{\text{対応}}{\longleftrightarrow} \quad I\alpha(t) = \tau \quad \text{注 8}$$

注8 $\vec{a}(t) = \dfrac{\mathrm{d}^2\vec{r}(t)}{\mathrm{d}t^2}$, $\alpha(t) = \dfrac{\mathrm{d}^2\theta(t)}{\mathrm{d}t^2}$

このようにわかりやすい対応がみられます. 質量 m とは物体に力を加えたときの“動きにくさ”という意味でした. 同様に, 慣性モーメント I とは物体を回そうとしたとき(トルクを加えたとき)の“回りにくさ”という意味です.

10.3 回転エネルギー

それでは回転体のもつ運動エネルギーはどうなるでしょうか. 円運動する物体の運動エネルギーは

$$K = \frac{1}{2}mv^2(t) = \frac{1}{2}mr^2\omega^2(t) \quad \text{注 9}$$

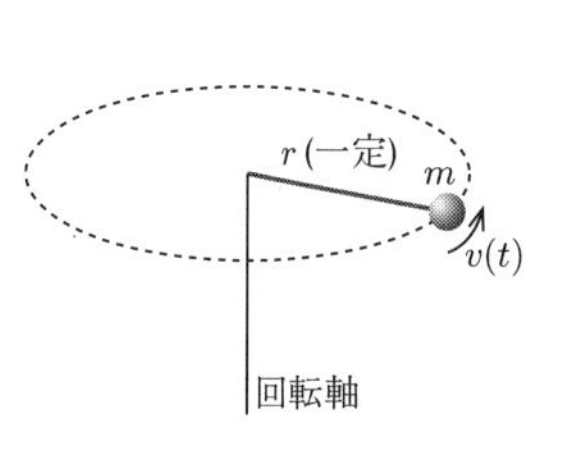

図 10.7

注9 $\because$) $v(t) = r\omega(t)$
角速度 :$\omega(t) = \dfrac{\mathrm{d}\theta(t)}{\mathrm{d}t}$

そして,

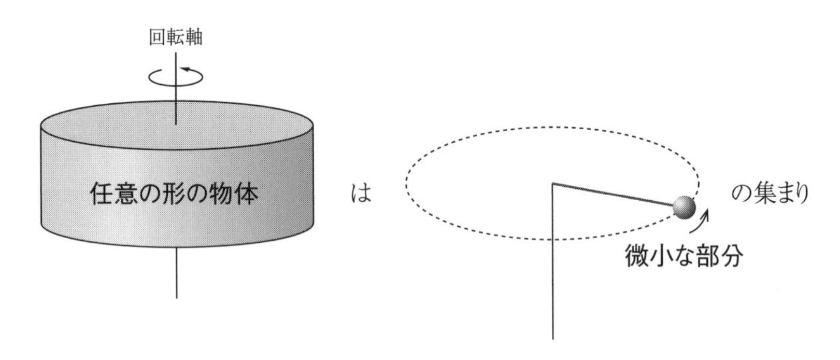

と考えられるので，各微小部分の運動エネルギー K_i をすべて足すと [注10]

注10　i は各部分の番号

$$K = \sum_i K_i = \sum_i \frac{1}{2} m_i r_i^2 \omega^2(t)$$
$$= \frac{1}{2} \underbrace{\left(\sum_i m_i r_i^2 \right)}_{\equiv I} \omega^2(t) = \frac{1}{2} I \omega^2(t)$$ [注11]

注11　角速度 $\omega(t)$ は各部分で共通なので $\sum$ の外に出せます

これを慣性モーメント I の回転体の**回転エネルギー**といいます．通常の運動エネルギーと回転エネルギーの式の形にもわかりやすい対応があります．

$$\frac{1}{2} m v^2(t) \quad \overset{\text{対応}}{\longleftrightarrow} \quad \frac{1}{2} I \omega^2(t)$$

試金石問題

回転の運動方程式，回転エネルギーについての応用問題は次章で詳しく扱います．

10.1 質量 m，長さ L の一様な棒がある．糸で棒の片端を天井と結び，棒を $\vec{F}$ で支えて棒が水平になるようにする (図 10.8)．適当に座標を設定し，糸の張力 T と $\vec{F}$ を求めよ．

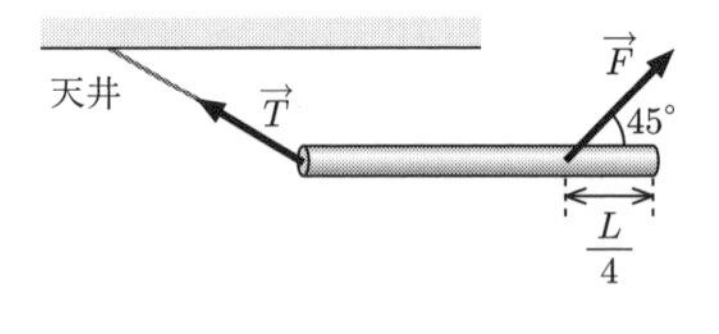

図 10.8

10.2 (1) 質量の無視できる軽い棒で質量 $m/3$ の 3 つの物体が正三角形を作るようにつながれ (図 10.9)，小さな段差に接している．上部の物体に水平な力を加えてこの段差を乗り越えるために必要な力の大きさ F を求めよ．

(2) 今度は (1) と同じ大きさの正三角形で質量 m の物体の場合 (図 10.10) に必要な力の大きさ F' を求めよ．

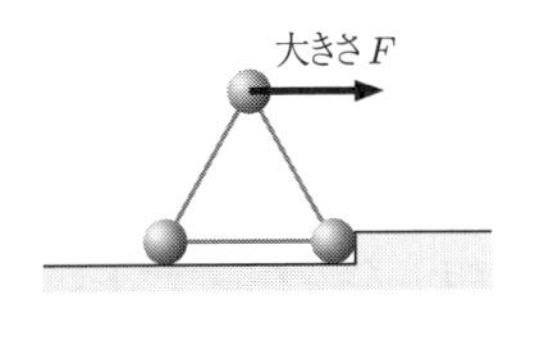

図 10.9

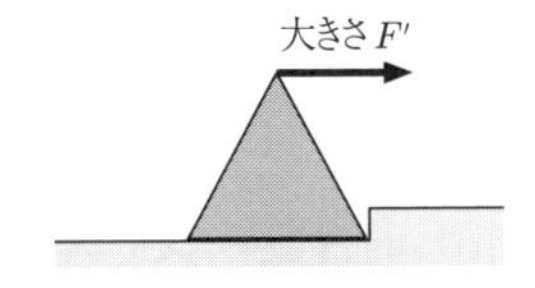

図 10.10

試験前チェック

□ トルクとは何かを説明することができる.

□ 角加速度の定義式を書き下し，角加速度とは何かを説明することができる.

$$\alpha(t) \equiv \frac{\mathrm{d}^2\theta(t)}{\mathrm{d}t^2}$$

□ 慣性モーメントの定義式を書き下し，慣性モーメントとは何かを説明することができる.

$$I \equiv \sum_i m_i {r_i}^2$$

□ トルク，慣性モーメント，角加速度の関係を説明することができる.

$$I\frac{\mathrm{d}^2\theta(t)}{\mathrm{d}t^2} = \tau$$

□ 回転エネルギーを表す式を書き下すことができる.

$$K_{\mathrm{rot}} = \frac{1}{2}I\omega^2(t)$$

11 回転の運動方程式の応用

前回

回転の運動方程式と回転エネルギーの式を導出しました．

$$\text{回転の運動方程式} \quad : \quad I\alpha(t) = \tau$$ 注1

$$\text{回転エネルギー} \quad : \quad \frac{1}{2}I\omega^2(t)$$ 注2

今回はこれらの応用についてみていきます．

注1 I は慣性モーメント，$\alpha(t)$ は角加速度，τ はトルク

注2 ω は角速度

例題 11.1 図 11.1 のように半径 R，質量 M の定滑車に紐で質量 m のおもりが付けられている．定滑車は円柱状の一様な物体でできていて，なめらかに回転する．紐は十分軽く，空回りしない．おもりが落下するときの加速度を求めなさい．

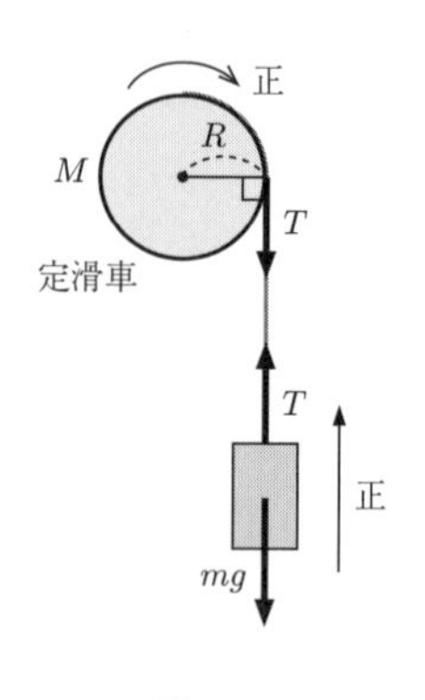

図 11.1

解説 このような問題では，まずおもりの動きと滑車の回転のそれぞれについてどちら向きを正とするかを決めます．(正の向きをどちらにとっても最終的な答えはつじつまが合います．)

たとえばおもりの動きについては上向きを，定滑車の回転については時計回りを正の向きとします．おもりの加速度を a_z，定滑車の回転の角加速度を α，紐に働く張力の大きさを T とすると運動方程式は次式となります．

$$\begin{cases} ma_z = T - mg \\ I\alpha = RT \end{cases}$$

定滑車の慣性モーメント I は $MR^2/2$ と計算されます．おもりと滑車は連動することから a_z と α の間には次の関係があります．

$$a_z = -R\alpha$$

∵) おもりの速度 v_z と定滑車の角速度 ω の間には $v_z = -R\omega$ の関係がある．これを時間微分すると上式になる．

マイナス符号が付く理由は，滑車が正の向きに回るとおもりは負の向きに

動くからです．これら 3 式から T と α を消去し a_z が求まります．

$$a_z = -\frac{g}{1+\frac{M}{2m}} \tag{11.1}$$

例題 11.2　今度は図 11.2 のように半径 R，質量 M の動滑車に紐を巻き，紐の端を固定してそっと (= 初速 0 で) 手を離した．動滑車の加速度を求めなさい．摩擦および空気抵抗は無視する．

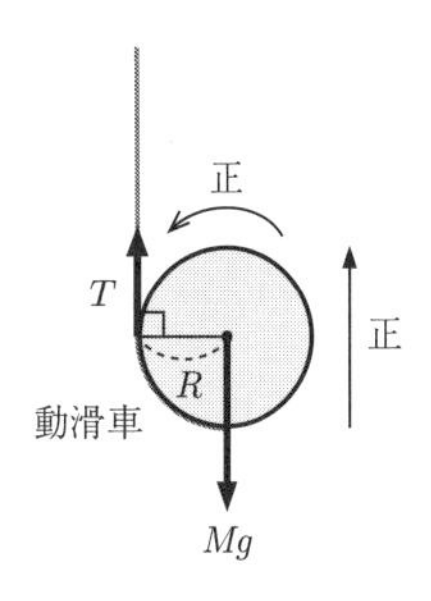

図 11.2

解説 動滑車の全体運動と回転運動それぞれについて図中にあるよう正の向きを定めます．全体運動の加速度を a_z，回転の角加速度を α，紐の張力の大きさを T とすると運動方程式は次式となります．(正の向きをどちらにとっても最終的な答えはつじつまが合います．)

$$\begin{cases} Ma_z = T - mg \\ I\alpha = -RT \quad (I = MR^2/2) \end{cases}$$

a_z と α の間に次の関係があります．

$$-a_z = -R\alpha$$

$$a_z = R\alpha$$

(今度はプラス符号になります．)

これら 3 式から T と α を消去し，a_z が求まります．

11.1　力学的エネルギー保存則の利用 (1)

剛体の**運動エネルギー**は重心に全質量があるとした重心運動の運動エネルギーと重心回りの回転エネルギーの和になることが知られています．

$$\text{剛体の運動エネルギー}：\frac{1}{2}Mv^2(t) + \frac{1}{2}I\omega^2(t) \quad \text{注 3}$$

注 3　$v(t)$：重心運動の速さ
I：重心回りの慣性モーメント
$\omega(t)$：重心回りの回転の角速度

このことを利用して最初の例題を解き直してみましょう．おもりが静止した状態から距離 h だけ下がり，速さが v になったとします．運動の前後で力学的エネルギーが保存するので，

$$\underline{0} = \frac{1}{2}mv^2 + \frac{1}{2}I\omega^2 - mgh \quad \text{注 4}$$

注 4　運動前の力学的エネルギーは 0 (運動前のおもりの位置を位置エネルギーの基準とします)．

定滑車の回転の角速度 ω とおもりの速さ v に次の関係があることがわかります．

$$v = R\omega$$

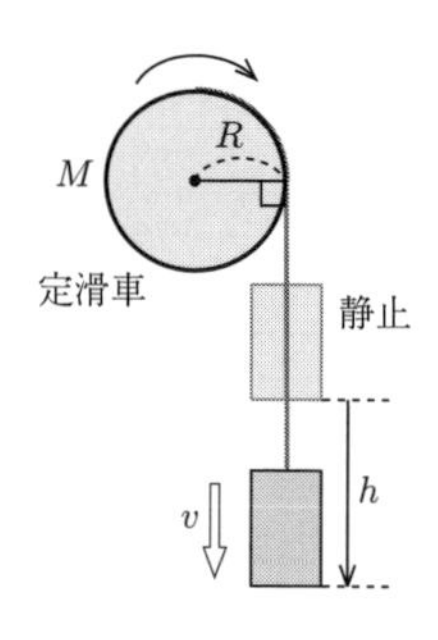

図 11.3

これら 2 式から ω を消去し，次のように v が求まります．

$$v^2 = \frac{2gh}{1 + \frac{M}{2m}}$$

ここで，おもりの運動が等加速度運動になることを仮定すると，$v^2 - v_0^2 = 2a\Delta x$ (→ 第 2 章) の関係が成り立つことから，

$$v^2 - 0^2 = 2(-a_z)h$$

したがって，

$$a_z = -\frac{g}{1 + \frac{M}{2m}} \quad \text{注 5}$$

注 5　式 (11.1) が再現できました．

11.2 力学的エネルギー保存則の利用 (2)

図 11.4 のように質量 M，半径 R，中心軸回りの慣性モーメント I の円柱が傾斜角 θ の斜面を滑らずに転がっているとき，ここで円柱の重心の加速度 a を 2 つの方法で求めてみます．

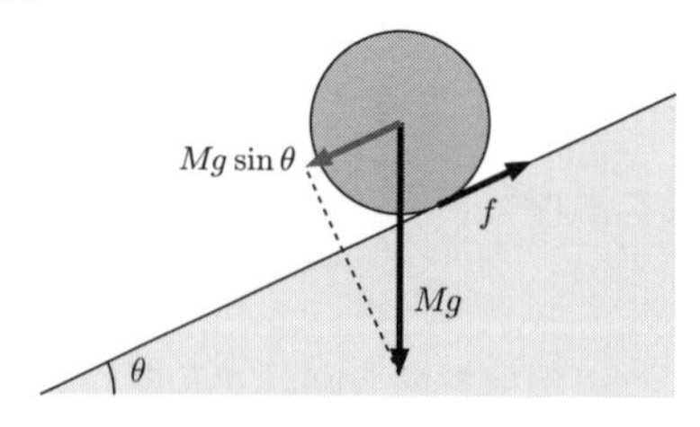

図 11.4

運動方程式を利用

実際に円柱が運動する向きを重心運動と回転運動の正の向きとします．運動方程式は次式になります．

$$\begin{cases} Ma = Mg\sin\theta - f \\ I\alpha = Rf \quad \text{注 6} \end{cases}$$

注 6　"一様な" 円柱とは書いてないので $I = \dfrac{1}{2}MR^2$ とは限りません．

重心運動の加速度 a と回転運動の角加速度 α には次の関係式が成り立ちます.

$$a = R\alpha$$

これら 3 式から f と α を消去し，a が求まります.

$$a = \frac{g\sin\theta}{1 + \frac{I}{MR^2}} \tag{11.2}$$

エネルギー保存則を利用

静止状態から高さが h 変化するだけ転がり，速さが v になったとしましょう. 力学的エネルギー保存則から

$$0 = \frac{1}{2}Mv^2 + \frac{1}{2}I\omega^2 - mgh$$

重心運動の速さ v と回転運動の角速度 ω には次の関係があります.

$$v = R\omega$$

これら 2 式から v が求まります.

$$v^2 = \frac{2gh}{1 + \frac{I}{MR^2}}$$

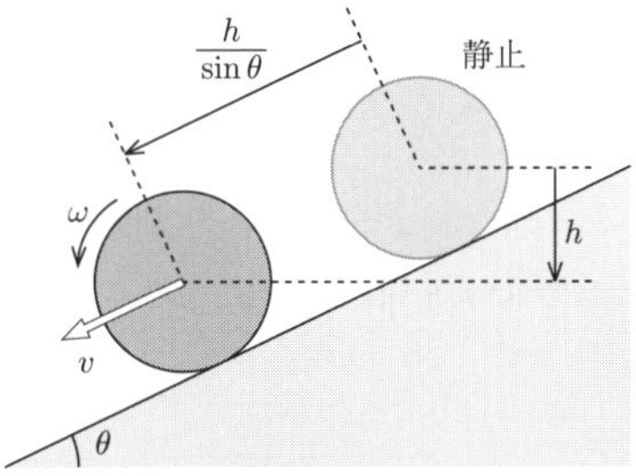

図 11.5

重心運動が等加速度運動であることを仮定すると，等加速度運動で成り立つ関係 $v^2 - v_0^2 = 2a\Delta x$ より，

$$v^2 - 0^2 = 2a\frac{h}{\sin\theta}$$

これより，

$$a = \frac{g\sin\theta}{1 + \frac{I}{MR^2}}$$

式 (11.2) と同じ結果になりました. ここで，摩擦力が働いているのになぜ力学的エネルギーが保存するのでしょうか. 摩擦力は非保存力ですから，力学的エネルギーは保存しないのではなかったでしょうか (→ 第 6 章). ポイントは円柱が斜面を“滑らず”に転がるという点にあります. 滑らないので摩擦力は仕事をしません. ゆえに，力学的エネルギーが保存されます[注 7].

注 7 あるいは滑らないので熱の発生による力学的エネルギーの損失がないためとも理解できます.

試金石問題

11.1 図 11.6 のように質量 M，半径 R，中心軸回りの慣性モーメント I の円柱が中心軸を糸で引かれて水平な台を滑らずに転がる．糸は滑車を通じて台の横にぶら下がる質量 m のおもりにつながっている．円柱の重心の加速度の大きさ a を以下の 2 つの方法で求めよ．

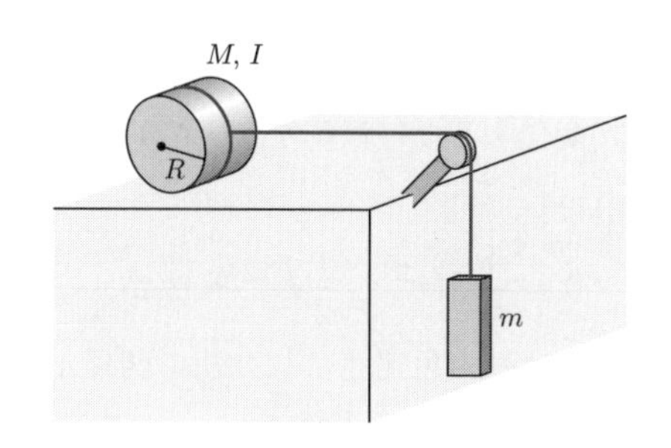

図 11.6

(1) 円柱の重心運動と回転運動，そしておもりの運動それぞれについての運動方程式から求める．

(2) 力学的エネルギー保存則を利用して求める (円柱の重心運動が等加速度運動になることを仮定してよい)．

11.2 は少し難しいかもしれません．

11.2 質量 M，長さ L の一様な棒が図 11.7 のように天井から糸で吊り下げられている．片方の糸を切った直後の棒の重心の加速度 a を以下の手順で求めよ．

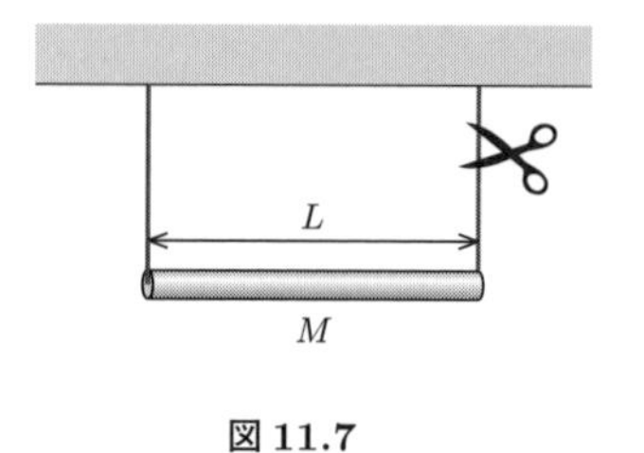

図 11.7

(1) 棒の重心運動と重心回りの回転運動についてそれぞれ運動方程式を立てる．

(2) 糸が切られていない方の棒の端の加速度が 0 であることから成り立つ関係式を求め，(1) の式と合わせて a を求める．

試験前チェック

- □ 定滑車に繋がれた物体が落下する場合の運動方程式を立てることができる.
- □ 動滑車に繋がれた物体が落下する場合の運動方程式を立てることができる.
- □ 力学的エネルギー保存則から運動方程式で得られる結果を示すことができる.

12 減衰振動

力学編のラストは減衰振動です．少し難易度は高めですが，運動方程式が厳密に解けて実生活への応用もある好例です．

第４章の単振動についての理解を前提とします．

12.1 単振動 (再考)

第４章のときよりも正当な方法で単振動の一般解を求めてみましょう．単振動を与える方程式は次式でした．

$$\frac{\mathrm{d}^2 x(t)}{\mathrm{d}t^2} = -\omega^2 x(t) \tag{12.1}$$

これを次のように書き表します．

$$\underbrace{\left(\frac{\mathrm{d}^2}{\mathrm{d}t^2} + \omega^2\right)}x(t) = 0$$

波線部分を因数分解すると，

$$\left(\frac{\mathrm{d}}{\mathrm{d}t} + i\omega\right)\left(\frac{\mathrm{d}}{\mathrm{d}t} - i\omega\right)x(t) = 0 \quad \text{注 1}$$

注 1　＋と－を入れ替えても成り立つ

したがって，

$$\left(\frac{\mathrm{d}}{\mathrm{d}t} - i\omega\right)x(t) = 0 \quad \text{または} \quad \left(\frac{\mathrm{d}}{\mathrm{d}t} + i\omega\right)x(t) = 0$$
$$\Leftrightarrow \; x(t) = Ce^{i\omega t} \qquad\qquad \Leftrightarrow \; x(t) = Ce^{-i\omega t}$$

が成り立てばよいことから次の解が得られます．

$$x(t) = C_1 e^{i\omega t} + C_2 e^{-i\omega t} \quad \text{注 2}$$

注 2　C_1, C_2：複素数

あるいは次のようにも考えられます (こちらも常套手段です)．方程式の形から解を次のように仮定します．

$$x(t) \sim e^{\lambda t}$$

これを実際に式 (12.1) に代入すると，

$$\lambda^2 = -\omega^2 \quad \therefore\; \lambda = \pm i\omega$$

これより次の解を得ます．

$$x(t) = C_1 e^{i\omega t} + C_2 e^{-i\omega t} \quad \text{注 3}$$

注 3　C_1, C_2：複素数

ところが！見ての通りこのままでは $x(t)$ は複素数となってしまいます．$x(t)$

は物理的な“位置”を表すので必ず実数です．そこで $x(t)$ に次の実数条件を課します．

$$x(t) = x^*(t) \quad \text{注 4}$$

注 4　$z = a + ib$ とその複素共役 $z^* = a - ib$ が等しい場合，$b = 0$ となり z は実数となります．

これより，

$$C_1 e^{i\omega t} + C_2 e^{-i\omega t} = C_1^* e^{-i\omega t} + C_2^* e^{i\omega t}$$

この式がいつでも (つまり t によらず) 成り立つために次の関係がなければなりません．

$$C_2 = C_1^*$$

したがって，$C_1 = A + iB$ (A, B：実数) とすると，$C_2 = A - iB$ となり，

$$x(t) = (A + iB)e^{i\omega t} + (A - iB)e^{-i\omega t}$$

さてこれは本当に実数でしょうか．オイラーの公式 $e^{i\theta} = \cos\theta + i\sin\theta$ を代入してみましょう．

$$\begin{aligned} x(t) &= (A + iB)(\cos\omega t + i\sin\omega t) + (A - iB)(\cos\omega t - i\sin\omega t) \\ &= 2A\cos\omega t - 2B\sin\omega t \\ &= C_1'\cos\omega t + C_2'\sin\omega t \qquad (\leftarrow \text{実数}) \quad \text{注 5} \end{aligned}$$

注 5　$C_1' \equiv -2B$
$C_2' \equiv 2A$

第 4 章で発見的に求めた一般解が導出できました．

12.2 減衰振動

速度に比例する抵抗がある場合はどうなるでしょうか．運動方程式は次式です．

$$m\frac{\mathrm{d}^2 x(t)}{\mathrm{d}t^2} = -kx(t) - bv(t)$$

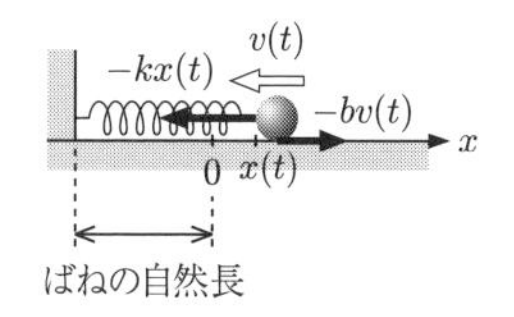

図 12.1

形を整えるために文字の置き換えをします．

$$\omega_0 = \sqrt{\frac{k}{m}}, \quad b' = \frac{b}{2m}$$

$$\therefore \quad \frac{\mathrm{d}^2 x(t)}{\mathrm{d}t^2} + 2b'\frac{\mathrm{d}x(t)}{\mathrm{d}t} + \omega_0^2 x(t) = 0 \quad \text{注 6} \tag{12.2}$$

注 6　2 を出しておくと計算上都合がよくなります (左辺 2 項目)．

単振動のときのように因数分解や，解を $x(t) \sim e^{\lambda t}$ と仮定する方法で次の解を求めることができます．

$$x(t) = C_1 e^{\lambda_+ t} + C_2 e^{\lambda_- t}, \quad \lambda_\pm \equiv -b' \pm \sqrt{b'^2 - \omega_0^2} \quad \text{注 7} \tag{12.3}$$

注 7　確かめてみてください．

ここで，$\lambda_\pm$ の根号の中の値によって 3 つの場合分けが考えられます．

$b' > \omega_0$ のとき (過減衰)

ばねの力よりも抵抗力の方が優勢な場合です．このときは式 (12.3) がそのまま一般解になります．

$$x(t) = e^{-b't}(C_1 e^{\sqrt{b'^2-\omega_0^2}t} + C_2 e^{-\sqrt{b'^2-\omega_0^2}t})$$

$b' < \omega_0$ のとき (減衰振動)

抵抗力よりもばねの力の方が優勢な場合です．このときは $\lambda_\pm$ が複素数になります．

$$\lambda_\pm = -b' \pm \sqrt{b'^2 - \omega_0^2} = -b' \pm i \underbrace{\sqrt{\omega_0^2 - b'^2}}_{\equiv\, \omega}$$

$$\therefore\ x(t) = e^{-b't}(C_1 e^{i\omega t} + C_2 e^{-i\omega t})$$

単振動のときと同様に実数条件 $x(t) = x^*(t)$ を課すと，次の解が得られます．

$$x(t) = e^{-b't}(C_1' \sin \omega t + C_2' \cos \omega t)$$

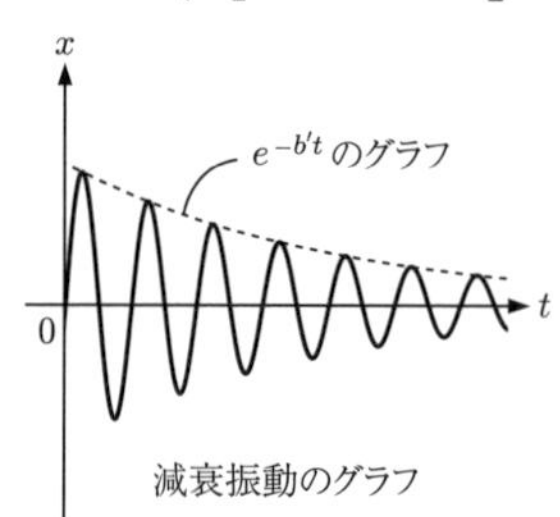

図 12.2

全体に掛かっている $e^{-b't}$ が振動の減衰を表しています[注8]．

注 8　つまり $\lambda_\pm = -b' \pm i\omega$ の中の "$-$" が減衰を意味し，i が振動を意味していたわけです．

$b' = \omega_0$ のとき (臨界減衰)

この場合は切実な問題が発生します．

$$\lambda = -b' \pm \sqrt{b'^2 - \omega_0^2} = -b'$$

このように λ が 1 つしか求まりません．したがって，現段階では次式のように定数を 1 つ含む解しか求まりません．しかしこれは一般解ではありません[注9]．

注 9　2 階微分方程式の一般解 ⇔ 定数を 2 個含む

$$x(t) = Ce^{-b't} \tag{12.4}$$

一般解をみつけるために定数変化法という方法があります．それは式 (12.4) の定数 C を時間の関数 $C(t)$ に置きかえます．

$$x(t) = Ce^{-b't} \quad \rightarrow \quad C(t)e^{-b't}$$

これを元の微分方程式 (12.2) に代入し，$C(t)$ についての微分方程式を導出します．実際に計算してみると次式が得られます [注10]．

注10　是非やってみてください．

$$\frac{\mathrm{d}^2C(t)}{\mathrm{d}t^2}=0$$

$$C(t)=C_1t+C_2 \quad \therefore\ x(t)=(C_1t+C_2)e^{-b't}$$

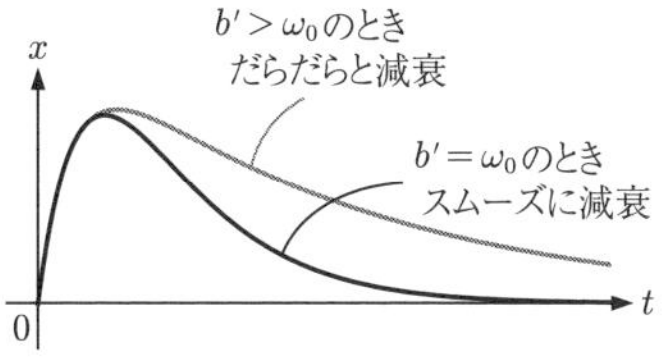

x

$b'>\omega_0$ のとき だらだらと減衰

$b'=\omega_0$ のとき スムーズに減衰

0　t

臨界減衰のグラフ

図 12.3

実は，この臨界減衰が日常生活の様々な部分で使われています．たとえばドアに付けられているドアクローザーは，基本的にばねと抵抗から作られていますが，ばねが強すぎるとドアがバタン！と勢いよく閉じてしまい，抵抗が強すぎるとドアが閉まるのに時間がかかってしまいます．そこで，バタンとならない中で最も急速にドアが閉まる臨界減衰に (近く) なるように，ばねと抵抗の強さを調節しています．

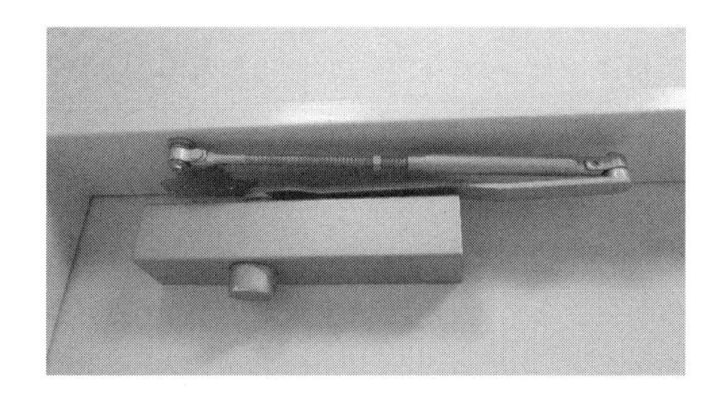

図 12.4　ドアクローザー

試金石問題

12.1 図 12.5 のように長さ L，質量 M の一様な棒があり，中心を吊り下げ線で天井につながれている．棒は水平面内を運動する．ねじれた角度を $\theta(t)$ とする．吊り下げ線が θ だけねじれると，ねじれを戻そうと大きさ $\kappa\theta$ のトルクが生じる．この棒が単振動することを示し，周期 T を求めよ．

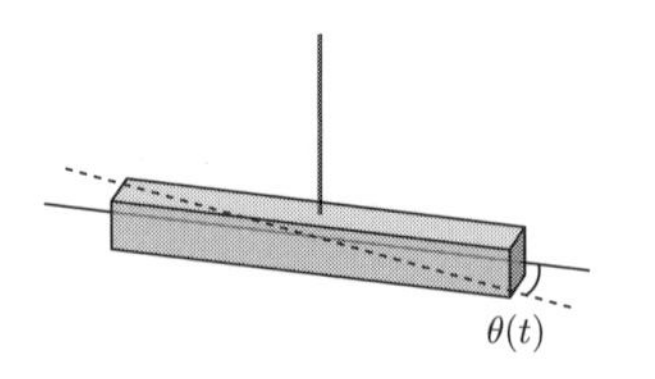

図 12.5

12.2 図 12.6 のように質量 M の物体からなる振り子を考える．回転軸 O と物体の重心 C との距離は l，物体の O 回りの慣性モーメントを I とする．鉛直方向からの振り子の角度を $\theta(t)$ とする．

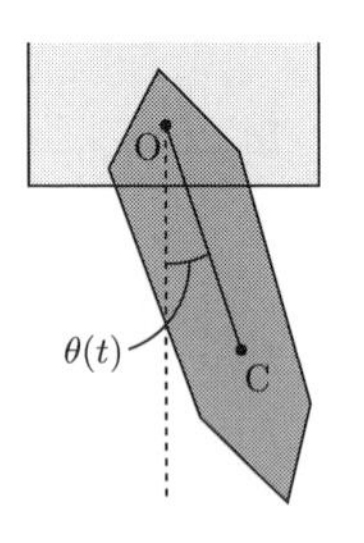

図 12.6

(1) $\theta(t)$ について成り立つ運動方程式を求めよ．

(2) 物体は微小に振動した．(1) の方程式を解き初期角度 0，初期重心スピード v_0 となる解を求めよ．

(3) この振動の周期 T を求めよ．また，重心に全質量が集まった場合の周期 T' を求めよ．

(4) この物体が長さ L の一様な棒 (質量および回転軸と重心間の距離はそのまま) の場合，この棒の振動と同じ周期を持つ質量 M の単振り子の長さ L_0 を求めよ．

(5) (1) で求めた方程式から力学的エネルギー保存則を導け．ただし，$\theta = 0$ のときを位置エネルギーの基準とする．

試験前チェック

□ 速度に比例する抵抗を受ける物体の運動において，運動方程式を立てることができる．

□ 過減衰，減衰運動，臨界減衰についてそれぞれ説明することができる．

第 II 部

熱力学編

13 温度と熱

温度とは何か，熱とは何か．これがはっきりしなくては熱力学ははじまりません．しかし日常ではこれらの意味があやふやに使われています．たとえば風邪を引き 38.5℃を指す体温計をみていう「熱が出た」という言葉．あたかも“熱”なるものが体内にこもっていて，その量を測るのが体温 (温度) であるかのようです．よく使う表現ですが，物理学では間違いとなってしまいます．

13.1 熱平衡にあれば等温度

温度を理解するために**熱平衡**という概念を理解しましょう．たとえば冷蔵庫からペットボトルのお茶を取り出し，しばらく放置します．冷たいお茶は徐々にぬるくなり，それ以上変化しない状態に落ち着きます．このような状態を熱平衡状態といいます[注1]．そして，互いに熱平衡にある物同士は“温度が等しい”と考えます．いまの例ではペットボトルと部屋の中の空気が熱平衡にいたり，等温度になったということです．

注 1 通常，単に平衡状態といったときは熱平衡・力学的平衡・化学平衡が実現した状態を指します．

13.2 温度は手で触ってもわからない

素朴にいうと温度とは熱さ・冷たさの度合いです．知っての通り，熱ければ温度が高く，冷たければ温度が低いということです．なので物の温度の高低は触って比べればわかるものと思うかもしれません．しかし，部屋にしばらく置かれた (等温のはずの) アルミのペンケースと鉛筆では，ペンケースの方が冷たく感じられます．このように熱い・冷たいという皮膚感覚は温度そのものを測っているわけではないのです[注2]．

注 2 温度に加え，熱伝導率が関係します．

したがって，温度を測るためにはそのための道具，つまり温度計を用いなくてはなりません．熱学の発展は皮膚感覚に頼らず温度を客観的に測れるようになってはじめて可能となったのでした．

13.3 温度をどう定めるか

歴史上，はじめて温度計の作成を試みたのはガリレオといわれています．ガリレオは空気が温まると膨張することに気が付き，図 13.1 のような 温度計を作りました．ガラス球内の空気が温まると膨張して水を押し下げます．その度合いによって温度を測ろうというわけです（しかしこの簡単な温度計では気圧の影響によっても水面の位置が変わってしまいます）．それから様々な温度計が考案されていきました．現在でも使われている大気圧下での水の氷点を 0，沸点を 100 とする摂氏目盛りの温度計はセルシウスらによって水銀を用いて作られたものです（1742 年）．

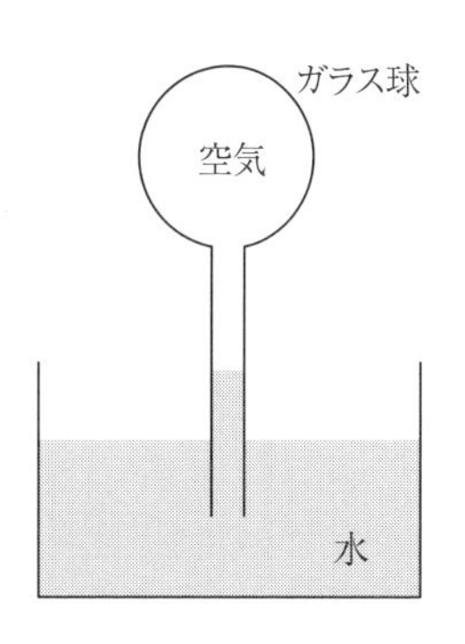

図 13.1　ガリレオの寒暖計

このようにして物体の熱膨張を利用し温度計を作ることができます．現在ではバイメタルの変形や電気抵抗の変化など様々な測定原理を用いた温度計が使われています[注3]．

注 3　しかし，このような温度計で厳密に温度を定めることはできません．一般に物体の膨張率などの性質は温度や物質の種類によって異なるためです．そのような曖昧さのない厳密な温度として考案されたのが絶対温度です（→ 第 17 章）．ただし理想気体の熱膨張を利用した温度は絶対温度に一致することが知られています．

13.4　温度が定まる根拠（熱力学第零法則）

温度計を作ることさえできれば物体の温度を感覚によらず客観的に定められると思いがちですが，実は重大な前提があります．

たとえば 2 つの物体を用意し，温度計を用いてそれぞれの温度を測ります．計測の結果，これら 2 物体が同じ温度を示したとしましょう．等温なのでこれらを接触させても互いに温度変化はないはずです．実際にそうなるでしょうか．つまり，物体 A，B，C があって，A と B が熱平衡，A と C が熱平衡のときに本当に B と C が熱平衡になるのか？ということです．科学ですから，これは実験によって確かめなければなりません．もしこれが成り立たないのならば，等温のはずの物同士が等温でないことになり，温度という量が普遍的に意味のあるものではなくなってしまいます．実験結果は A と B が熱平衡，A と C が熱平衡のとき，B と C が熱平衡になることを示しています．このことは**熱力学第零法則**として知られています．こうして，温度が物理的に意味のある量だと保証されるのです．

13.5　熱とはエネルギーの移動のこと

一方，**熱**というのはエネルギーの移動の一形態のことであり，温度とはまったく違う概念です．温度が異なる 2 物体を接触させると，高温側から低温側へエネルギーの移動が起こり熱平衡へと向かいます．この移動するエネルギーを熱と呼びます．なので，冒頭にある「熱を持っている」というような表現は物理学的には間違いとなります．

系が（熱）平衡状態にあれば温度が定まります．このように平衡状態にある系を特徴づける巨視的な量を**状態量**といいます．温度は状態量です．それに対し熱は状態量ではありません（非状態量といいます）．この違いは重要です．温度の他にも基本的な状態量として体積や圧力などが挙げられます．そして内部エネルギー (→ 第 14 章) やエントロピー (→ 第 18 章) も状態量です．非状態量は熱の他に仕事などがあります (→ 第 14 章).

13.6 ミクロにみると？

熱力学では平衡状態にある系であれば体積・圧力・温度といったマクロな (= 巨視的な) 物理量だけで状態を表すことができます．つまり，ミクロに (= 微視的に) みて系が何から構成されているのかは問いません (よって様々な系に普遍的に適用することができます)．しかし通常扱う系は膨大な数の分子からなるのも事実ですから[注 4]，ミクロな視点を持つことも熱力学を理解する助けになるでしょう．

注 4　標準状態 (0℃, 1.01×10^5 Pa) では，ほとんどの気体で体積 22.4 リットル中に 6.02×10^{23} 個 (アボガドロ数) の分子が存在しています．

マクロな視点で熱によるエネルギーの移動がなくても，ミクロな視点でみる (分子一個一個の動きに着目する) と，まったくエネルギーのやりとりがないわけではありません．分子は常に動き回り，系を囲む壁に絶えずぶつかってエネルギーのやりとりをしています．マクロに熱の出入りがないというのは，ミクロにはエネルギーのやりとりがあるものの，全体としては“正味”のエネルギーのやりとりがないということです．また，温度は分子の持つ運動エネルギーの平均に比例します．なので，マクロな視点で温度が等しいということは分子の運動エネルギーの平均が等しいということです．一方，分子間に働く力 (= 分子間力) によるポテンシャルエネルギーの方は一般に温度に比例しないので，系の持つエネルギー全体[注 5]は温度に比例しません．ただし，そもそも分子間力を考慮しない**理想気体**では温度は気体の持つエネルギー[注 5]に比例することになります．

注 5　正確には内部エネルギーのことです (→ 第 14 章).

試験前チェック

- □ 温度とは何かを説明することができる．
- □ 熱平衡とは何かを説明することができる．
- □ 熱力学第零法則を説明することができる．
- □ 熱とは何かを説明することができる．

14 熱力学第一法則の意味

熱力学の基本的な法則には前回の熱力学第零法則の他，熱力学第一法則，熱力学第二法則，熱力学第三法則があります．ここでは熱力学第一法則をみていきます．

14.1 熱力学第一法則の3つの意味

シリンダーの中の気体について考えます．

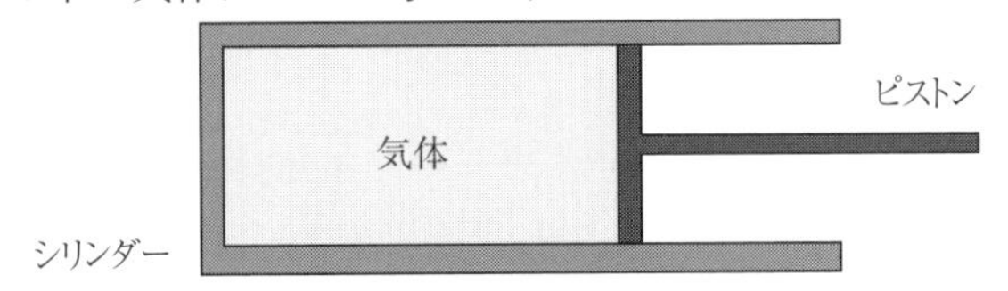

図 14.1

ピストンを押せば気体に仕事ができます．

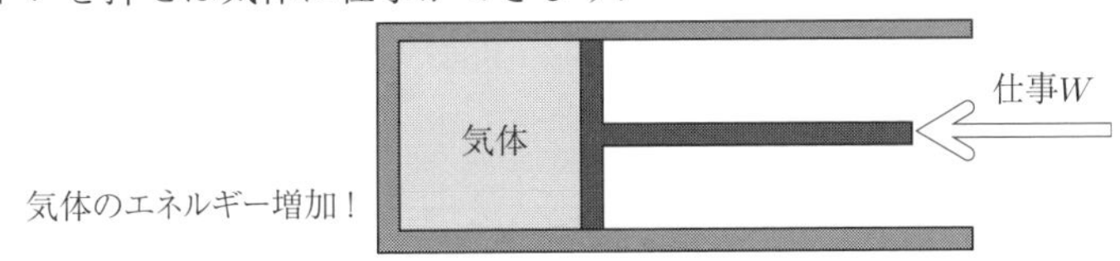

図 14.2

もし力学的な発想 (だけ) で気体をある種の弾性体と捉えれば，この仕事 W は気体のエネルギー U に蓄えられると考え次式を想定するでしょう．

$$\Delta U = W \ (?) \quad \text{注 1} \tag{14.1}$$

注 1　仕事とはエネルギーを変化させるものでした．Δ は“変化”を意味します．

しかし実際には，熱の伝わりによるエネルギーの変化もあります．

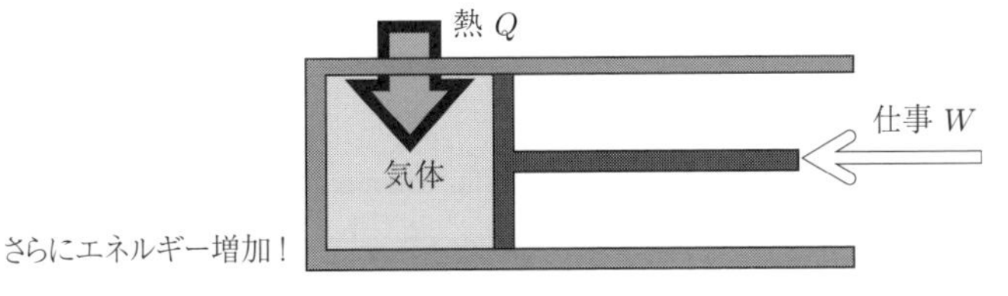

図 14.3

こうして熱力学の正しい基本法則は，仕事と熱伝導を考慮した次式となります[注 2]．

$$\text{熱力学第一法則：} \Delta U = W + Q \tag{14.2}$$

注 2　歴史的な経緯としては，Q を状態量とみる熱量学 (誤り) の発展の後に Q と W の等価性の発見を経て式 (14.2) にいたりました．

先ほどは U のことを単に気体のエネルギーといいましたが，正確には**内部エ**

ネルギーといいます．

注 3　文字通り気体の“内部に”持っているエネルギーです．

> **内部エネルギー** [注3]
>
> もしシリンダー自体が動いていたら，気体はこの全体運動による運動エネルギーを持ちます．気体の持つ全エネルギーからこのような全体運動に関する力学的エネルギーを引いたものが内部エネルギーです．

熱力学第一法則には 3 つの意味が含まれています．

① 仕事と熱の等価性

式 (14.2) の右辺で仕事 W と熱 Q が同等に扱われています．これは仕事と熱の等価性 (等価的互換性) を意味しています．いまでこそ当たり前のようですが，19 世紀中頃までこれはまったく当たり前のことではなく，重大な発見でした．

② エネルギー保存則

熱力学第一法則は基本的にはエネルギーの保存を表すものです．無からエネルギーが生じたり，逆にエネルギーが無に帰することはありません．

③ 内部エネルギーは状態量　(重要！！)

熱力学第一法則は内部エネルギーという状態量の存在を主張します (詳細は後ほど)．とても重要です．

14.2 仕事は“面積”

本書では気体が“される”仕事を W，気体が“する”仕事を $\widetilde{W}\,(=-W)$ とします．教科書や人によっては気体がする仕事を W と書いたりするので注意してください．

では気体がする仕事 $\widetilde{W}$ はどのように計算できるでしょうか．図 14.4 より微小な体積変化 $\mathrm{d}V$ に対する微小な仕事 $\mathrm{d}\widetilde{W}$ が $p\mathrm{d}V$ と等しいことがわかります．

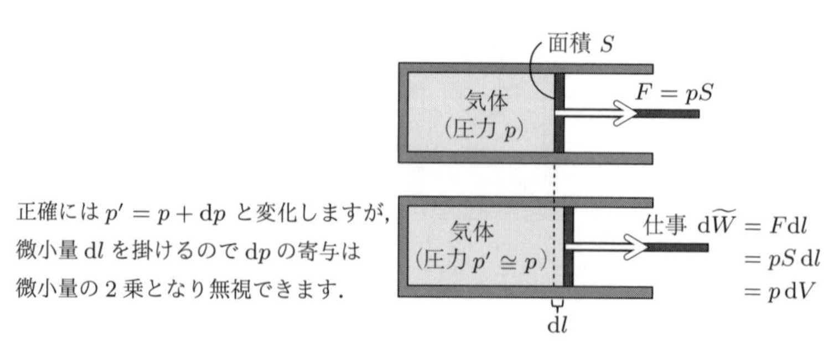

図 14.4

一般に圧力 p は刻々と変化することに注意して $\mathrm{d}\widetilde{W}$ を積分します.

$$\widetilde{W} = \int \mathrm{d}\widetilde{W} = \int_{V_1}^{V_2} p\,\mathrm{d}V$$

したがって，仕事は図 14.5 に示す p–V 図の面積と対応します.

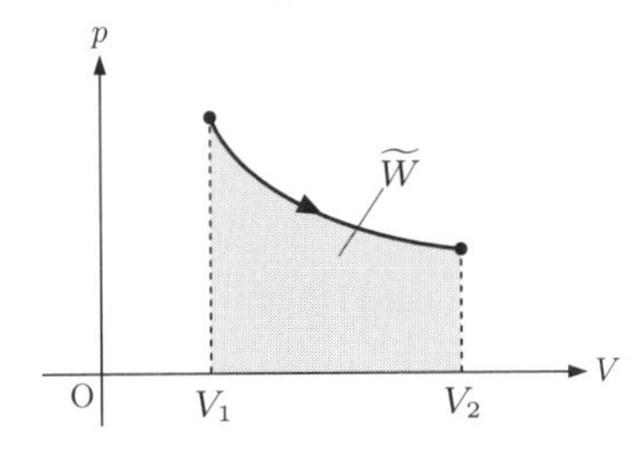

図 14.5

たとえば n モルの理想気体の温度 T での等温変化の場合，次のように仕事を計算できます.

$$\widetilde{W} = \int_{V_1}^{V_2} p\,\mathrm{d}V \underset{\substack{\uparrow \\ \text{状態方程式}}}{=} \int_{V_1}^{V_2} \frac{nRT}{V}\,\mathrm{d}V \underset{\substack{\uparrow \\ \text{温度 } T \text{ は一定}}}{=} nRT \int_{V_1}^{V_2} \frac{dV}{V} = nRT \underset{\substack{\uparrow \\ \ln \text{ は } \log_e \text{ のことです}}}{\ln} \frac{V_2}{V_1}$$

重要な点は，仕事は始状態と終状態だけでは決まらず，経路によるということです.

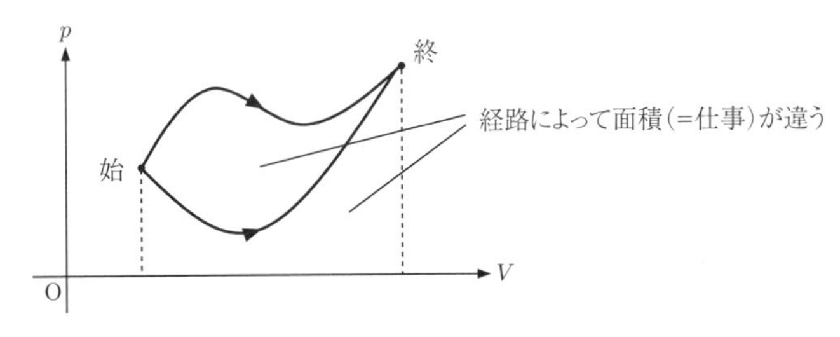

図 14.6

p–V 図ではわかりづらいですが熱 Q も経路によります．したがって，内部エネルギーが状態量であるのに対し，仕事と熱は非状態量だということです.

14.3 内部エネルギーという名の状態量

熱力学第一法則は式 (14.2) の各項を微小量にして次のように書くこともできます.

$$\mathrm{d}U = \mathrm{d}'W + \mathrm{d}'Q \tag{14.3}$$

ここでは特に右辺の量と左辺の量の性質の違い (状態量か非状態量かの違い) を $'$(プライム) の有無によって示しています．数学的には $\mathrm{d}U$ は U の完全微分，$\mathrm{d}'W$ と $\mathrm{d}'Q$ は (それぞれ) W と Q の不完全微分と呼ばれます.

状態量とは平衡状態を特徴づける巨視的な量のことでしたが，完全微分で表される量は状態量であり不完全微分で表される量は非状態量です．つまり仕事と熱はそれぞれ状態量でないにもかかわらず，その和である内部エネルギーは状態量になると熱力学第一法則は主張しています．

状態量である**内部エネルギー**は，X を系の状態を表す変数として $U = U(X)$ と書けます．そして系が A という状態から B という状態に変化すると，内部エネルギーの変化 $\Delta U_{\mathrm{A}\to\mathrm{B}}$ は

$$\Delta U_{\mathrm{A}\to\mathrm{B}} = U(\mathrm{B}) - U(\mathrm{A})$$

となります．

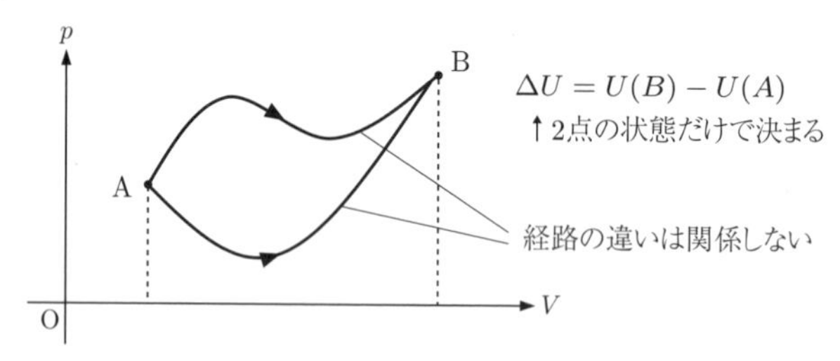

図 14.7

それに対し仕事と熱は非状態量なので $W(X)$ や $Q(X)$ といった関数は存在しません．

14.4 状態変数は選べる

気体の状態は基本的に温度 T，圧力 p，体積 V を用いて記述できます．しかしこれら 3 変数の間に状態方程式が 1 つ成り立つので，独立な変数は 2 つとなります．したがって 3 変数のうち 2 変数を系の状態を決める状態変数 (独立変数) として扱います．

理想気体でなくても何かしらの $pV = nRT$ ではない状態方程式が成り立ちます．

状態変数は目的に応じて自由に選べます．たとえば圧力 p と体積 V を状態変数として選べば，内部エネルギーは $U = U(p, V)$ と書け，内部エネルギーの変化 $\Delta U_{\mathrm{A}\to\mathrm{B}}$ は

$$\Delta U_{\mathrm{A}\to\mathrm{B}} = U(p_{\mathrm{B}}, V_{\mathrm{B}}) - U(p_{\mathrm{A}}, V_{\mathrm{A}})$$

となります．

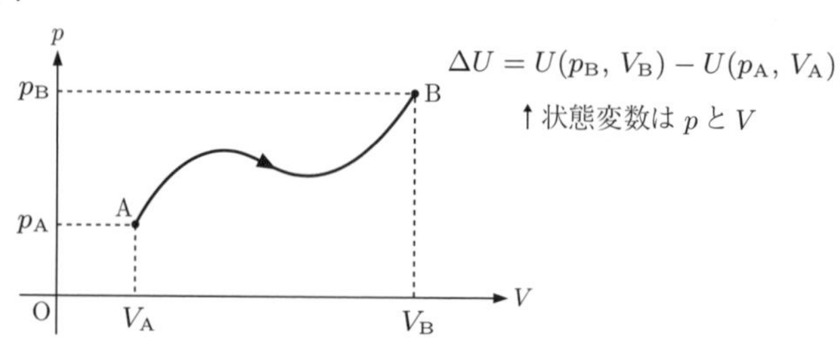

図 14.8

試金石問題

14.1 図 14.9 で状態 A から B を通り C へ変化する経路 ABC で系が受けとる熱 $Q_{\mathrm{ABC}} = 50\,\mathrm{J}$，系がされる仕事 $W_{\mathrm{ABC}} = -20\,\mathrm{J}$ であった．同様に経路 AB′C では $W_{\mathrm{AB'C}} = -8\,\mathrm{J}$ であった．

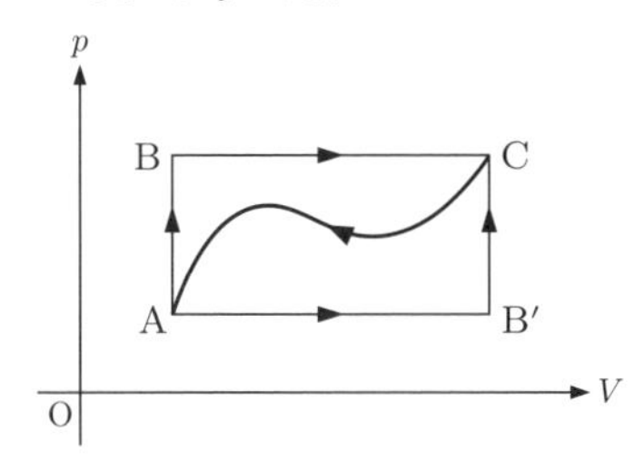

図 14.9

(1) C から A へ戻る過程で $W_{\mathrm{CA}} = 13\,\mathrm{J}$ のとき，Q_{CA} を求めよ．

(2) $Q_{\mathrm{B'C}} = 18\,\mathrm{J}$ のとき，$Q_{\mathrm{AB'}}$ を求めよ．

(3) $Q_{\mathrm{AB'}} = 22\,\mathrm{J}$ のとき，内部エネルギーの変化 $\Delta U_{\mathrm{B'C}}$ を求めよ．

試験前チェック

□ 熱力学第一法則を式で表し，その意味を説明することができる．

$$\Delta U = W + Q$$

□ 内部エネルギーとは何かを説明することができる．

□ 仕事を式と p–V 図を用いて説明することができる．

$$\widetilde{W} = \int \mathrm{d}\widetilde{W} = \int_{V_1}^{V_2} p\,\mathrm{d}V$$

□ 状態量とは何かを説明することができる．

□ 具体的に状態変数を列挙し，それらの性質について説明することができる．

15 理想気体の性質

まとめ

理想気体について

- 内部エネルギーは温度だけで決まる
- 定積モル比熱 C_V 定圧モル比熱 C_p について $C_p - C_V = R$(**マイヤーの関係式**) が成り立つ
- 断熱変化で pV^γ が一定となる (**ポアソンの法則**)

15.1 理想気体の内部エネルギー

理想気体の内部エネルギーは温度だけで決まります．これは熱力学第二法則を学んだ後であれば理論的にも示す事もできますが，ここではジュールが行った実験 (1844 年) を根拠とします．図 15.1 のように 2 つの容器を連結させ，コックで開閉ができるようにします．その容器を水の入った水槽の中に沈め，温度がわかるように温度計を挿しておきます．

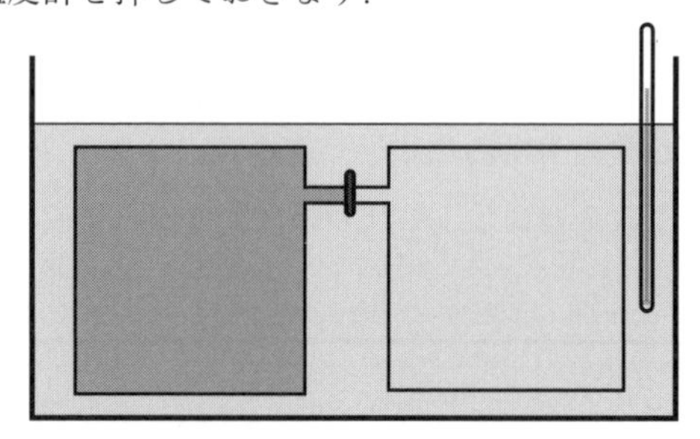

図 15.1

いま，容器の片側部分に気体を入れ，もう片方は真空にします．熱平衡に達して (十分に時間が経って) からコックを開きます．気体は真空側の容器へ膨張します．再び熱平衡に達するのを待ち，温度計の変化を観察します．結果として温度計に変化はみられませんでした[注1]．

注 1　実際は理想気体でなく実在気体を扱うので若干の温度変化がありますが，理想気体に近いほど温度変化は小さく，理想気体であれば厳密に温度変化は起きません．

さてこの実験結果から何がいえるでしょうか．まず，状態変数 (→ 第 13 章) は T と V にとるのが適当です．すると気体の内部エネルギーは $U(T, V)$ と書けます．

水温の変化がなかったということは気体に熱の出入りがなかった，つまり

$Q=0$ を意味します．では次に気体は膨張によって仕事をした (された) でしょうか．気体は真空に向かって膨張したのですから，仕事をする(される)相手がいません．つまり $W=0$ です．したがって，

$$\Delta U = W + Q = 0$$

つまり，温度一定の下での体積変化で内部エネルギーは変化しないということです．これは実は $U(T,V)$ が $U(T)$ と書けることを意味します．理想気体の内部エネルギーは温度だけで決まるということです．

15.2 熱力学特有の記法

状態変数として T と V を選びます．すると $U=U(T,V)$ の (全) 微分は数学的に次のように書けます．

$$\mathrm{d}U = \frac{\partial U}{\partial T}\mathrm{d}T + \frac{\partial U}{\partial V}\mathrm{d}V$$

こう書いてもよいのですが熱力学では次のような記法を用います．

$$\mathrm{d}U = \left(\frac{\partial U}{\partial T}\right)_V \mathrm{d}T + \left(\frac{\partial U}{\partial V}\right)_T \mathrm{d}V$$

偏微分の右下にある添え字が熱力学特有の記法です．この記法のおかげでたとえば，

$$\left(\frac{\partial U}{\partial T}\right)_V \quad \text{注 2}$$

とあるだけでいまは状態変数を T と V に選んでいることが一目でわかり便利です．

注 2 V を固定して $U(T,V)$ を T で微分するという意味です．

15.3 理想気体の比熱 (マイヤーの関係式)

まずは理想気体を仮定せずに話を進めます．定積モル比熱 C_V とは体積一定の下での 1 モル当たりの比熱のことですから n モルの気体に対し次式で定義されます．

$$C_V \equiv \frac{1}{n}\left.\frac{\mathrm{d}'Q}{\mathrm{d}T}\right|_{\mathrm{d}V=0} \quad \text{注 3} \tag{15.1}$$

これを求めるため熱力学第一法則から $\mathrm{d}'Q$ を $\mathrm{d}T$ と $\mathrm{d}V$ で表します[注 4]．

$$\begin{aligned} d'Q &= dU + pdV \\ &= \left(\frac{\partial U}{\partial T}\right)_V \mathrm{d}T + \left\{\left(\frac{\partial U}{\partial V}\right)_T + p\right\}\mathrm{d}V \end{aligned}$$

この両辺を $\mathrm{d}T$ で割って $\mathrm{d}V=0$ とすれば，

$$C_V \equiv \frac{1}{n}\left.\frac{\mathrm{d}'Q}{\mathrm{d}T}\right|_{\mathrm{d}V=0} = \frac{1}{n}\left(\frac{\partial U}{\partial T}\right)_V$$

注 3 $\left(\frac{\partial Q}{\partial T}\right)_V$ などの記法には注意が必要です．こう書くとあたかも Q が状態量で $Q=Q(T,V)$ という関数があるかのようにみえます．しかし Q は状態量でなく $Q(T,V)$ のような関数は存在しません．式 (15.1) の右辺は微分と捉えず単純に $\mathrm{d}'Q$ を $\mathrm{d}T$ で割った量と思う方がよいでしょう．

注 4 式 (15.1) を求めたいのですから，状態変数を T と V にとるのが適当と判断できます．

が導かれます.

一方，圧力が一定の下での1モル当たりの比熱である**定圧モル比熱** C_p は,

$$C_p \equiv \frac{1}{n}\left.\frac{\mathrm{d}'Q}{\mathrm{d}T}\right|_{\mathrm{d}p=0}$$

と定義されるので熱力学第一法則から $\mathrm{d}'Q$ を $\mathrm{d}T$ と $\mathrm{d}p$ で表します．つまり状態変数を T と p にとり V を T と p の関数 $V = V(T, p)$ とみなします．したがって

$$\mathrm{d}V = \left(\frac{\partial V}{\partial T}\right)_p \mathrm{d}T + \left(\frac{\partial V}{\partial p}\right)_T \mathrm{d}p$$

と書けるので,

$$\begin{aligned}\mathrm{d}'Q &= \mathrm{d}U + p\mathrm{d}V \\ &= \left\{\left(\frac{\partial U}{\partial T}\right)_p + p\left(\frac{\partial V}{\partial T}\right)_p\right\}\mathrm{d}T + \left\{\left(\frac{\partial U}{\partial p}\right)_T + p\left(\frac{\partial V}{\partial p}\right)_T\right\}\mathrm{d}p\end{aligned}$$

両辺を $\mathrm{d}T$ で割って $\mathrm{d}p = 0$ とすれば次式が得られます.

$$C_p \equiv \frac{1}{n}\left.\frac{\mathrm{d}'Q}{\mathrm{d}T}\right|_{\mathrm{d}p=0} = \frac{1}{n}\left(\frac{\partial U}{\partial T}\right)_p + \frac{p}{n}\left(\frac{\partial V}{\partial T}\right)_p$$

ここから理想気体を仮定します.

$U = U(T)$ ですから,

$$\left(\frac{\partial U}{\partial T}\right)_V = \left(\frac{\partial U}{\partial T}\right)_p = \frac{\mathrm{d}U(T)}{\mathrm{d}T}$$ 注5

注5　ちなみに $\left(\frac{\partial U}{\partial V}\right)_T = \left(\frac{\partial U}{\partial p}\right)_T = 0$ です.

また，状態方程式より,

$$\left(\frac{\partial V}{\partial T}\right)_p = \frac{\partial}{\partial T}\left(\frac{nRT}{p}\right) = \frac{nR}{p}$$

したがって,

$$C_V = \frac{1}{n}\left(\frac{\partial U}{\partial T}\right)_V = \frac{1}{n}\frac{\mathrm{d}U}{\mathrm{d}T} \quad (\because \mathrm{d}U = nC_V\mathrm{d}T)$$

$$C_p = \frac{1}{n}\left(\frac{\partial U}{\partial T}\right)_p + \frac{p}{n}\left(\frac{\partial V}{\partial T}\right)_p = \frac{1}{n}\frac{\mathrm{d}U}{\mathrm{d}T} + R$$

となり,

$$C_p - C_V = R$$

が成り立ちます．これを**マイヤーの関係式**といいます[注6].

注6　理想気体に限らず，一般に定圧比熱の方が定積比熱よりも大きくなります．定圧では気体が外部に仕事をする分，余計に熱を受けとるからです.

15.4 理想気体の断熱変化

断熱変化ではどのような関係が成り立つでしょう．“断熱”とは $\mathrm{d}'Q = 0$ を意味します.

$$\mathrm{d}U + p\mathrm{d}V = 0$$ 注7

注7　熱力学第一法則 $\mathrm{d}U = -p\mathrm{d}V + \mathrm{d}'Q$ より

理想気体では $\mathrm{d}U = nC_V\mathrm{d}T$ と状態方程式 $pV = nRT$ が成り立ちますから，

$$C_V\frac{\mathrm{d}T}{T} + R\frac{\mathrm{d}V}{V} = 0$$

この形ならば両辺を積分するのは容易です．

$$C_V \ln T + R \ln V = \text{const.}$$ 注 8

$$\therefore T^{C_V}V^R = \text{const.}$$

注 8　多くの場合に比熱は定数として扱います．const. は定数 (constant) を意味します．

両辺を $C_V{}^{-1}$ 乗して，

$$TV^{\frac{R}{C_V}} = \text{const.}$$

マイヤーの関係式と**比熱比** $\gamma \equiv \dfrac{C_p}{C_V}$ を用いて 注 9，

$$TV^{\gamma-1} = \text{const.}$$

注 9　必ず $C_p > C_V$ が成り立つので，$\gamma > 1$ です．

この形も便利ですが，状態方程式 $T \propto pV$ を使うと

$$pV^{\gamma} = \text{const.} \quad (\textbf{ポアソンの法則})$$

となります．よくみかける形です．

試金石問題

15.1 **エンタルピー** $H \equiv U + pV$ を用いると n モルの気体の定圧モル比熱は $C_p = \dfrac{1}{n}\left(\dfrac{\partial H}{\partial T}\right)_p$ と表されることを示せ．

15.2 音速は $v = \sqrt{\dfrac{\mathrm{d}p}{\mathrm{d}\rho}}$ で与えられる（ρ は空気の密度）．ニュートンは音速を初めて理論的に考察したが，その際に $\dfrac{\mathrm{d}p}{\mathrm{d}\rho}$ を等温変化で計算し，実測値よりも 1 割程度小さい値を得た．その後，音が伝わるときの空気の収縮・膨張は瞬間的なものだから $\dfrac{\mathrm{d}p}{\mathrm{d}\rho}$ は断熱変化で計算するのが正しいと考えられるようになった．

(1) $\dfrac{\mathrm{d}p}{\mathrm{d}\rho}$ と $\dfrac{\mathrm{d}p}{\mathrm{d}V}$ の間に成り立つ関係を求めよ．

(2) $\left(\dfrac{\mathrm{d}p}{\mathrm{d}V}\right)_{\text{断熱}}$ を計算し，(1) の結果と合わせて v を求めよ．ただし，空気を比熱比 $\gamma = 1.4$，分子量 $m = 29$ の理想気体と考え，気温 15 ℃，$R = 8.3\,\mathrm{J/mol \cdot K}$ とせよ．

試験前チェック

□ 理想気体の内部エネルギーの性質を説明することができる．

□ マイヤーの関係式を導くことができる．

$$C_p - C_V = R$$

□ 断熱変化とは何かを説明することができる.

$$\mathrm{d}'Q = 0$$

□ ポアソンの法則を導くことができる.

$$pV^{\gamma} = \text{const.}$$

16 熱機関の仕組みと応用

キーワード

カルノーサイクル／ヒートポンプ・冷却器／オットーサイクル／ガソリンエンジン／ディーゼルサイクル／ディーゼルエンジン

16.1 熱機関 (エンジン) とは

熱を利用し，サイクルの繰り返しにより連続的に仕事を生み出す装置を**熱機関**といいます．サイクルとは図 16.1 のように始状態と終状態が一致する変化のことです．サイクル一周に対し状態量である内部エネルギーの変化は 0 なので，

$$0 = \Delta U = W + Q$$

$$\therefore\ Q = -W = \widetilde{W} \quad \text{注 1}$$

一周の間に受けとる熱の分だけ系は外界に仕事をすることを意味しています．

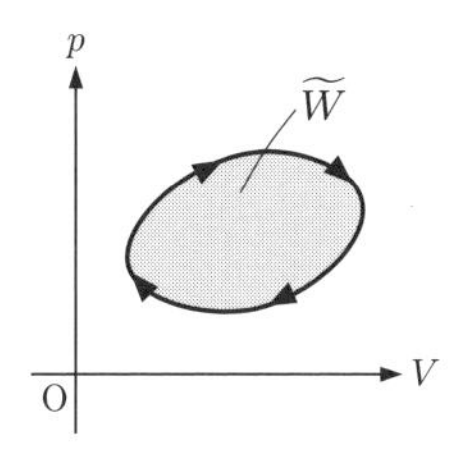

図 16.1

注 1　W は系からされる仕事，$\widetilde{W}$ は系がする仕事です (→ 第 14 章).

16.2 カルノーサイクル

19 世紀のはじめ，石炭資源に乏しいフランスではイギリスから伝えられた蒸気機関の導入にあたりいかに燃料を節約するか (効率を上げるか) が技術的に重要な問題でした．そんな時代にカルノーは次の問いを立てました．

「熱機関の動力に原理的な限界はあるのか，
動力の量は作業物質によって変わるのか」 注 2

現実的かつ技術的な問題意識を持ちながら，カルノーの問題の立て方・解き方は非常に原理的かつ理論的であり，彼は時代を先取りして熱力学の礎を築いていったのでした．

注 2　動力というのは仕事のことと思ってよいでしょう．

カルノーは仕事を伴わない単なる熱伝導は熱資源の無駄であると考え，そのような無駄のないサイクルとして図 16.2 の p–V 図で表される等温変化と断熱変化からなる**カルノーサイクル**を考案しました．図 16.3 は 2 つの熱浴間で稼動するサイクルに対してよく描かれる図です．エネルギーの流れが一目でわかるのが利点です．

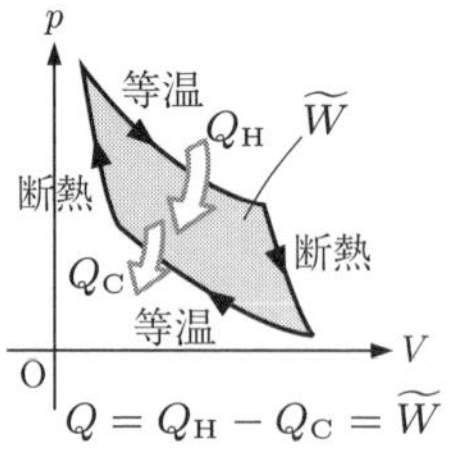

$Q = Q_{\rm H} - Q_{\rm C} = \widetilde{W}$

図 16.2 カルノーサイクルの p–V 図

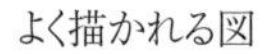

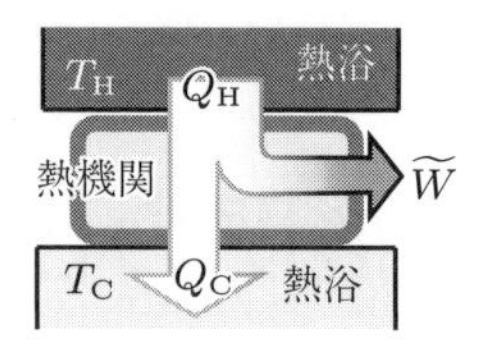

エネルギーの流れ(保存)
がわかりやすい
$Q_{\rm H} = Q_{\rm C} + \widetilde{W}$

図 16.3

さて，**熱機関の効率** η は次で与えられます[注3].

$$\eta \equiv \frac{\widetilde{W}}{Q_{\rm H}} = \frac{Q_{\rm H} - Q_{\rm C}}{Q_{\rm H}} = 1 - \frac{Q_{\rm C}}{Q_{\rm H}}$$

注 3 "効率＝受けとった熱のうち仕事に変わる割合" というのは理解しやすいのではないでしょうか.

カルノーサイクルの効率は次のように 2 つの熱浴の温度 $T_{\rm H}$, $T_{\rm C}$ だけで決まります (→ 試金石問題 *16.1*).

$$\eta = 1 - \frac{T_{\rm C}}{T_{\rm H}}$$

カルノーは理論上このサイクルが最も効率のよい熱機関であると主張しました (**カルノーの定理**). この定理の証明は次章に譲ることにして，本章では様々なサイクルとその応用を見てみましょう.

16.3 逆回しでヒートポンプ/冷却器に

熱機関のサイクルを逆に稼動させると，外から仕事をすることで熱を低温の熱源から高温の熱源へ移動させることになります. このように熱機関を逆回しにしたものは，低温側と高温側のどちらの働きに着目するかによって，**ヒートポンプ**または**冷却器**と呼ばれます.

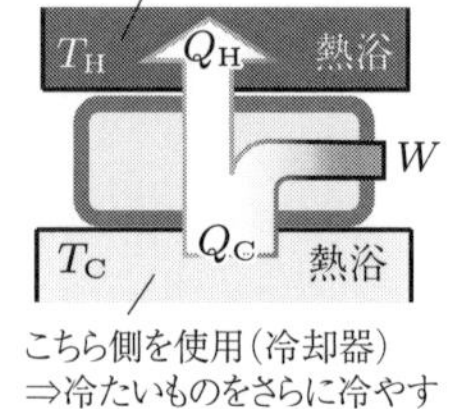

図 16.4

たとえば，暖房機 (ヒートポンプの一種) と冷蔵庫 (冷却器の一種) の各熱源との対応物は次の通りです.

	暖房機	冷蔵庫
高温側	室内	室内
低温側	室外	冷蔵室

16.4 オットーサイクル：ガソリンエンジンの原型

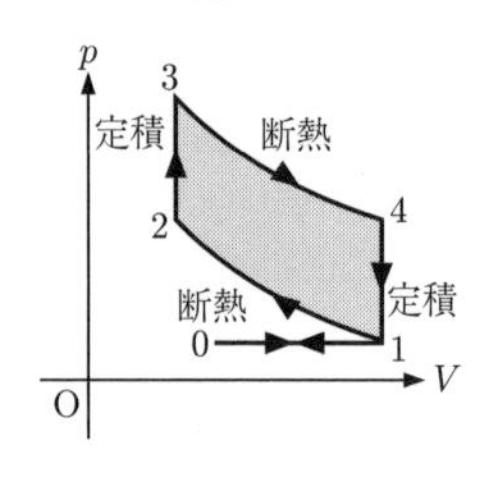

図 16.5

ガソリンエンジンは断熱変化と定積変化からなる**オットーサイクル** (図 16.5) を原型とします. ガソリンエンジンでは空気とガソリンの混合気体を作業物質として使います. ガソリンには引火しやすい (火種があれば燃えやすい) という

性質があります．ではサイクルを順にみてみましょう．

$1 \to 2$：混合気体を断熱圧縮

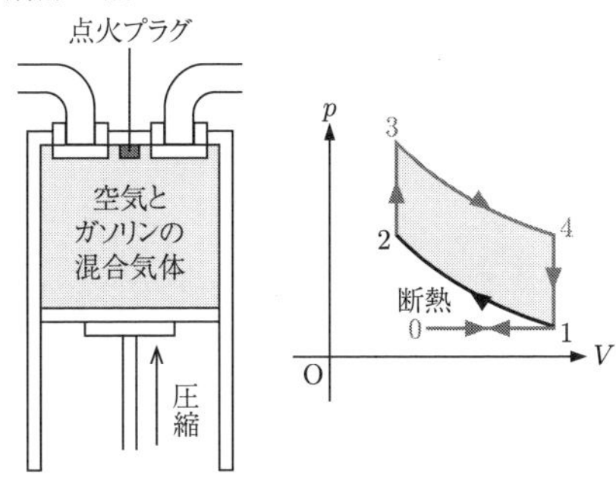

2：点火

$2 \to 3$：一気に燃焼

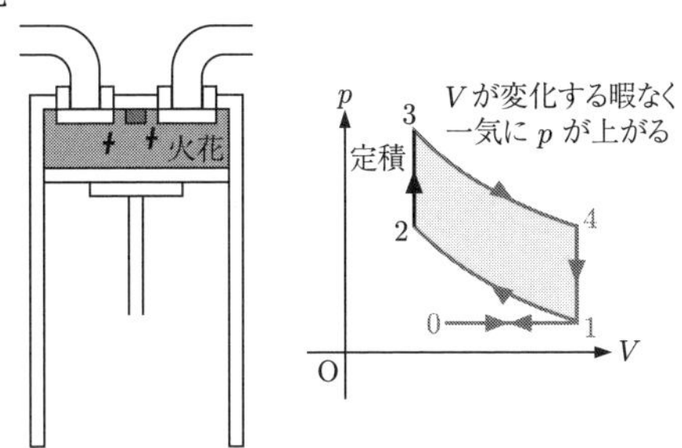

$3 \to 4$：断熱膨張

$4 \to 1$：排気

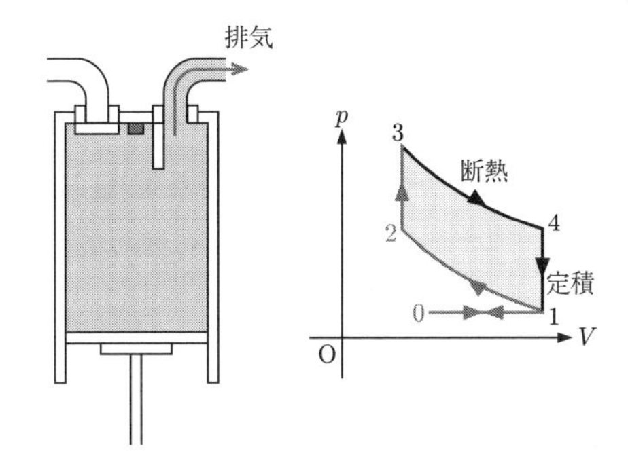

$1 \to 0$：排気

$0 \to 1$：吸気 (元に戻る)

イメージできましたか？

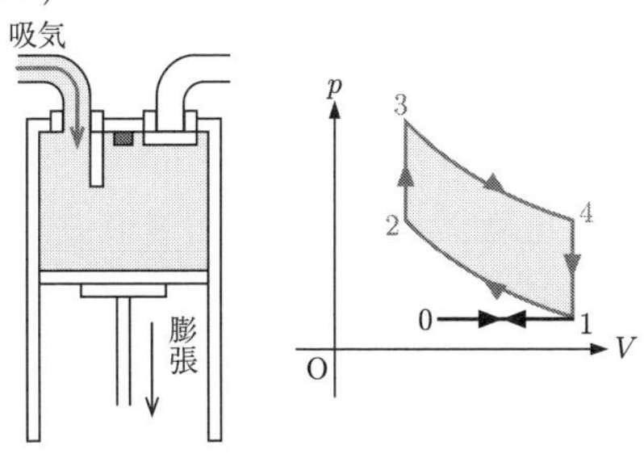

オットーサイクルの効率は次のようになります．

$$\eta = 1 - \frac{1}{{r_0}^{\gamma-1}} \tag{16.1}$$

γ は比熱比，$r_0 \equiv \dfrac{V_1}{V_2}$ は圧縮率です ($V_1 = V_4$，$V_2 = V_3$) です．

ちなみに，式 (16.1) より圧縮率 r_0 が大きいほど，つまりエンジンを大型化するほど，理論上は効率はよくなります．では単純に大型化すれば燃費のよい (ガソリン) 車を作れるのかというと，残念ながらそうではありません．大型化して圧縮率を上げると断熱圧縮したときに混合気体が高温になり，点火プラグで点火する前に自然発火を起こし危険が生じてしまうのです．ガソリンエンジンの大型化には困難が伴う一方で次のディーゼルエンジンは大型化が容易です．

16.5 ディーゼルサイクル：ディーゼルエンジンの原型

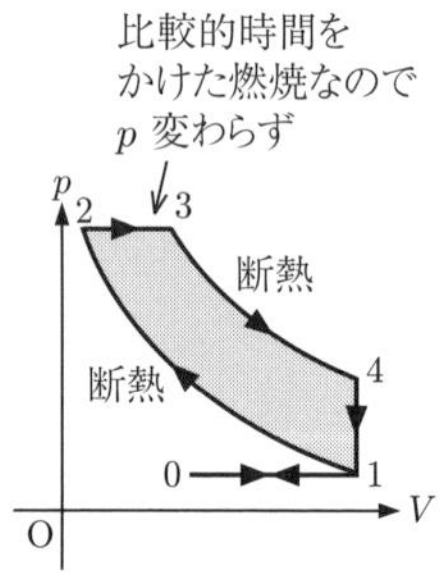

ディーゼルサイクルは一部に定圧変化を含みます (図 16.6)．**ディーゼルエンジン**ではまず $1 \to 2$ で空気のみを断熱圧縮します．そして 2 で高温になった空気中に燃料である軽油を噴射します．軽油は発火しやすい (自ら燃えだしやすい) 性質があります．この燃焼はガソリンエンジンのときのように爆発的ではなく比較的時間がかかるものなので $2 \to 3$ は定圧変化になります．ディーゼルサイクルの効率は次のようになります．

図 16.6

$$\eta = 1 - \frac{1}{{r_0}^{\gamma-1}} \cdot \frac{{r_C}^{\gamma} - 1}{\gamma(r_C - 1)} \tag{16.2}$$

$r_0 \equiv \dfrac{V_1}{V_2}$ は圧縮率で，$r_C \equiv \dfrac{V_3}{V_2}$ は締切比と呼ばれます．

式 (16.1) と同様に式 (16.2) でも圧縮率 r_0 が大きいと効率はよくなります．ディーゼルエンジンは空気のみを圧縮しますから，大型化してもガソリンエンジンのような問題がありません．実際にディーゼルエンジンは大型車や船舶，鉄道などで広く用いられています．しかし，不完全燃焼による煤 (すす) の発生を抑えるなど環境への配慮が課題となります．

試金石問題

16.1 理想気体を作業物質とするカルノーサイクルについて以下の問いに答えよ．ただし高温側，低温側の熱浴の温度をそれぞれ T_H，T_C とする．

(1) このサイクルの効率 η_C を求めよ．

(2) このサイクルを用いたエンジンが実用に向かない理由を答えよ．

(3) このサイクルを逆に回し冷蔵庫を作った．この冷蔵庫の成績係数 K_C (低温側から奪う熱量 ÷ 系外からの仕事) を求めよ．また，実用

上 T_{H} が固定されているとみなしたとき T_{H} と T_{C} の差 (つまり外気温と冷蔵室内の温度差) が大きいと K_{C} はどうなるか.

(4) 一般に電熱線を用いたヒーターよりもヒートポンプの方が**成績係数** K_{H} (高温側に渡す熱量 ÷ 系外からの仕事) がよいのはなぜか.

ヒートポンプと冷却器で成績係数の定義は違います.

試験前チェック

□ 熱機関とは何かを説明することができる.

□ 熱機関の効率を表す式を書き下すことができる.

$$\eta \equiv \frac{\widetilde{W}}{Q_{\mathrm{H}}} = \frac{Q_{\mathrm{H}} - Q_{\mathrm{C}}}{Q_{\mathrm{H}}} = 1 - \frac{Q_{\mathrm{C}}}{Q_{\mathrm{H}}}$$

□ カルノーサイクルを p–V 図で表し, 各変化を説明することができる.

□ カルノーサイクルの効率を表す式を書き下すことができる.

$$\eta = 1 - \frac{T_{\mathrm{C}}}{T_{\mathrm{H}}}$$

□ ヒートポンプとは何かを説明することができる.

□ オットーサイクルを p–V 図で表し, 各変化を説明することができる.

□ ディーゼルサイクルを p–V 図で表し, 各変化を説明することができる.

17 不可逆変化と熱力学第二法則

17.1 準静的変化と不可逆変化

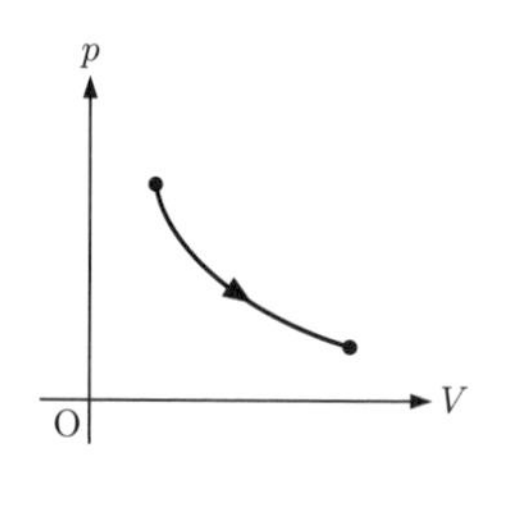

図 17.1

これまで図 17.1 のように描かれる変化を当たり前のように扱ってきましたが，実はこのような変化は**準静的変化** (各瞬間が熱平衡状態とみなせるような非常にゆっくりした変化) を想定しています．

ピストンを動かすときの摩擦などがない限り，準静的変化は逆行可能，つまり**可逆変化**です[注1]．

注 1 可逆変化とは系の状態が変化したときに系外も含めすべて元通りに戻せる変化のことです．

素早い変化だと気体に乱流が発生し p や T にばらつきが生じます．すると気体全体に p や T が定まりません．

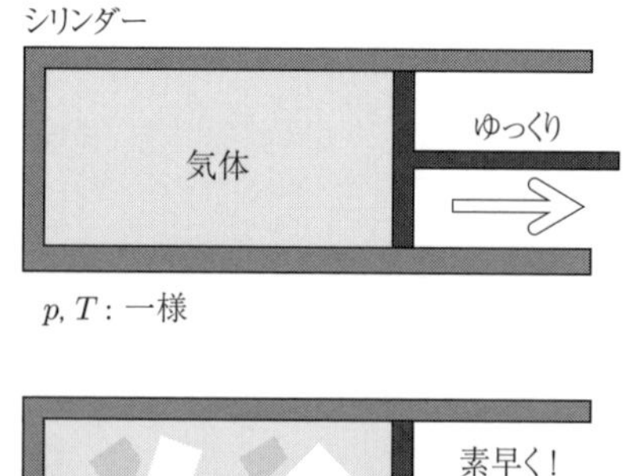

図 17.2

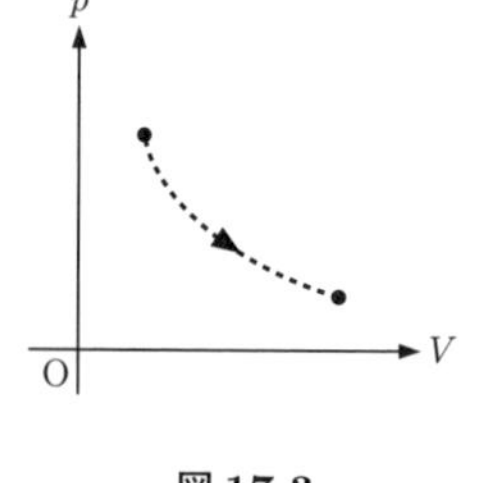

図 17.3

なので，p–V 図上で点が打てず，線も書けません．しょうがないので図 17.3 のように点線で表現したりします．このような変化は元に戻せないので**不可逆変化**です．

17.2 断熱自由膨張

たとえば気体の入った小さな箱を用意し，中が真空で断熱された大きな箱に入れます．小さな箱のふたを開けると大きな箱に気体が広がり充満します．

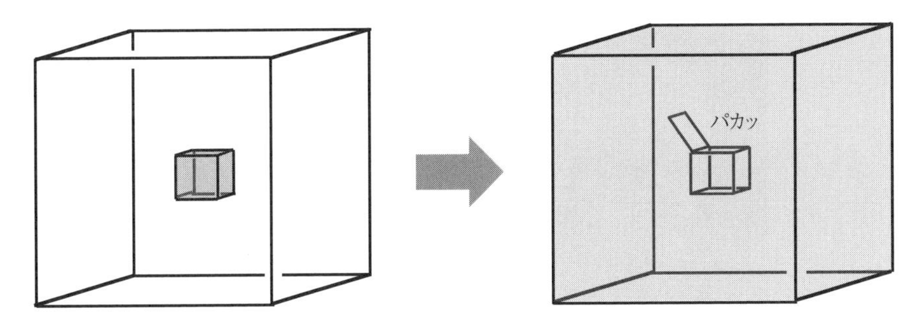

図 17.4

気体は真空中に膨張するので仕事をする相手がいません ($W = 0$). 大きな箱は断熱されているので気体は熱のやりとりをしません ($Q = 0$). したがって熱力学第一法則より

$$\Delta U = W + Q = 0$$

理想気体の場合はこれは温度変化もないことを意味します.

$$\Delta U = 0 \quad \Leftrightarrow \quad \Delta T = 0 \quad (\text{理想気体の場合})$$

この変化はそっくり元に戻すことが出来ない (自然と気体が小さな箱の中に納まることは起こり得ないし, 気体を小さな箱に押し込むには仕事が必要となります) ので不可逆変化であり p–V 図に描くとすれば図 17.3 のようになります.

また, この変化は断熱されたピストンを一瞬で引くことに対応します.

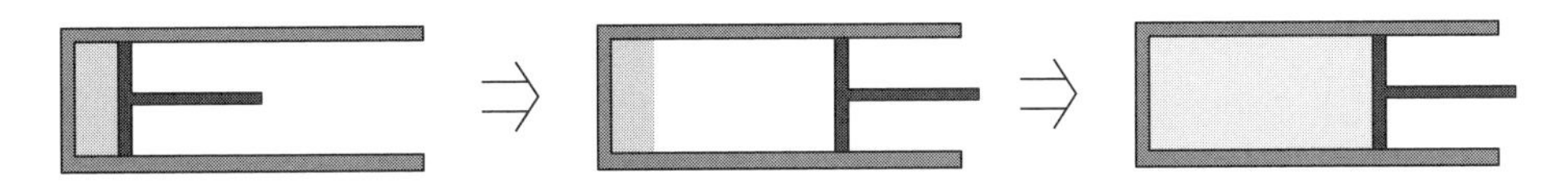

図 17.5

つまりピストンをゆっくり引けば気体は仕事をするし, 気体が追いつかないくらい素早く引けば気体は仕事をしません. このように, ピストンの位置が変化前と変化後それぞれで同じだったとしても, 変化の仕方によって仕事は違ってくるのです.

17.3 熱力学第二法則

ジュールによって示された熱と仕事の等価性の重要性をいち早く見抜いたのがトムソン (ケルビン卿) でした. そして彼は “仕事 ⇒ 熱” と “熱 ⇒ 仕事” の変換の違いに注目します. 仕事を熱に変えるのは摩擦を使えば簡単ですが, 熱的資源から仕事を取り出すには温度差が必要なことがカルノーの研究から知られていたからです. 彼は熱力学第一法則だけでは表現されない, 熱の持つ “特殊性” を感じとるところまできていたのでした.

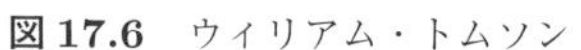

図 17.6　ウィリアム・トムソン　　**図 17.7**　ルドルフ・クラウジウス

そんなトムソンに一歩先んじて，熱現象が 1 つの原理からではなく 2 つの原理から理解されることに正しく気づいたのがクラウジウスです．1850 年，彼は熱力学第一法則と第二法則を同時に提示し，第二法則を次のように表現しました．

クラウジウスによる熱力学第二法則

> 熱は常に高温から低温の物体へ移動する [注2]

注 2　この変化は不可逆変化であるということを意味します．

仮に熱が低温側から高温側に移動したとしても熱力学第一法則には反しませんが，そんなことはまず起こりません．自然界にはこのような不可逆性が溢れています．クラウジウスの熱力学第二法則は驚くほど当たり前の内容を述べていますが，数ある不可逆な事柄からこれを自然現象の原理と据えたところにクラウジウスの慧眼があります．

クラウジウスから一年遅れてトムソンも熱力学第一法則・第二法則に辿り着きました．このときの第二法則は次のように表現されました．

トムソン (ケルビン) による熱力学第二法則

> 物体を冷却することだけで (他に何も変化を残さず) 仕事を生むことはできない

つまり他のエネルギーを熱エネルギーに変えることはできても，熱エネルギーをそっくりそのまま他のエネルギーに変えることはできません．熱エネルギーの質の悪さ，熱エネルギーの持つ“特殊性”が読みとれます．

これら 2 つの第二法則は等価であることが知られています．

熱力学第一法則とは要するにエネルギー保存則で，熱現象がエネルギーという普遍的な概念の中で理解できることを意味します．しかしそれだけではなく熱現象が持つ“不可逆性”あるいは“特殊性”の原理を述べる**熱力学第二法則**が加えられ，これら 2 本柱の基に熱の理論が創られたのです．

本書では簡単のため気体 (特に理想気体) しか扱うことができませんが，自然法則の根底にある熱力学の適用範囲は，身近な熱現象からブラックホールに至るまで，極めて広いものとなっています．

17.4 カルノーの定理と絶対温度

熱力学第二法則により第 16 章に出てきたカルノーの定理を証明することができます.

カルノーの定理

> 2 つの熱浴間で働く熱機関では可逆熱機関が最大効率を持ち，それは熱浴の温度だけで決まる (つまり作業物質や作動方式によらない).

クラウジウスの熱力学第二法則から示すこともできますが，ここではトムソンの熱力学第二法則から示します.

図 17.8 のように可逆な熱機関 C と任意の熱機関 C′ を用意します．C′ は高温側の熱浴から熱 Q_{H} を受けとり，仕事 W' をして低温側の熱浴に熱 Q'_{C} を渡します．C は逆回しにして C′ がする仕事から W をもらい，低温側の熱浴から熱 Q_{C} を受けとり，高温側の熱浴に熱 Q_{H} を渡します．それぞれの熱機関で熱 Q_{H} が揃っていることを確認してください.

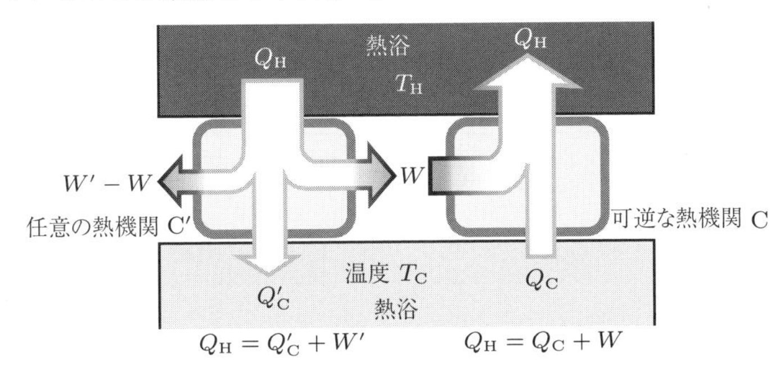

図 17.8

まず，それぞれの熱機関に熱力学第一法則を適用することで次式が得られます.

$$Q'_{\mathrm{C}}+W'=Q_{\mathrm{H}}=Q_{\mathrm{C}}+W$$

$$\therefore\ Q'_{\mathrm{C}}-Q_{\mathrm{C}}=W-W'$$

トータルで高温側の熱浴へは熱の出入りがないのでトムソンの熱力学第二法則より

$$Q'_{\mathrm{C}}-Q_{\mathrm{C}}=W-W'\geq 0$$

が成立します[注3]．したがって

$$\eta'=\frac{W'}{Q_{\mathrm{H}}}\leq\frac{W}{Q_{\mathrm{H}}}=\eta_{\mathrm{C}}\quad\therefore\ \eta'\leq\eta_{\mathrm{C}}$$

さて熱機関 C′ は ① 可逆か ② 不可逆のどちらかです.

注 3　そうでなければ低温側の熱浴から熱 $Q'_{\mathrm{C}}-Q_{\mathrm{C}}$ をもらい，すべて仕事に変えたことになってしまいます.

① 可逆の場合

動作をすべて逆転させて $\eta' \geq \eta_{\rm C}$ が示せるので $\underline{\eta' = \eta_{\rm C}}$ が導かれます．

② 不可逆の場合

もし $\eta' = \eta_{\rm C}$ が成り立ってしまうと $Q'_{\rm C} = Q_{\rm C}$，$W = W'$ となり $\rm C'$ が起こした変化を C によって元に戻せることになります．これは $\rm C'$ が不可逆であることと矛盾します．よって $\underline{\eta' < \eta_{\rm C}}$ が結論されます．

つまり，可逆でありさえすればその熱機関の効率が最大効率 $\eta_{\rm C}$ を与えます．$\eta_{\rm C}$ を求めるには可逆機関でありさえすればよいので (計算しやすい) 理想気体を作業物質としたカルノーサイクルを考えればよく，

$$\eta_{\rm C} = 1 - \frac{T_{\rm C}}{T_{\rm H}}$$

とわかります (→ 第 16 章試金石問題).

熱力学第二法則の提言に一歩遅れてしまったエリート物理学者トムソン (若干 22 歳にして大学教授に就任．後のケルビン卿) でしたが，カルノーの定理を温度目盛りに応用できることに気が付きます．それまでの温度計では用いる物質によって温度に微妙に違いが出てしまうという欠点がありました (→ 第 13 章)．カルノーの定理は可逆熱機関の効率から熱浴の温度 (の比) が一意に定まることを意味しています．つまり可逆熱機関の効率に基づいて温度目盛りを作れば，使う物質などによらない普遍的な温度(**絶対温度**)が定められるわけです．よく知られているように，その単位にはケルビンの名が残っています．

試験前チェック

- □ 準静的変化とは何かを説明することができる．
- □ 断熱自由膨張が可逆変化であることを説明することができる．
- □ クラウジウスとトムソンによる熱力学第二法則をそれぞれの表現で説明することができる．

18 エントロピー計算の3ステップ

18.1 クラウジウスの定理

熱力学第二法則の提唱後，クラウジウスは"不可逆性"の定量化 (つまり不可逆さの度合の計算) に取り組みます．そして熱力学第二法則から次の**クラウジウスの定理**に辿り着きます．

$$\oint \frac{\mathrm{d}'Q}{T} \leq 0 \quad \text{注1} \tag{18.1}$$

注1　$\oint$ はサイクル一周について積分することを意味します．

等号はサイクルをなすすべての変化が可逆変化のときのみ成立します．たとえば系が n 個の熱浴と熱をやりとりし，i 番目の熱浴 (温度 T_i) から熱 Q_i を受けとり，元の状態に戻る (つまりサイクル) と，

$$\sum_{i=1}^{n} \frac{Q_i}{T_i} \leq 0$$

が成立します．これをより一般に連続的な変化の場合に拡張したのが式 (18.1) です．

注意すべき点は式(18.1)の積分中の T が系自体の温度ではなく熱浴の温度だということです．もしこの T が系の温度だと，平衡状態にない不可逆変化で式(18.1)の積分は定義できなくなってしまいます．

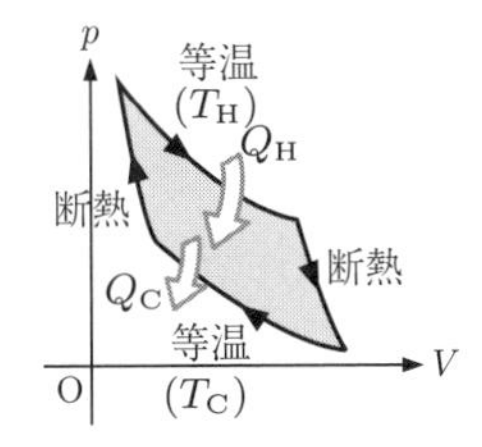

図 18.1

単純な例としてカルノーサイクルを考えてみます．熱の出入りがあるのは2つの等温変化だけです．また，すべての変化は可逆変化であり等温変化において熱浴の温度と気体の温度は等しいと考えられます．したがって，

$$\frac{Q_{\mathrm{H}}}{T_{\mathrm{H}}} - \frac{Q_{\mathrm{C}}}{T_{\mathrm{C}}} = 0 \quad \text{注2} \qquad \therefore \frac{Q_{\mathrm{C}}}{Q_{\mathrm{H}}} = \frac{T_{\mathrm{C}}}{T_{\mathrm{H}}}$$

注2　低温側の等温変化では出ていく熱が $Q_{\mathrm{C}}(>0)$ なので受けとる熱は $-Q_{\mathrm{C}}$ です．

このことから効率を簡単に求めることができます．

$$\eta_{\mathrm{C}} = \frac{\widetilde{W}}{Q_{\mathrm{H}}} = 1 - \frac{Q_{\mathrm{C}}}{Q_{\mathrm{H}}} = 1 - \frac{T_{\mathrm{C}}}{T_{\mathrm{H}}} \quad \text{注 3}$$

注 3 $\because \widetilde{W} = Q_{\mathrm{H}} - Q_{\mathrm{C}}$

18.2 エントロピーという名の状態量

クラウジウスの定理から**エントロピー**という状態量の存在が導かれます．可逆変化に対し，

$$\mathrm{d}S \equiv \frac{\mathrm{d}'Q_{\mathrm{rev}}}{T} \quad \text{注 4}$$

注 4 "rev" は reversible (可逆) を意味します．

と置くと式 (18.1) は次のように書けます．

$$\oint \mathrm{d}S = 0$$

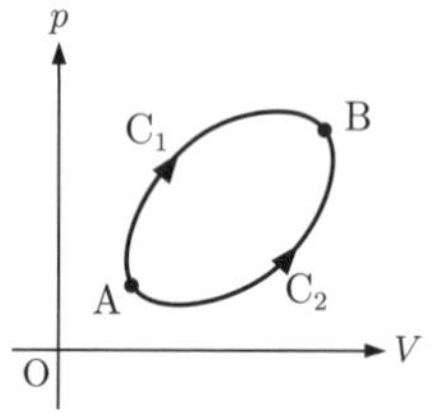

p, V, O, A, B, C_1, C_2

C_1, C_2 は経路の名前

図 18.2

これより S は状態量です．なぜなら ΔS が変化の経路によらないからです．C_1, C_2 を状態 A から状態 B への任意の可逆変化とすると，

$$\int_{\mathrm{A}\xrightarrow{C_1}\mathrm{B}} \mathrm{d}S - \int_{\mathrm{A}\xrightarrow{C_2}\mathrm{B}} \mathrm{d}S = \int_{\mathrm{A}\xrightarrow{C_1}\mathrm{B}} \mathrm{d}S + \int_{\mathrm{B}\xrightarrow{-C_2}\mathrm{A}} \mathrm{d}S = \oint \mathrm{d}S = 0 \quad \text{注 5}$$

$$\therefore \int_{\mathrm{A}\xrightarrow{C_1}\mathrm{B}} \mathrm{d}S = \int_{\mathrm{A}\xrightarrow{C_2}\mathrm{B}} \mathrm{d}S$$

注 5 $-C_2$ は C_2' の逆向きの変化を表します．変化を逆行させると $\mathrm{d}'Q$ が $-\mathrm{d}'Q$ となり $\mathrm{d}S$ が $-\mathrm{d}S$ となります．

これは $\Delta S_{\mathrm{A}\to\mathrm{B}} = \int_{\mathrm{A}\to\mathrm{B}} \mathrm{d}S$ が変化の仕方によらないことを示しています．O を基準状態 $(S(\mathrm{O}) \equiv S_0)$，X を任意の状態とすると，

$$S(\mathrm{X}) = \int_{\mathrm{O}\to\mathrm{X}} \frac{\mathrm{d}'Q_{\mathrm{rev}}}{T} + S_0$$

となり，文字通り S は状態 X にのみ依存する状態量です．状態量は特別な量なのでエントロピーと名づけられました [注 6]．

注 6 "エネルギー" に似せて命名されました．

18.3 エントロピーの意味

前節の内容では単にエントロピーという状態量があるということがわかっただけであり，その物理的な意味については何も述べられていません．今度は不

可逆変化についてクラウジウスの定理を適用してみましょう．

$$\int_{\mathrm{A}\xrightarrow{\mathrm{C_{irr}}}\mathrm{B}} \mathrm{d}S - \int_{\mathrm{A}\xrightarrow{\mathrm{C_{rev}}}\mathrm{B}} \mathrm{d}S = \int_{\mathrm{A}\xrightarrow{\mathrm{C_{irr}}}\mathrm{B}} \mathrm{d}S + \int_{\underset{\sim\sim\sim}{\mathrm{B}\xrightarrow{-\mathrm{C_{rev}}}\mathrm{A}}} \mathrm{d}S = \oint \mathrm{d}S < 0$$

$$\therefore \int_{\mathrm{A}\xrightarrow{\mathrm{C_{irr}}}\mathrm{B}} \mathrm{d}S < \int_{\mathrm{A}\xrightarrow{\mathrm{C_2}}\mathrm{B}} \mathrm{d}S = \Delta S_{\mathrm{A}\to\mathrm{B}}$$

特に $\mathrm{C_{irr}}$ による $\mathrm{A} \to \mathrm{B}$ の変化が断熱変化 ($\mathrm{d}'Q = 0$) だとすると，

$$\Delta S_{\mathrm{A}\to\mathrm{B}} > 0 \tag{18.2}$$

つまり断熱系の不可逆変化では必ずエントロピーが増大します[注7]．こうしてエントロピーが変化の“不可逆さ”と結びついた状態量であることがわかるのです．前章の熱力学第二法則の表現とは違い，式 (18.2) はそれの定量的な表現になっています．

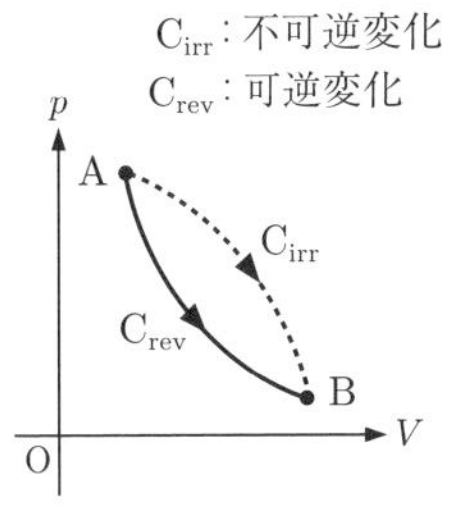

図 18.3　可逆変化と不可逆変化

注 7　断熱系 ··· 外部と熱のやりとりがない系

18.4 エントロピーの計算の仕方

以上見てきたようにエントロピーは必ず可逆変化について積分します．不可逆変化に対する $\displaystyle\int \frac{\mathrm{d}Q}{T}$ の積分はエントロピーではありません．

$$\Delta S = \int_{\underset{\sim\sim\sim}{\text{可逆変化}}} \frac{\mathrm{d}'Q}{T}$$

$$\Delta S \neq \int_{\underset{\sim\sim\sim}{\text{不可逆変化}}} \frac{\mathrm{d}'Q}{T}$$

つまりもし系が状態 A から状態 B へ不可逆変化 $\mathrm{C_{irr}}$ で移ったとき (図 18.3)，エントロピー変化 $\Delta S_{\mathrm{A}\to\mathrm{B}}$ は実際に起こった $\mathrm{C_{irr}}$ に沿った積分で計算されるのではありません．

$$\Delta S_{\mathrm{A}\to\mathrm{B}} \neq \int_{\mathrm{C_{irr}}} \frac{\mathrm{d}'Q}{T}$$

A と B を結ぶ (実際には起こっていない) 可逆変化 $\mathrm{C_{rev}}$ を適当に設定し，その変化に沿って積分したものが正しい $\Delta S_{\mathrm{A}\to\mathrm{B}}$ の値です．

$$\Delta S_{\mathrm{A}\to\mathrm{B}} = \int_{\mathrm{C_{rev}}} \frac{\mathrm{d}'Q}{T} \tag{18.3}$$

この $\mathrm{C_{rev}}$ は可逆ならばどんな変化でも構いません．

具体例として理想気体の断熱自由膨張のエントロピー変化を計算してみましょう．図 18.4 のように温度 T の理想気体が体積 V_0 の小さな箱から体積 V_1 の大きな箱へ膨張します．大きな箱の中は真空で外部から断熱されています．

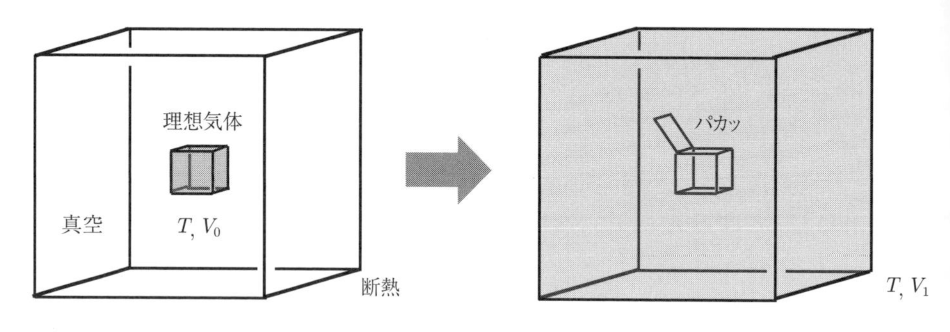

図 18.4

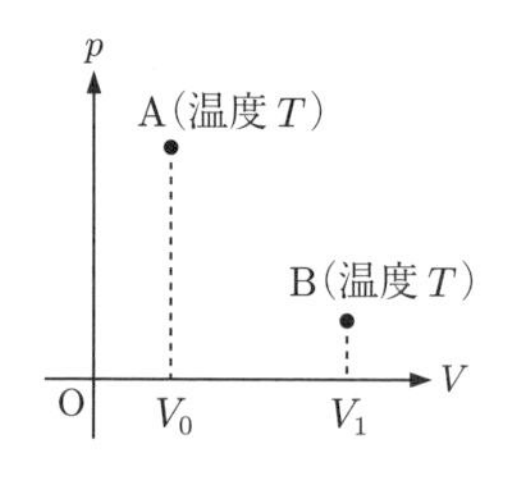

図 18.5

ステップ 1：変化の始状態と終状態を定める

理想気体の断熱自由膨張では温度が変化しません (→ 第 17 章)．したがって図 18.5 のように始状態と終状態が定まります．

ステップ 2：始状態と終状態を可逆変化で結ぶ

実際に起こった変化(いまの場合，断熱自由膨張)のことは忘れて構いません．そしてステップ 1 で定めた始状態と終状態を適当な可逆変化で結びます．このときステップ 3 の計算がしやすいように結ぶのがポイントです．いまの場合は最初と最後で温度が同じなので等温変化で結びます．

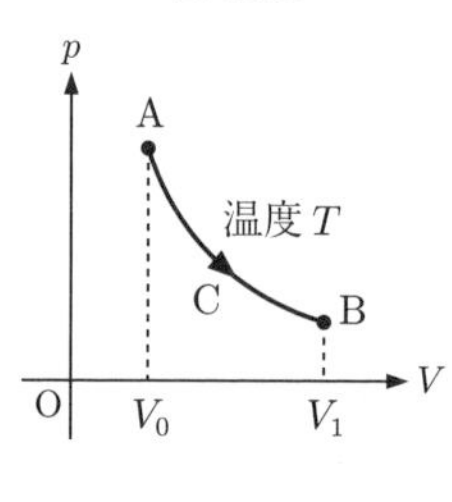

図 18.6

ステップ 3：その変化に沿って $\int \frac{\mathrm{d}'Q}{T}$ を計算

ステップ 2 で定めた変化に沿って $\int \frac{\mathrm{d}'Q}{T}$ を計算します．図 18.6 の経路 C について計算してみましょう．

$$\Delta S_{\mathrm{A}\to\mathrm{B}} = \int_{\mathrm{C}} \frac{\mathrm{d}'Q}{T} \underbrace{=}_{\text{等温}} \frac{1}{T} \underbrace{\int_{\mathrm{C}} \mathrm{d}'Q}_{=Q=\widetilde{W}} = \frac{\widetilde{W}}{T} = nR\ln\frac{V_1}{V_0} \quad \text{注 8} \tag{18.4}$$

注 8　$Q = \widetilde{W}$ は熱力学第一法則より

あるいは，理想気体のエントロピーは次のように計算することもできます．熱力学第一法則より，$\mathrm{d}'Q_{\mathrm{rev}} = T\mathrm{d}S$ を用いて，

$$\mathrm{d}U = T\mathrm{d}S - p\mathrm{d}V$$

理想気体の場合は $\mathrm{d}U = C_V\mathrm{d}T$ が成り立つので，

$$\mathrm{d}S = \frac{nC_V}{T}\mathrm{d}T + \frac{nR}{V}\mathrm{d}V$$

両辺積分して，

$$S(T, V) = nC_V\ln\frac{T}{T_0} + nR\ln\frac{V}{V_0} + S(T_0, V_0) \quad \text{注 9}$$

注 9　基準を状態 (T_0, V_0) にとっています．

断熱自由膨張では温度変化がないので，

$$\Delta S_{\mathrm{A}\to\mathrm{B}} = S(T,V) - S(T_0,V_0) = nR\ln\frac{V_1}{V_0}$$ 注 10

注 10　式 (18.4) の結果と一致します．

試金石問題

18.1 それぞれ温度 $T_{\mathrm{H}}, T_{\mathrm{C}}$ の 2 つの物体がある．これらを体積一定のまま接触させしばらく置く (体積変化はなし) と熱平衡状態にいたった．エントロピー変化 ΔS を求めよ．2 物体の定積熱容量を等しく C とし，2 物体間の他に熱のやりとりはないものとする．

試験前チェック

- □ クラウジウスの定理とは何かを説明することができる．

$$\oint \frac{\mathrm{d}'Q}{T} \leq 0$$

- □ エントロピーという状態量が存在することを説明することができる．
- □ エントロピーの性質をクラウジウスの定理を用いて説明することができる．
- □ 断熱自由膨張，定積変化，定圧変化において，エントロピーの変化をそれぞれ計算することができる．

第III部

電磁気学編

19 ガウスの法則とその使い方

いよいよ電磁気学編です．ガウスの法則とは何か，2章に分けて解説していきます．基本的な電荷分布が作る電場をみていきましょう．

19.1 電場とは

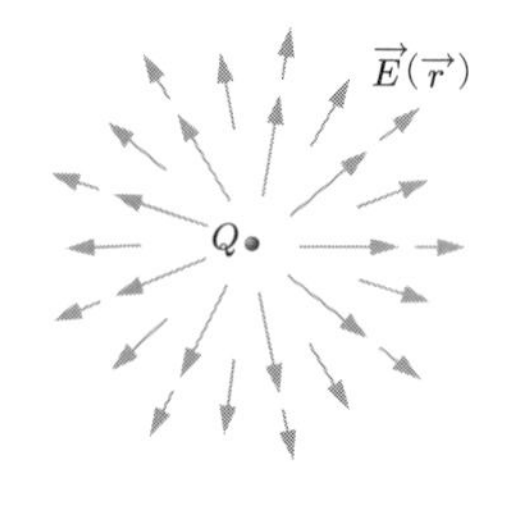

図 19.1

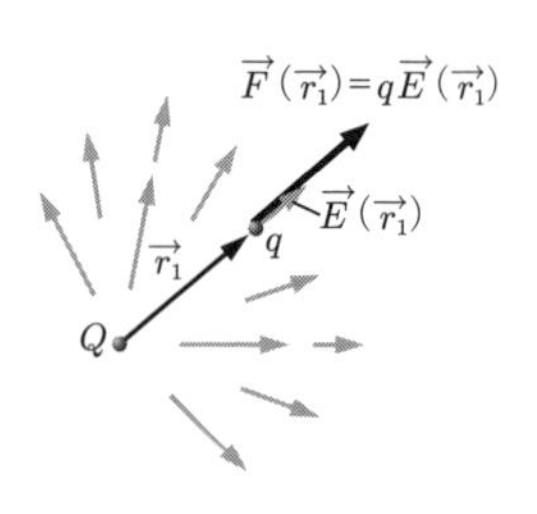

図 19.2

荷電粒子は互いに引き合ったり反発したりしますが，電磁気学ではこれらの力を近接相互作用として理解します．まず正の電荷 Q が外に向かって周囲の空間に電場 $\vec{E}$ を作ります (図 19.1)．近くに電荷 q が置かれると，電荷 q は電場 $\vec{E}$ から力 $\vec{F}=q\vec{E}$ を受けると考えます (図 19.2)．

単に静止した電荷同士に働く力を考えるだけなら電場のようなものを導入する必要はなく，直接に力が働く (遠隔相互作用) と考えて事足ります．その場合，電場は実体の伴わない単なる便宜上のものに過ぎません．しかし電場や磁場 (→ 第 23 章) の存在なくして電磁波の存在は理解できません (→ 第 25 章)．電場や磁場が物理的な実体を伴うものだという理解が重要です．

電場の様子を表す便利な道具として，**電気力線**があります．電気力線は各地点の電場の向きに沿った直線や曲線で表されます．そして，電場の強さをその数密度で表します．つまり，各地点の電場の向きに垂直な面を考え，その面を通過する電気力線の本数で電場の強さを表現します．この電気力線を用いることで電場の分布を視覚的に捉えることができ，大変便利です．ただし，あくまで表現のための道具であり，物理的な実体として電気力線が存在しているわけではないことに注意しましょう．

19.2 クーロンの法則とガウスの法則

与えられた電荷分布が作る電場を求めるにはクーロンの法則かガウスの法則を用います．

$$\vec{E}(\vec{r})=\frac{1}{4\pi\varepsilon_0}\frac{Q}{|\vec{r}|^2}\cdot\underbrace{\frac{\vec{r}}{|\vec{r}|}}_{\text{単位ベクトル}} \quad \underset{\text{等価}}{\overset{\text{静電場では}}{\Longleftrightarrow}} \quad \int_{\text{ガウス面}}\vec{E}\cdot d\vec{S}=\frac{Q_{\text{内部}}}{\varepsilon_0}$$

クーロンの法則から電場を求めた式　　　　ガウスの法則

ガウスの法則はクーロンの法則よりも本質的な法則といえますが，静電場の場合，両者は等価です．

クーロンの法則は点電荷が作る電場を表します．しかし，連続的な電荷分布であっても，それを微小な点電荷の集まりとみなすことで，クーロンの法則を適用することができます．ガウスの法則は対称性が高い電荷分布の作る電場を計算するときに非常に有用な法則です．

19.3 ガウスの法則の意味

$$\textbf{ガウスの法則}：\int_{\text{ガウス面}} \vec{E}\cdot \mathrm{d}\vec{S} = \frac{Q_{\text{内部}}}{\varepsilon_0}$$

まず $\mathrm{d}\vec{S}$ (微小な面ベクトル) の意味から確認しましょう．“面”もベクトルになれます．面ベクトルとは，大きさがその面の面積に等しく，向きがその面に垂直な向き[注1]のベクトルのことです．そして面積を微小にした面ベクトルが $\mathrm{d}\vec{S}$ です．

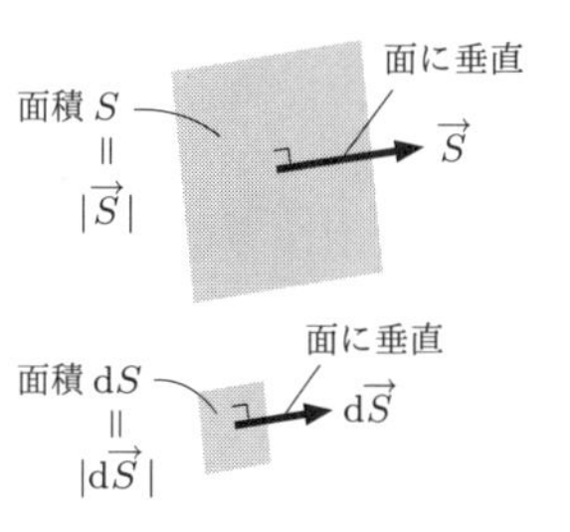

図 19.3

注 1　ガウスの法則では面ベクトルの正の向きを閉曲面であるガウス面の内から外へ向く向きと定めます．

さて，電荷 Q を仮想的な閉曲面で (適当に) 覆います (図 19.4)．この面を**ガウス面**と呼びます．

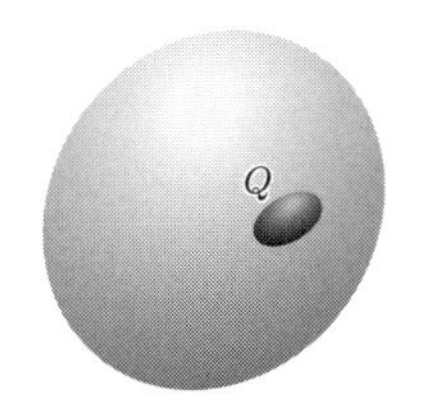

図 19.4

ガウス面をメッシュ状に小さな面 $(\Delta\vec{S}_i)$ の集合で近似します (図 19.5)．

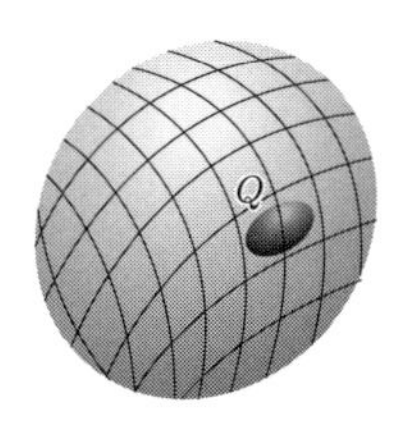

図 19.5[注2]

注 2　各面は平らなので正確には多面体です．

各面上に電場 $\vec{E}_i$ が存在します．各面で内積 $\vec{E}_i\cdot\Delta\vec{S}_i$ を計算し，$\vec{E}_i\cdot\Delta\vec{S}_i$ をすべての面で足し上げます $(\sum_i \vec{E}_i\cdot\Delta\vec{S}_i)$．

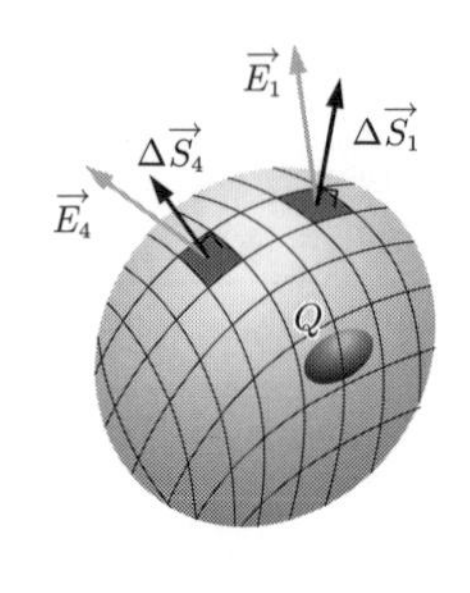

図 19.6

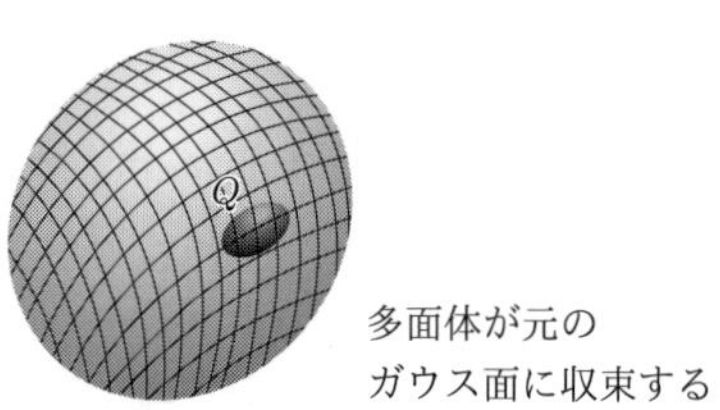

Q

多面体が元の
ガウス面に収束する

図 19.7

そして区画を細かく無限小にとる極限を考えます.

$$\sum_i \vec{E}_i \cdot \Delta\vec{S}_i \xrightarrow[|\Delta\vec{S}_i|\to 0]{\text{区画を無限小に細かくする}} \int_{\text{ガウス面}} \vec{E}\cdot \mathrm{d}\vec{S}$$

図 19.8

すると不思議なことに，どのようにガウス面を設定しても次式が成立します.

$$\int_{\text{ガウス面}} \vec{E}\cdot \mathrm{d}\vec{S} = \frac{Q}{\varepsilon_0}$$

ちなみに図 19.9 のように電荷の一部をガウス面内に含むときは，ガウス面の内部にある電荷だけを右辺に含みます.

$$\int_{\text{ガウス面}} \vec{E}\cdot \mathrm{d}\vec{S} = \frac{Q_{\text{内部}}}{\varepsilon_0} \tag{19.1}$$

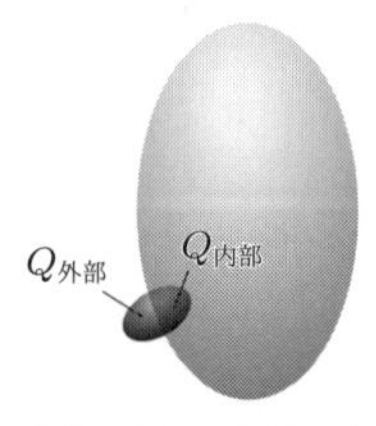

$(Q = Q_{\text{内部}} + Q_{\text{外部}})$

図 19.9

19.4 ガウスの法則の使い方

ガウスの法則から電場を求めるときにはまず，電荷分布から電場の形を予想します．電場は電荷分布と同じ対称性を持っています .

例) 電荷分布が左右対称なら電場も左右対称

∴ 左右を反転させたとき (電荷分布は不変) 電場が異なれば，同じ電荷分布から複数の電場が生じることになり，おかしい.

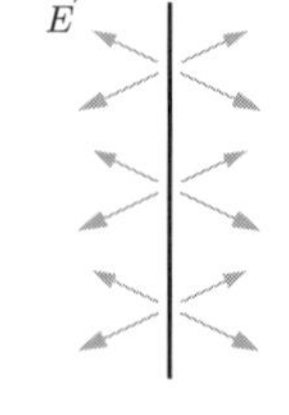

図 19.10

無限に長い直線電荷

電場の向き $\Longrightarrow$ 電荷に垂直で放射状

電場の大きさ $\Longrightarrow$ 電荷からの距離だけで決まる

その他，無限に広い平面電荷や球殻電荷ではそれぞれ図 19.11，図 19.12 のようになると予想できます.

次にガウス面を設定します．予想した電場の形に対し $\int \vec{E}\cdot \mathrm{d}\vec{S}$ が計算しやすいように設定します．無限に長い直線電荷の場合はガウス面を円柱にとります (図 19.13).

そうすることでガウス面の側面では

① $\vec{E}$ と $\mathrm{d}\vec{S}$ が常に平行

② 電場の大きさは常に一定

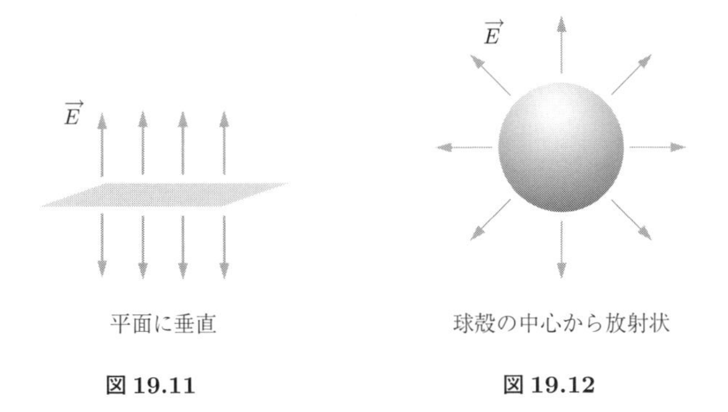

平面に垂直　　　球殻の中心から放射状

図 19.11　　**図 19.12**

となります (図 19.14).

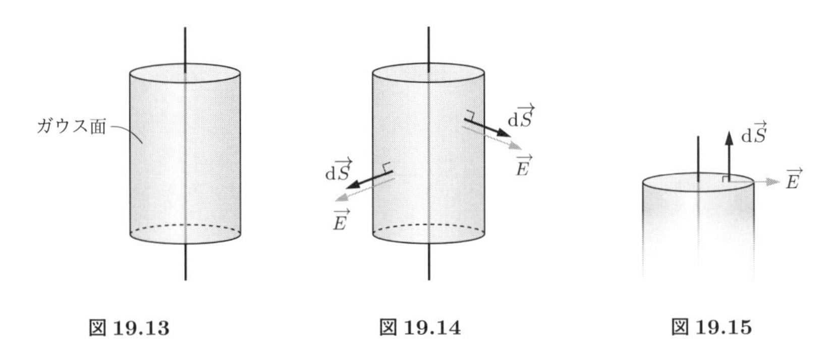

図 19.13　　**図 19.14**　　**図 19.15**

他方，ガウス面の上下面では $\vec{E}$ と $\mathrm{d}\vec{S}$ が常に垂直になります (図 19.15).

そして最後に，設定したガウス面を用いてガウスの法則を適用します.

単位長さ当たりの電荷 (**線電荷密度**) を ρ とします [注3]. ガウス面を半径 r，高さ l の円柱とします (図 19.16).

$$\text{式 (19.1) の右辺} \to \frac{Q_{\text{内部}}}{\varepsilon_0} = \frac{\rho l}{\varepsilon_0}$$

$$\text{式 (19.1) の左辺} \to \int_{\text{ガウス面}} \vec{E}\cdot\mathrm{d}\vec{S} = \int_{\text{側面}} \vec{E}\cdot\mathrm{d}\vec{S} + \underbrace{\int_{\text{上下面}} \vec{E}\cdot\mathrm{d}\vec{S}}_{=0\ \text{注 4}}$$

$$\stackrel{\text{注 5}}{=} \int_{\text{側面}} E(r)\,\mathrm{d}S \qquad (r=|\vec{r}|)$$

$$\stackrel{\text{注 6}}{=} E(r) \underbrace{\int_{\text{側面}} \mathrm{d}S}_{\text{円柱の側面積}} = E(r)2\pi r l$$

注 3　なお，単位面積当たりの電荷を面電荷密度，単位体積当たりの電荷を体積電荷密度あるいは単に電荷密度といいます.

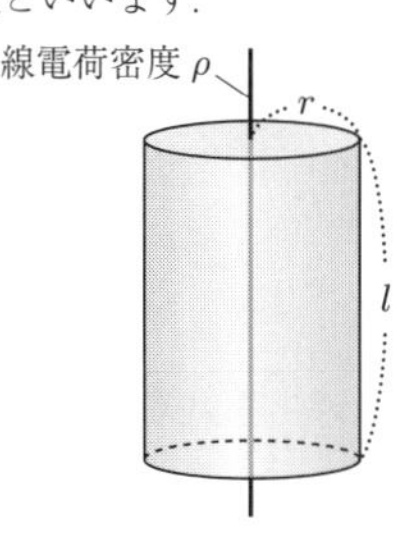

図 19.16

注 4　$\because$ 上下面では $\vec{E} \perp \mathrm{d}\vec{S}$

注 5　側面では $\vec{E}(\vec{r}) \parallel \mathrm{d}\vec{S}$ ($\parallel$ は平行の意味)

注 6　側面上で $E(r)$ は定数

注 7　半径 r は任意の正の値をとれるので，直線電荷から任意の距離での電場の大きさがわかったことになります．

$$\therefore\ E(r) = \frac{\rho}{2\pi\varepsilon_0 r}$$ 注 7

よって $\vec{E}(\vec{r})$ は大きさが $\dfrac{\rho}{2\pi\varepsilon_0 r}$ で，直線電荷に垂直で放射状の向きのベクトルとなります．

ガウスの法則からは電場の大きさしか求まりません．“電場を求めよ”という問いは“電場ベクトルを求めよ”という意味なので，ガウスの法則から求めた電場の大きさと最初に予想した電場の向きとを併せて答えます．

クーロンの法則からも同じ結果を導けますが，ガウスの法則からの方が圧倒的に簡単です．

試金石問題

19.1 本文にあるようにガウスの法則を用いて無限に長い直線電荷の作る電場を容易に計算できる．しかし有限の長さの線分電荷では上手くいかない．なぜか．

19.2 無限に広い平面電荷 (面電荷密度 σ) が作る電場 $\vec{E}$ をクーロンの法則から次の手順で求めよう．

(1) 半径 r の円環が自身に垂直な中心軸上の点 P に作る電場 $\vec{E}_0(z)$ を求めよ．円環の中心から点 P までの距離を z，円環の線電荷密度を ρ とする．

(2) $\vec{E}_0(z)$ を積分して，半径 R，面密度 σ の円盤が自身に垂直な中心軸上に作る電場 $\vec{E}_R(z)$ を求めよ．

(3) $R \to \infty$ (ただし σ は一定) の極限での $\vec{E}_R(z)$ を求めよ．ちなみに $R \to 0$ (ただし全電荷が Q で一定) ではどうか．

19.3 前問における電場 $\vec{E}$ をガウスの法則から求めよ．

19.4 次の球対称な電荷分布 (系) について中心からの距離を r として電場 $\vec{E}(r)$ をガウスの法則から求めよ (ただし (1), (2) については球殻上の電場は考えなくてよい)．

(1) 半径 R の球殻に一様に電荷 Q が帯電している系

(2) 半径 R_1 と R_2 の同心球殻にそれぞれ一様に電荷 Q_1 と Q_2 が帯電している系 ($R_1 < R_2$)

(3) 半径 R の球内に一様に電荷 Q が帯電している系

(4) 電荷分布が電荷密度 $\rho(r)$ で表される系

試験前チェック

- □ 電荷の周りに生じる電場とその性質について説明することができる．
- □ 電荷が電場から受ける力を表す式を書き下すことができる．

$$\vec{F} = q\vec{E}$$

- □ クーロンの法則を説明することができる．
- □ ガウスの法則を式で表し，その意味を説明することができる．

$$\int_{\text{ガウス面}} \vec{E} \cdot \mathrm{d}\vec{S} = \frac{Q_{\text{内部}}}{\varepsilon_0}$$

- □ ガウスの法則を用いて電場を求めることができる．

20 微分形のガウスの法則

前章では，積分形のガウスの法則について解説しました．今回は微分形のガウスの法則についてみていきます．

まとめ

- 積分形のガウスの法則：$\displaystyle\int_{\text{ガウス面}} \vec{E}\cdot \mathrm{d}\vec{S} = \frac{Q_{\text{内部}}}{\varepsilon_0}$
- 微分形のガウスの法則：$\displaystyle\vec{\nabla}\cdot\vec{E} = \frac{\rho}{\varepsilon_0}$

積分形のガウスの法則を用いる際は，ある程度広がった空間を扱うため，イメージしやすく実用的で便利です．しかし，局所的に「ある1点」での電場と電荷の関係を扱う場合には微分形のガウスの法則が役に立ちます．また，微分形のガウスの法則の理解はベクトル解析における"発散"のイメージをつかむ助けにもなります．

20.1 電束

ここで，微分形のガウスの法則を導出するための準備として，**電束** Φ_E を定義します．実はこれはすでに積分形のガウスの法則でも用いていたものです (→第19章)．平らな面上に一様に電場が存在している場合，電束は次式で与えられます．

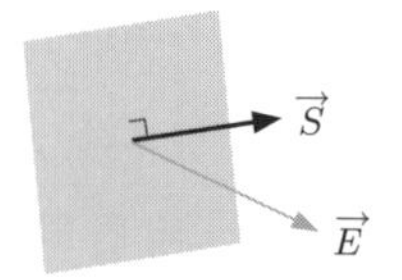

$\vec{E}$：電場ベクトル
$\vec{S}$：面ベクトル

図 20.1

$$\Phi_E \equiv \vec{E}\cdot\vec{S}$$

より一般的に，曲面上に一様ではない電場が存在する場合には，電束は次式のように積分の形で与えられます．

$$\Phi_E \equiv \int_S \vec{E}\cdot d\vec{S}$$

これはまさに積分形のガウスの法則の左辺と同じものです．

一例として，閉曲面として立方体を取り，その表面上の電束を計算してみましょう．ここで，立方体 (一般的には閉曲面) の内から外向きを面ベクトルの正の向きとします．

たとえば図 20.2 のように一様な電場中に立方体を置いた場合，立方体の表面上にあり立方体に対し外向きの電場による電束と内向きの電場による電束がちょうど打ち消すことになるため，全体として電束は 0 となります．

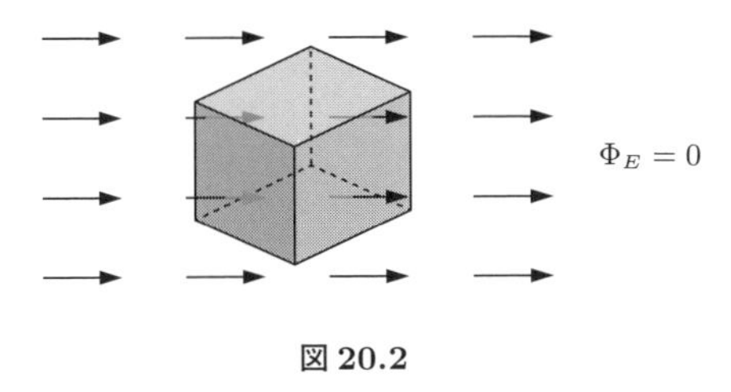

図 20.2

また，図 20.3 の状況の場合は，外向きの電場による電束しかないので，全体の電束は正の値をとります．

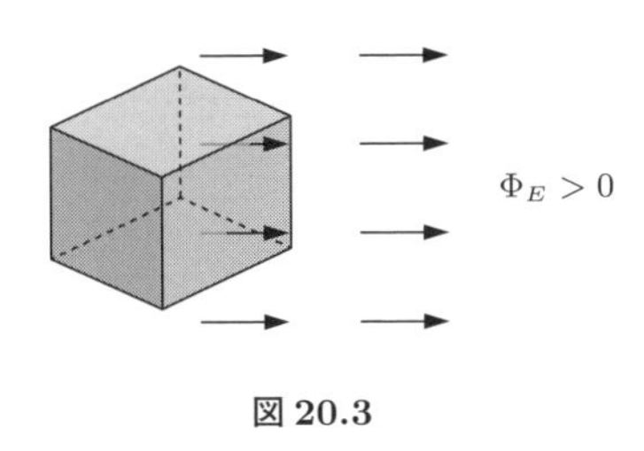

図 20.3

20.2 ガウスの定理

微分形のガウスの法則を導くために，**ガウスの定理** (ガウスの法則とは違うものです) を押さえておきましょう．簡単のため立方体の各辺が座標軸に平行になるように立方体を配置し，立方体の中心の座標を (x, y, z) とします (図 20.4)．立方体の表面全体の電束はどうなるでしょうか．

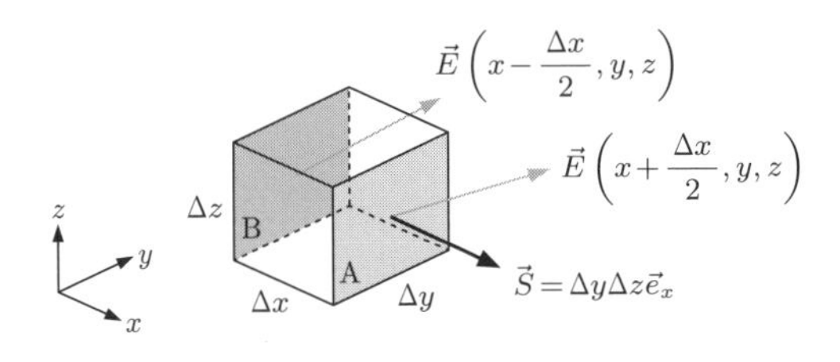

図 20.4

A 面上の電束：

$$\vec{E}\left(x+\frac{\Delta x}{2}, y, z\right) \cdot \vec{S} \overset{\text{注1}}{=} E_x\left(x+\frac{\Delta x}{2}, y, z\right) \Delta y \Delta z$$

B 面上の電束：

$$\vec{E}\left(x-\frac{\Delta x}{2}, y, z\right) \cdot (-\vec{S}) = -E_x\left(x-\frac{\Delta x}{2}, y, z\right) \Delta y \Delta z$$

A 面上と B 面上の電束の和：

$$E_x\left(x+\frac{\Delta x}{2}, y, z\right) \Delta y \Delta z - E_x\left(x-\frac{\Delta x}{2}, y, z\right) \Delta y \Delta z$$

注 1　$\vec{S}$ が x 方向のベクトルなので，内積を計算すると E_x のみが残ります．

注 2　分子を $\Delta_x E_x$ と書くことにします．

注 3　$\Delta V = \Delta x \Delta y \Delta z$

$$= \frac{E_x\left(x+\frac{\Delta x}{2}, y, z\right) - E_x\left(x-\frac{\Delta x}{2}, y, z\right)}{\Delta x}\Delta x\Delta y\Delta z$$

$$= \frac{\Delta_x E_x}{\Delta x}\Delta V \quad \text{注 2,3}$$

他の 4 面上の電束も同様に計算できるので，6 面すべての電束の和は

$$\left(\frac{\Delta_x E_x}{\Delta x} + \frac{\Delta_y E_y}{\Delta y} + \frac{\Delta_z E_z}{\Delta z}\right)\Delta V$$

となります．それでは次に，この立方体を N 個寄せ集め，1 つの立体 V を形成することを考えます．すると，N 個の立方体上の電束の総和は次式となります．

$$\sum_{i=1}^{N}\left(\frac{\Delta_x E_x}{\Delta x} + \frac{\Delta_y E_y}{\Delta y} + \frac{\Delta_z E_z}{\Delta z}\right)\Delta V \tag{20.1}$$

ここで，立体 V の表面を S とします．すると，なんと式 (20.1) は S 上の電束の総和に一致します．

注 4　N' は立体 V の表面を構成する面の数

$$\sum_{i=1}^{N}\left(\frac{\Delta_x E_x}{\Delta x} + \frac{\Delta_y E_y}{\Delta y} + \frac{\Delta_z E_z}{\Delta z}\right)\Delta V = \sum_{i=1}^{N'}\vec{E}\cdot\Delta\vec{S} \quad \text{注 4} \tag{20.2}$$

なぜでしょうか．それは，隣り合う立方体の接合部で，接合面の 2 つの面ベクトルが互いに逆向きで大きさが等しい関係になるため，接合面上の電束が互いに相殺するからです．

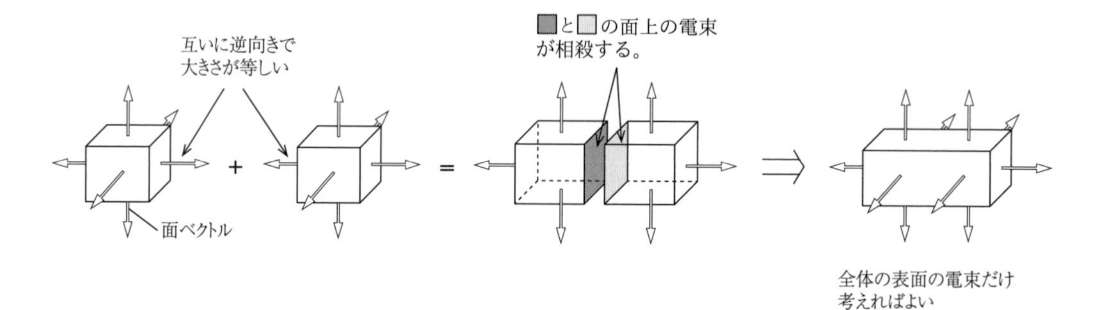

図 20.5

つまり，接合部の 2 つの面をそれぞれ A, B とすると，

$$\Phi_{\mathrm{A}} + \Phi_{\mathrm{B}} = \vec{E}\cdot\vec{S}_{\mathrm{A}} + \vec{E}\cdot\vec{S}_{\mathrm{B}} = \vec{E}\cdot(\vec{S}_{\mathrm{A}} + \vec{S}_{\mathrm{B}}) = 0$$

さらに，立体 V の形・大きさはそのままに保ちながら，それを構成する立方体の大きさを無限小にする極限をとると，

$$\frac{\Delta_x E_x}{\Delta x} \to \frac{\partial E_x}{\partial x}, \quad \frac{\Delta_y E_y}{\Delta y} \to \frac{\partial E_y}{\partial y}, \quad \frac{\Delta_z E_z}{\Delta z} \to \frac{\partial E_z}{\partial z}$$

$$\Delta V\ (= \Delta x\Delta y\Delta z)\ \to\ \mathrm{d}V\ (= \mathrm{d}x\mathrm{d}y\mathrm{d}z)$$

となり，式 (20.2) は次式になります．

$$\int_V \left(\frac{\partial E_x}{\partial x} + \frac{\partial E_y}{\partial y} + \frac{\partial E_z}{\partial z} \right) \mathrm{d}V = \int_S \vec{E} \cdot \mathrm{d}\vec{S}$$

これが**ガウスの定理**です．$\vec{\nabla}$ (**ナブラ**) という記号を用いると，次式のように簡潔に表現できます．

$$\int_V \vec{\nabla} \cdot \vec{E} \, \mathrm{d}V = \int_S \vec{E} \cdot \mathrm{d}\vec{S} \tag{20.3}$$

$\vec{\nabla}$ は偏微分を成分にもつベクトルです．

$$\vec{\nabla} \equiv \vec{e}_x \frac{\partial}{\partial x} + \vec{e}_y \frac{\partial}{\partial y} + \vec{e}_z \frac{\partial}{\partial z} = \left(\frac{\partial}{\partial x}, \frac{\partial}{\partial y}, \frac{\partial}{\partial z} \right)$$ 注 5

注 5　異なる表記ですが同じ意味です．

$\vec{\nabla}$ と任意のベクトル場 $\vec{A}(x, y, z)$ との内積

$$\vec{\nabla} \cdot \vec{A} = \frac{\partial A_x}{\partial x} + \frac{\partial A_y}{\partial y} + \frac{\partial A_z}{\partial z}$$

を $\vec{A}$ の**発散**といいます．$\vec{\nabla} \cdot \vec{A}$ を $\mathrm{div}\,\vec{A}$ (**ダイバージェンス・エー**) と書くこともあります．

ガウスの定理より，$\vec{E}$ の発散の積分はその領域の表面上の電束になります．このことから"発散"の意味がみえてきます．発散が正の値のときは，その場所から概ね外向きに電場が生じているということであり，その値が大きいほど外向きに強い電場が生じている傾向が強くなります．逆に発散が負の値のときは内向きということです．これより，発散をベクトル場が"湧き出す"イメージで捉えることができます．

他にも，$\vec{\nabla}$ をスカラー関数 $\varphi(\vec{r})$ に作用させた $\vec{\nabla}\varphi$ を φ の**勾配**といいます (→ 第 21 章)．$\vec{\nabla}\varphi$ を $\mathrm{grad}\,\varphi$ (**グラディエント・ファイ**) と書くこともあります．また，$\vec{\nabla} \times \vec{A}$ を $\vec{A}$ の**回転**といいます (→ 第 24 章)．$\vec{\nabla} \times \vec{A}$ を $\mathrm{rot}\,\vec{A}$ (**ローテーション・エー**) と書くこともあります．

20.3 微分形のガウスの法則

それでは式 (20.3) を用いて微分形のガウスの法則を導いていきます．立体 V を電荷 $\mathrm{d}Q$ を持つ体積 $\mathrm{d}V$ の微小部分に区切ると，単位体積当たりの電荷量である**電荷密度** $\rho(x, y, z)$ を用い，$\mathrm{d}Q = \rho \mathrm{d}V$ の関係が成り立ちます．すると，V 内の全電荷量 Q は次のように表せます．

$$Q = \int \mathrm{d}Q = \int_V \rho \, \mathrm{d}V \tag{20.4}$$

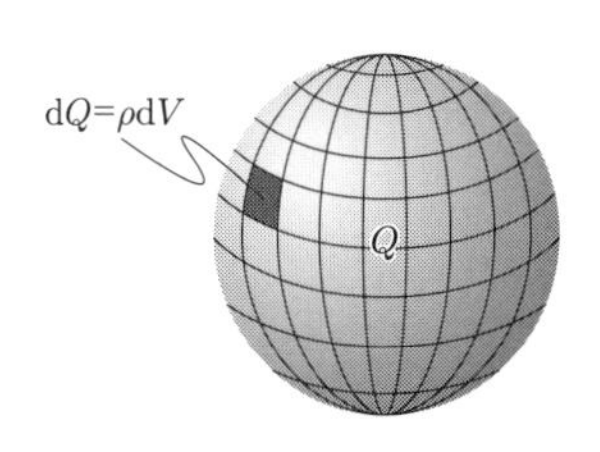

図 20.6

積分形のガウスの法則の左辺に式 (20.3)，右辺に式 (20.4) を代入すると次式を得ます．

$$\int_V \vec{\nabla} \cdot \vec{E} \, \mathrm{d}V = \frac{1}{\varepsilon_0} \int_V \rho \, \mathrm{d}V \tag{20.5}$$

元々積分形のガウスの法則はどのように積分領域 V をとっても成り立つものでした．したがって式 (20.5) も V によらず等号が成り立ちます．このことから，式 (20.5) は被積分関数同士が等しくなければならないことがわかります．

$$\vec{\nabla} \cdot \vec{E} = \frac{\rho}{\varepsilon_0}$$

これが**微分形のガウスの法則**です．

試験前チェック

- □ 電束の定義を式で表し，電束とは何かを説明することができる．

$$\Phi_E \equiv \int_S \vec{E} \cdot d\vec{S}$$

- □ 微分形のガウスの法則を式で表すことができる．

$$\vec{\nabla} \cdot \vec{E} = \frac{\rho}{\varepsilon_0}$$

21 電位と勾配

まとめ

電場 $\vec{E}$ を求める際，直接計算するよりも先に電位 V を求めて $E = -\vec{\nabla}V$ を計算する方が容易な場合がある．

21.1 保存力復習

クーロン力は**保存力**です．保存力とはその力の下で物体を動かすときの仕事が動かす経路によらない力のことでした．そして保存力であれば位置エネルギー（= ポテンシャルエネルギー）$U(\vec{r})$ が存在し，物体を移動させるのに必要な仕事の分だけ位置エネルギーが変化します．

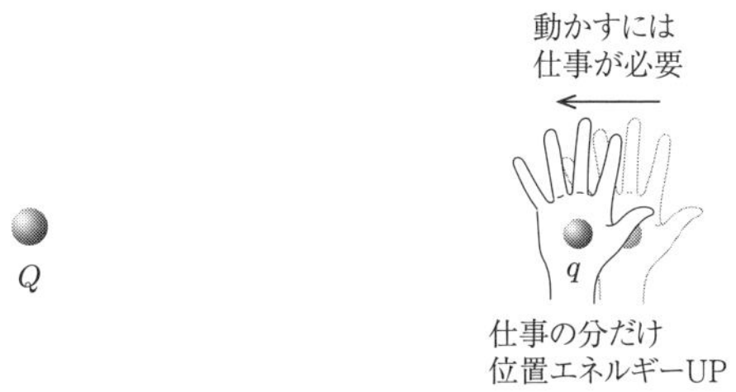

動かすには
仕事が必要
Q
q
仕事の分だけ
位置エネルギーUP

図 21.1

その位置エネルギーの微小変化は次のようになります．

$$\mathrm{d}U = \mathrm{d}W_{\text{手}} = \vec{F}_{\text{手}} \cdot \mathrm{d}\vec{r} = -q\vec{E} \cdot \mathrm{d}\vec{r}$$

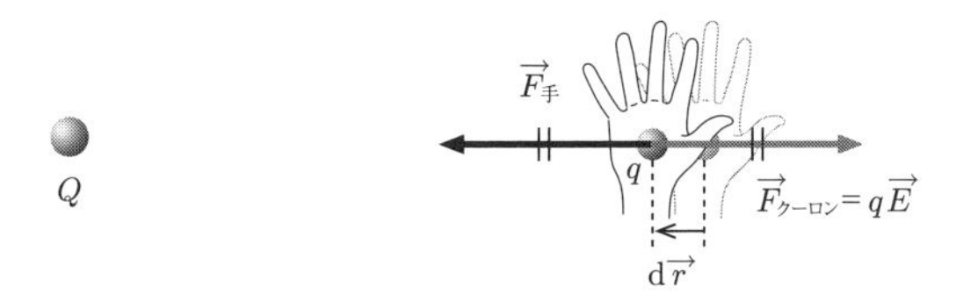

図 21.2

始点 $\vec{r}_\mathrm{i}$ から終点 $\vec{r}_\mathrm{f}$ まで積分することで，位置エネルギーの変化が得られます．

$$\Delta U = U_\mathrm{f} - U_\mathrm{i} = -q\int_\mathrm{i}^\mathrm{f} \vec{E}(\vec{r}) \cdot \mathrm{d}\vec{r} \quad \text{注 1}$$

注 1　i：initial（最初），f：final（最後）

U_f は $U(\vec{r}_\mathrm{f})$，$\int_\mathrm{i}^\mathrm{f} \cdots \mathrm{d}\vec{r}$ は $\int_{\vec{r}_\mathrm{i}}^{\vec{r}_\mathrm{f}} \cdots \mathrm{d}\vec{r}$ の意味です．

21.2 電位

単位電荷当たりに働く電気力 (クーロン力) が電場でした ($\vec{E}=\vec{F}/q$). 同様に単位電荷当たりの電気的な位置エネルギーが**電位** ($V=U/q$) なので,

$$\Delta V = V_{\mathrm{f}} - V_{\mathrm{i}} = -\int_{\mathrm{i}}^{\mathrm{f}} \vec{E}(\vec{r})\cdot \mathrm{d}\vec{r} \tag{21.1}$$

となります. 点電荷の場合は,

$$\Delta V = -\int_{\mathrm{i}}^{\mathrm{f}} \frac{Q}{4\pi\varepsilon_0}\frac{\vec{r}}{r^3}\cdot \mathrm{d}\vec{r} \quad ^{\text{注 2}}$$

$$\overset{\text{注 3}}{=} -\frac{Q}{4\pi\varepsilon_0}\int_{r_{\mathrm{i}}}^{r_{\mathrm{f}}} \frac{\mathrm{d}r}{r^2} = \frac{Q}{4\pi\varepsilon_0}\left(\frac{1}{r_{\mathrm{f}}} - \frac{1}{r_{\mathrm{i}}}\right) \tag{21.2}$$

となり, ΔV は始点と終点それぞれの電荷 Q からの距離 r_{i} と r_{f} だけで決まり, 途中の経路に依りません [注 4].

注 2　$r \equiv |\vec{r}|$ とします.

注 3　$\vec{r}\cdot \mathrm{d}\vec{r} = \frac{1}{2}\mathrm{d}(\vec{r}\cdot\vec{r}) = \frac{1}{2}\mathrm{d}(r^2) = r\mathrm{d}r$

注 4　つまり保存力だということです.

適当な地点 $\vec{r}_{\mathrm{O}}$ を位置エネルギーの基準点に取る ($V_{\mathrm{i}} = V(\vec{r}_{\mathrm{O}}) = 0$) ことで, 電位 $V(\vec{r})$ が定まります.

$$V(\vec{r}) = -\int_{\vec{r}_{\mathrm{O}}}^{\vec{r}} \vec{E}(\vec{r'})\cdot \mathrm{d}\vec{r'} \tag{21.3}$$

孤立した電荷分布では無限遠方を位置エネルギーの基準にとる ($r_{\mathrm{O}}=\infty$) のが簡明です. 点電荷の場合は式 (21.2) より次式となります.

$$V_{\text{点電荷}}(r) = \frac{1}{4\pi\varepsilon_0}\frac{Q}{r}$$

任意の電荷分布が作る電位は, それを点電荷の集まりと考え, それぞれの点電荷の作る電位の和として計算することができます.

21.3 勾配

$\vec{\nabla}$ (ナブラ) は偏微分を成分にもつベクトルのことでした (→ 第 20 章).

$$\vec{\nabla} \equiv \vec{e}_x\frac{\partial}{\partial x} + \vec{e}_y\frac{\partial}{\partial y} + \vec{e}_z\frac{\partial}{\partial z} = \left(\frac{\partial}{\partial x}, \frac{\partial}{\partial y}, \frac{\partial}{\partial z}\right)$$

この $\vec{\nabla}$ をスカラー関数に作用させたものは, その関数の**勾配**と呼ばれます. ちなみに, 関数に作用させるこのような記号を**演算子**といいます. 四則演算の記号と同じで, たとえば $+$ や $\times$ はそれぞれ「足し算しなさい」「掛け算しなさい」という演算を指示しています. $\vec{\nabla}$ は「偏微分しなさい」と指示する演算子になります. 演算子と関数の順番には意味があり, 演算子が関数の左側にある場合は演算し, 演算子が関数の右側にある場合は演算しないというルールになっているので注意しましょう [注 5].

注 5　したがって演算子と関数の順番を変えてはいけません.

それでは式 (21.3) の電位 $V(\vec{r})$ に $\vec{\nabla}$ を作用させてみましょう．成分ごとに計算するのがポイントです．

$$\begin{aligned}
\left(\vec{\nabla}V(\vec{r})\right)_x &= -\frac{\partial}{\partial x}\int_{\vec{r}_\mathrm{O}}^{\vec{r}} \vec{E}(\vec{r'})\cdot \mathrm{d}\vec{r'} \\
&= -\lim_{h\to 0}\left(\int_{\vec{r}_\mathrm{O}}^{\vec{r}+h\vec{e}_x} \vec{E}(\vec{r'})\cdot \mathrm{d}\vec{r'} - \int_{\vec{r}_\mathrm{O}}^{\vec{r}} \vec{E}(\vec{r'})\cdot \mathrm{d}\vec{r'}\right)/h \\
&= -\lim_{h\to 0}\int_{\vec{r}}^{\vec{r}+h\vec{e}_x} \vec{E}(\vec{r'})\cdot \mathrm{d}\vec{r'}/h \quad \text{注 6} \\
&\overset{\text{注 7}}{=} -\lim_{h\to 0}\int_{x}^{x+h} E_x(x',y',z')\,\mathrm{d}x'/h = -E_x(\vec{r})
\end{aligned}$$

注 6 $\because \dfrac{\partial f(x,y,z)}{\partial x} = \lim_{h\to 0}\dfrac{f(x+h,y,z)-f(x,y,z)}{h}$

注 7 積分経路が x 方向のみなので $\mathrm{d}\vec{r'} = \mathrm{d}x\vec{e}_x$ $(\mathrm{d}y' = \mathrm{d}z' = 0)$

y, z 成分についてもまったく同様に，

$$\left(\vec{\nabla}V(\vec{r})\right)_y = -E_y(\vec{r}), \quad \left(\vec{\nabla}V(\vec{r})\right)_z = -E_z(\vec{r})$$

これら 3 式は $\vec{\nabla}V(\vec{r}) = -\vec{E}(\vec{r})$ とまとめられます．

$$\therefore\ \vec{E}(\vec{r}) = -\vec{\nabla}V(\vec{r}) \tag{21.4}$$

このように，電位がわかればその勾配を計算することで電場が求まります．$V(\vec{r})$ はスカラーで，$\vec{\nabla}V(\vec{r})$ はベクトルになります．

勾配は関数が作る傾斜に沿って“真っ直ぐ”に登る方向を向きます．勾配の 1 次元版は図 21.3 のように単に関数の傾きとなります．

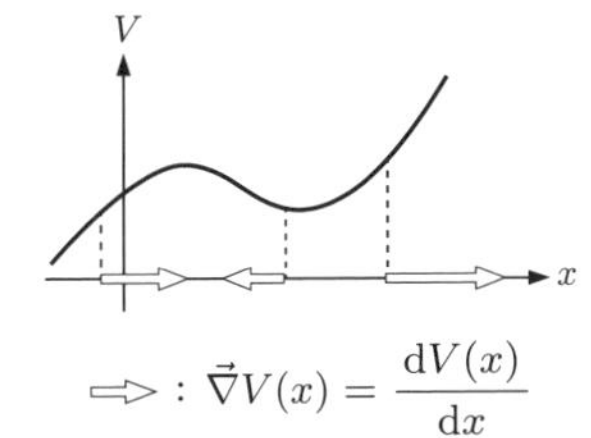

図 21.3

2 次元になると勾配の意味がよりわかってきます．図 21.4 のように電位があるとすると，その勾配は斜面を最大の傾斜で登る向きです．勾配と等電位線は直交します (図 21.5)．

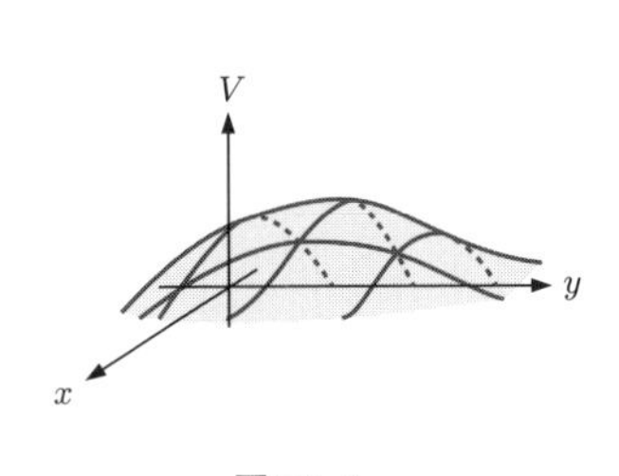

図 21.4

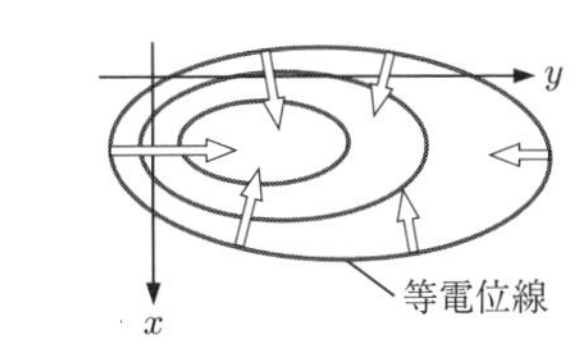

図 21.5

3 次元になると少しイメージしづらいですが図 21.6 のようになります．電場と等電位面は直交します．

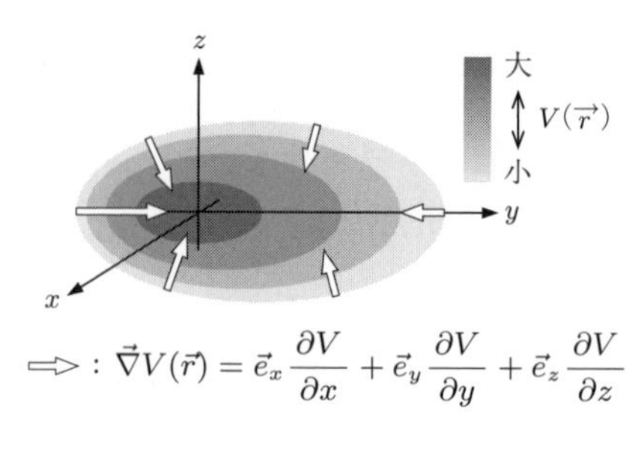

図 21.6

21.4 電位から電場を求める

電場はベクトル (3 成分)，電位はスカラー (ただの数) なので，電場よりも電位を求める方が単純に考えて 3 倍簡単です．電位が求まれば式 (21.4) から電場が求まります．したがって電荷分布によっては直接電場を求めるよりも電位を経由して電場を求める方が簡単な場合があります．例として電気双極子について考えてみましょう．図 21.7 のように $\pm q$ の電荷が距離 d を隔てて置かれているとき，十分遠方に位置する点 P の電場を求めてみます．

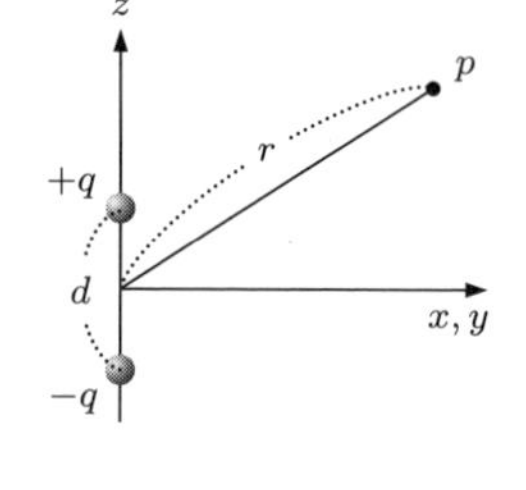

図 21.7

まず先に電位を求めます．$r = \sqrt{x^2 + y^2 + z^2}$ に注意して，

$$V(\vec{r}) = \frac{q}{4\pi\varepsilon_0}\left(\frac{1}{\sqrt{x^2 + y^2 + \left(z - \frac{d}{2}\right)^2}} - \frac{1}{\sqrt{x^2 + y^2 + \left(z + \frac{d}{2}\right)^2}}\right)$$

$$= \frac{q}{4\pi\varepsilon_0}\frac{1}{r}\left(\left(1 - \frac{z}{r}\frac{d}{r} + \frac{1}{4}\left(\frac{d}{r}\right)^2\right)^{-\frac{1}{2}} - \left(1 + \frac{z}{r}\frac{d}{r} + \frac{1}{4}\left(\frac{d}{r}\right)^2\right)^{-\frac{1}{2}}\right)$$

となります．十分遠方なので $\frac{d}{r} \ll 1$，となります．つまり $\left(\frac{d}{r}\right)^2 \cong 0$ と近似します．

$$= \frac{q}{4\pi\varepsilon_0}\frac{1}{r}\left(\left(1 - \frac{zd}{r^2}\right)^{-\frac{1}{2}} - \left(1 + \frac{zd}{r^2}\right)^{-\frac{1}{2}}\right)$$

さらに，マクローリン展開から $|x| \ll 1$ のとき，

$$(1 + x)^\alpha \cong 1 + \alpha x$$

となるので，

$$V(\vec{r}) = \frac{q}{4\pi\varepsilon_0}\frac{zd}{r^3}$$

となります．続いて電場は，

$$\vec{E}(\vec{r}) = -\vec{\nabla}V(\vec{r}) = -\frac{qd}{4\pi\varepsilon_0}\left(\vec{e}_x\frac{\partial}{\partial x} + \vec{e}_y\frac{\partial}{\partial y} + \vec{e}_z\frac{\partial}{\partial z}\right)\frac{z}{r^3}$$

$$= -\frac{qd}{4\pi\varepsilon_0}\left(\vec{e}_x\frac{-3xz}{r^5} + \vec{e}_y\frac{-3yz}{r^5} + \vec{e}_z\left(\frac{1}{r^3} - \frac{-3z^2}{r^5}\right)\right)$$

$$= \frac{qd}{4\pi\varepsilon_0}\frac{3z\vec{r} - r^2\vec{e}_z}{r^5} = \frac{1}{4\pi\varepsilon_0}\frac{3(\vec{p}\cdot\vec{r})\vec{r} - r^2\vec{p}}{r^5} \quad \text{注 8}$$

直接電場を計算する場合と比べてみてください.

注 8 $\vec{r} = x\vec{e}_x + y\vec{e}_y + z\vec{e}_z$, $\vec{p} = qd\vec{e}_z$ (双極子モーメント) と置きました.

試金石問題

21.1 中心からの距離を r として次の系の電位 $V(r)$ を求めよ．ただし，無限遠方を電位の基準とする.

(1) 一様に帯電した半径 R, 全電荷 Q の球殻

(2) 一様に帯電した半径 R, 全電荷 Q の球

21.2 半径 a, 全電荷 Q の一様な円環がある．円環の中心を垂直に貫く軸上に生じる電場を，電位の勾配を計算することで求めよ.

試験前チェック

□ 電位の定義を式で表し，電位とは何かを説明することができる.

$$V(\vec{r}) = -\int_{\vec{r}_\mathrm{O}}^{\vec{r}} \vec{E}(\vec{r'})\cdot \mathrm{d}\vec{r'}$$

$\vec{r}_\mathrm{O}$ を位置エネルギーの基準点とする

□ 電場と電位の関係を説明することができる.

□ 電気双極子が作る電位と電場を求めることができる.

22 コンデンサー，抵抗，RC回路

まとめ

コンデンサーと抵抗からなる複雑な回路であっても**キルヒホッフの法則**を用いれば，電流や電圧が容易に計算できる．

22.1 コンデンサー

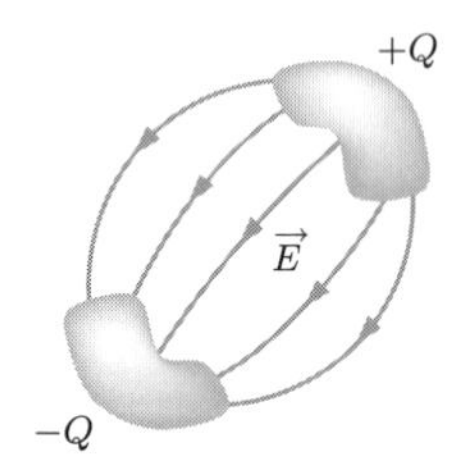

図 22.1

コンデンサーとは電荷 $\pm Q$ のペアが導体に蓄えられたものです．導体間の電位差を V とすると，Q と V には一般に比例関係が成り立ちます．

$$Q = CV$$

比例係数 C を**静電容量**といいます (→ 試金石問題 22.1)

Question V は一意に決まります (そうでなければ C の定義が曖昧になってしまいます)．下の積分は 2 つの電荷を結ぶどのような経路でも同じ値になります．なぜでしょう？

$$\Delta V = V_{\mathrm{f}} - V_{\mathrm{i}} = -\int_{\vec{r}_{\mathrm{i}}}^{\vec{r}_{\mathrm{f}}} \vec{E}(\vec{r}) \cdot \mathrm{d}\vec{r}$$

(第 21 章式 (21.1) 参照．)

Answer 導体の性質がカギです．導体に電荷を与えると電荷は導体内部に存在せず導体表面に分布します．電場は導体内部で $\vec{0}$，表面近傍では表面に垂直に生じます．その結果，導体表面は等電位となります．

図 22.2 のように導体表面上に地点 A，B，B′，A′ をとります．これらを順に通って一周する経路 ABB′A′A を考えます．ただし BB′ 間と A′A 間は導体表面上を通る任意の経路です．一周したときの電位の変化は 0 なので，

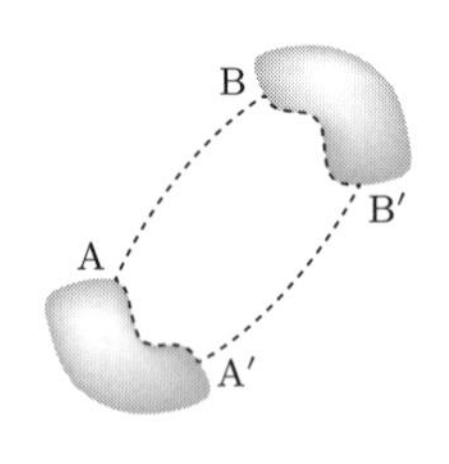

図 22.2

注 1 ∵ BB′ 間，AA′ 間は等電位

$$0 = \Delta V_{\mathrm{ABB'A'A}} = \Delta V_{\mathrm{AB}} + \underbrace{\Delta V_{\mathrm{BB'}}}_{=0\ \text{注 1}} + \Delta V_{\mathrm{B'A'}} + \underbrace{\Delta V_{\mathrm{A'A}}}_{=0\ \text{注 1}}$$

$$= \Delta V_{\mathrm{AB}} - \Delta V_{\mathrm{A'B'}}$$

$$\therefore\ \Delta V_{\mathrm{AB}} = \Delta V_{\mathrm{A'B'}}$$

したがってコンデンサーの電位差 V は一位に定まります．

22.2 抵抗と抵抗率

電気の流れにくさを表す**抵抗**は電気を流す材料の性質と形状に依存します．一般的に金属は電気をよく通し抵抗が小さいですが，断面積が小さかったり長い形状だと抵抗が大きくなります．電子の平均の速さを v，単位体積当たりの電子の数を n，導体の断面積を S，電子の電荷を e とすると，電流 I は $I = envS$ となります．導体内では $E = V/l$ の電場が生じ，電子には eV/l の力が働きます．図 22.3 のように電子は原子核と衝突しながら v で進むので，v に比例した抵抗力を受けていると考えられます．

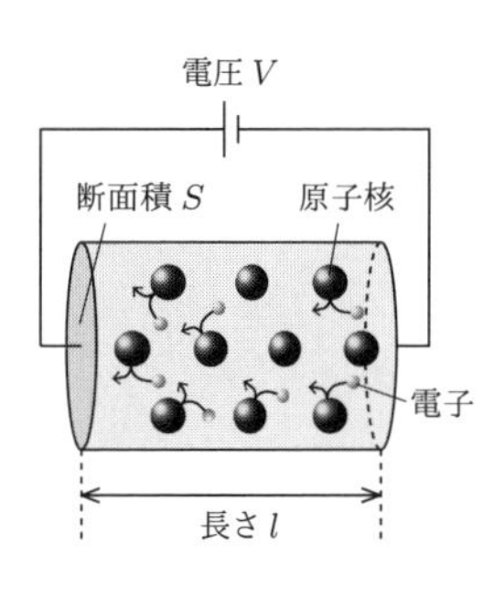

図 22.3 導体を流れる電子のイメージ

このような状況を式で表すと，k を比例係数とし，

$$e\frac{V}{l} = kv \qquad \therefore\ v = \frac{eV}{kl}$$

となります．よって導体内の電流は，

$$I = en\frac{eV}{kl}S = \frac{e^2nS}{kl}V$$

$R = \dfrac{kl}{e^2nS}$ とし，$\dfrac{k}{e^2n} = \rho$ とおくと，$R = \rho\dfrac{l}{S}$ となります．この ρ が**抵抗率**となります．S や l など形状に依存する物理量と区別されている点がポイントです．ゆえに，抵抗率は物性値としてよく用いられています．

22.3 キルヒホッフの法則

一般に，回路に流れる電流や，回路を構成するパーツ (抵抗やコンデンサ - など) にかかる電圧は**キルヒホッフの法則**から求めることができます．

(1) キルヒホッフの第一法則

$$\sum I_{\text{in}} = \sum I_{\text{out}}$$

電流が回路の中で増えたり減ったりすることはないので，$\sum I_{\text{in}} = \sum I_{\text{out}}$ が成り立ちます．電気量保存の法則に基づけば当たり前といえるでしょう．例えるなら交差点に進入する車の数と交差点から出る車の数は等しいことと類似しています．

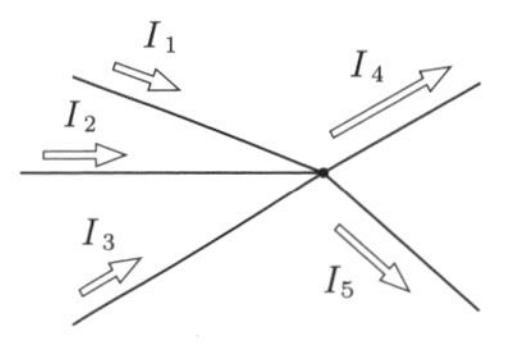

図 22.4

(2) キルヒホッフの第二法則

$$\sum_{i\,:\,\text{ループ}} \Delta V_i = 0$$

回路中のある地点から出発し回路を辿ると，回路内で電位が上がったり下がったりしますが，一周して出発地点に戻ってくると，電位も元の値に戻ることを表しています．なお，抵抗での電位は**オームの法則**に従って変化します．

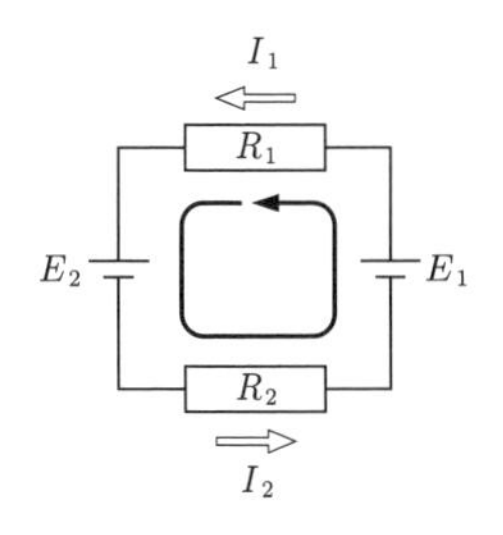

図 22.5

22.4 RC 回路

ここで**RC 回路**におけるコンデンサーの**充電**の様子をみてみましょう．RC 回路とは抵抗 R とコンデンサー C で構成された回路のことです．単純ですが，電子回路ではよく使われます．

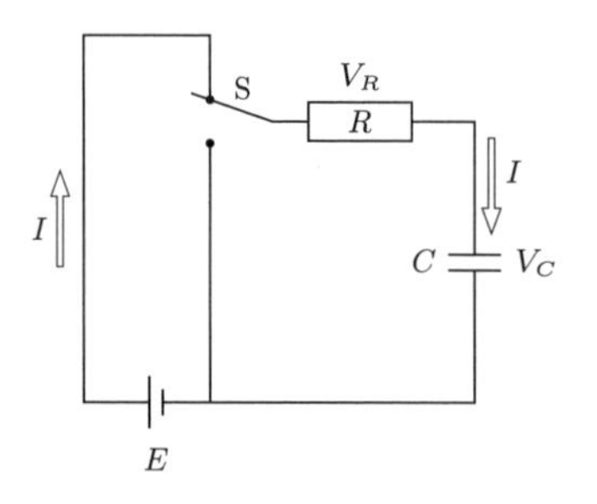

図 22.6

図 22.6 は充電時の RC 回路の図です (スイッチ S を下につなぐと放電になります)．時計回りに電流 I が流れ，コンデンサーの上電極板の電荷を Q とすると，電流は，

$$\frac{\mathrm{d}Q(t)}{\mathrm{d}t} = I(t)$$

と与えられます．キルヒホッフの第二法則より，

$$E = RI(t) + \frac{Q(t)}{C}$$

$$\frac{\mathrm{d}Q(t)}{\mathrm{d}t} = -\frac{1}{RC}(Q(t) - CE)$$

となります．これより，

$$\frac{\mathrm{d}Q}{Q - CE} = -\frac{1}{RC}\mathrm{d}t$$

となります．なお，簡単のため $Q(t)$ を Q と書きかえています．

$$\int_{Q_0}^{Q} \frac{\mathrm{d}Q'}{Q' - CE} = -\frac{1}{RC}\int_0^t \mathrm{d}t' \quad \text{注 2}$$

$$\ln\frac{Q - CE}{Q_0 - CE} = -\frac{1}{RC}t \quad \text{注 3}$$

$$Q(t) - CE = (Q_0 - CE)e^{-t/RC}$$

注 2　Q を Q'，t を t' と書きかえました．

注 3　$t' = 0$ のとき $Q' = Q_0$，$t' = t$ のとき $Q' = Q$ とし定積分しています．

時間が十分に経てば ($t \to \infty$) 充電が完了します．$Q(\infty) = Q_{\max}$ とし，充電前のコンデンサーには電荷がなかった，つまり $Q_0 = 0$ とすると，

$$Q(t) = Q_{\max}(1 - e^{-t/RC})$$

コンデンサーにおける $Q = CV$ の関係や，電流が電荷の時間微分で与えられることを用いると，V や I についても同様の式が得られます．

$$V_C(t) = V_{\max}(1 - e^{-t/RC})$$

$$I(t) = \frac{\mathrm{d}Q(t)}{\mathrm{d}t} = \frac{Q_{\max}}{RC}e^{-t/RC} = \frac{V_{\max}}{R}e^{-t/RC} = I_{\max}\,e^{-t/RC}$$

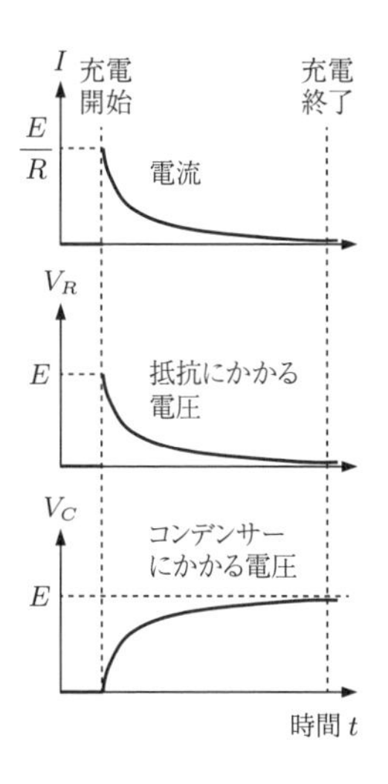

図 22.7

RC 回路における充電時の電荷，電流，電圧の変化をみてきました．放電時の場合でも同様の考え方で電荷などを求めることができます．また，式中の指数部分には R と C の積 RC が用いられています．これを**時定数**と呼び，τ (タウ) と表されることが多いです．

$$\tau = RC$$

電気回路の ON/OFF を切り替えてから定常状態に近づくまでには時間がかかります．時定数はその程度を表す値です．実際，t に RC を代入すると，$Q(t)$ と $V(t)$ はそれぞれ $Q_{\max}$ と $V_{\max}$ の 63.2%となり，$I(t)$ は $I_{\max}$ の 36.8%となります．コンデンサーの充電では，時定数の 3 倍の時間充電すれば充電率が 95%となり，ほぼ満充電となります．

図 22.8 は充電時の RC 回路の電流や抵抗にかかる電圧の変化と，その時定数の依存性を表しています．τ が大きいほど緩やかな曲線，τ が小さいほど急な曲線となります．

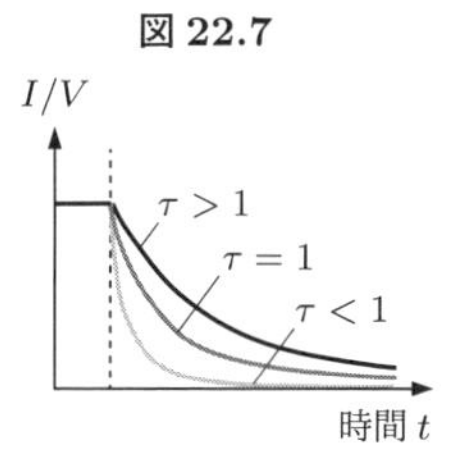

図 22.8

試金石問題

22.1 次のコンデンサーの電気容量 C を求めよ．

(1) 極板の面積 S，極板間の距離 d の平行平板コンデンサー (ただし端の寄与は無視する)

(2) 半径 $a, b\,(a < b)$ の同軸円筒 (単位長さ当たりの電荷を Q とする)

22.2 $E_{\mathrm{A}} = 2.0\,\mathrm{V}$ と $E_{\mathrm{B}} = 7.0\,\mathrm{V}$ の 2 つの電池と，値が $1.0\,\Omega$，$2.0\,\Omega$，$3.0\,\Omega$ の抵抗 R_1，R_2，R_3 が接続されている．R_1 に流れる電流の値と方向を求めよ．

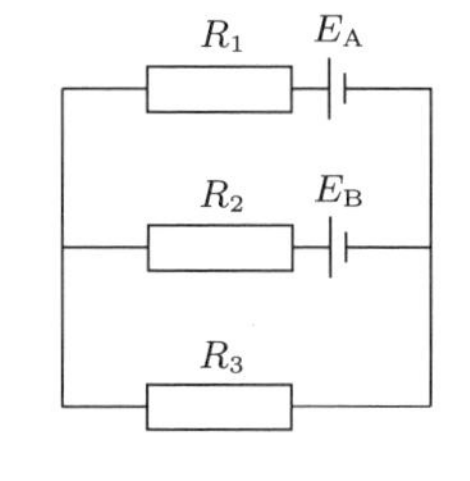

図 22.9

試験前チェック

- □ 電気容量とは何かを説明することができる．

$$Q = CV$$

- □ 抵抗と抵抗率についてそれぞれ説明することができる．
- □ キルヒホッフの第一法則と第二法則をそれぞれ説明することができる．
- □ RC 回路におけるコンデンサーの充電と放電の式をそれぞれ導くことができる．

23 磁場とローレンツ力

キーワード
外積／ビオ・サバールの法則／ビオ・サバールの法則 (電流版) ／アンペールの法則／ローレンツ力

23.1 外積の復習

磁場について理解するには外積の理解が必須です．ここでしっかり確認しておきましょう．

$\vec{A}$ と $\vec{B}$ の内積 $\vec{A}\cdot\vec{B}$ はスカラー (ただの数) でした．つまり内積とは 2 つのベクトルから (座標系によらない) 数を作り出す演算です．一方，外積とは 2 つのベクトルから新しいベクトルを作る演算です．

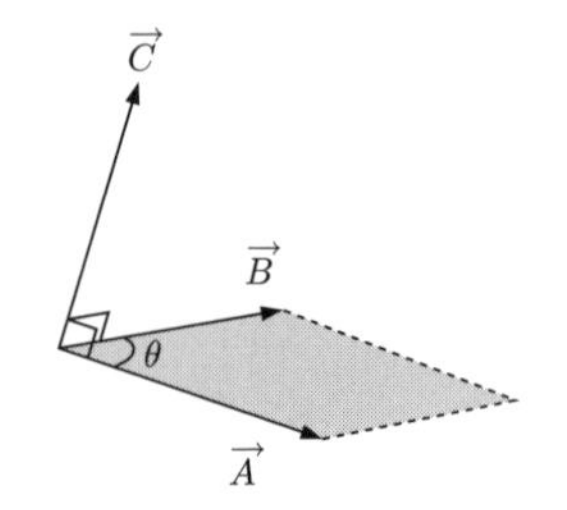

図 23.1

$$\vec{A}\times\vec{B}=\vec{C}$$

$\vec{C}$ は $\vec{A}$ にも $\vec{B}$ にも垂直で，その大きさは次式です．

$$|\vec{C}|=|\vec{A}||\vec{B}|\sin\theta$$

$|\vec{C}|$ は $\vec{A}$ と $\vec{B}$ が作る平行四辺形の面積に等しくなっています．

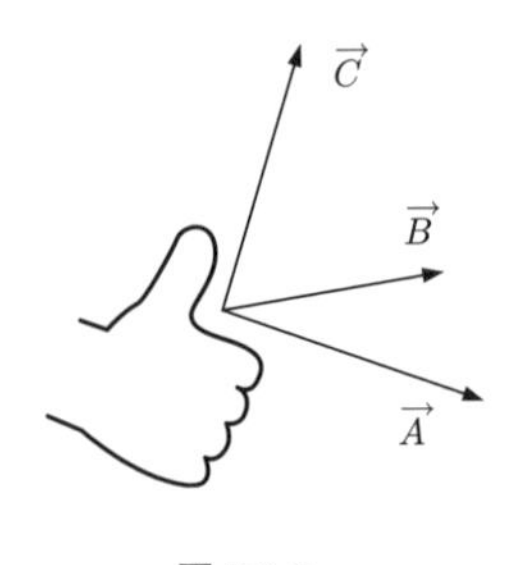

図 23.2

$\vec{C}$ の向きを図 23.2 のように覚えるのもよいでしょう．$\vec{A}$ から $\vec{B}$ へ右手の 4 本の指を向けたときの親指の向きが $\vec{C}$ の向きです．

23.2 ビオ・サバールの法則

第 19 章から第 21 章までは止まった電荷に関する内容でした．一方，電荷が動くと磁場が生じます (図 23.3)．$\vec{B}, \vec{v}, \vec{r}$ の位置関係を確認してください．$\vec{B}$ は $\vec{v}$ と $\vec{r}$ の外積の向きになっています (図 23.4)．

$$\text{向き}: \vec{B}\propto\vec{v}\times\vec{r}$$

速度 v で運動する点電荷 q が (点電荷からの) 位置 $\vec{r}$ に作る磁場 $\vec{B}$ は次のように定式化されています．

ビオ・サバールの法則 (点電荷)　$\vec{B}=\dfrac{\mu_0}{4\pi}\dfrac{q\vec{v}\times\vec{r}}{r^3}$

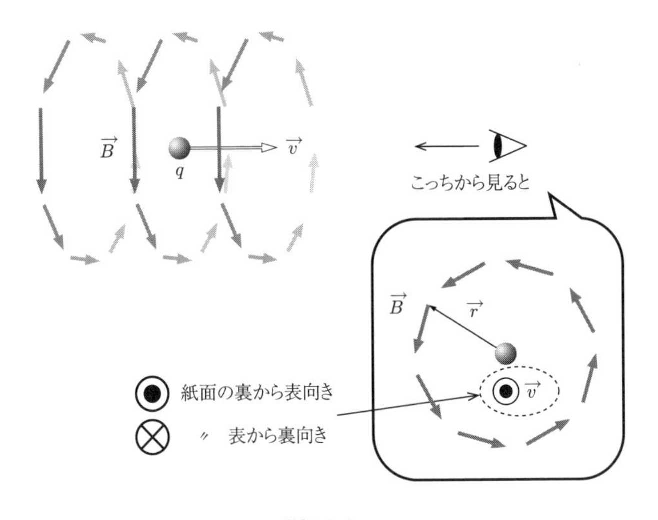

図 23.3

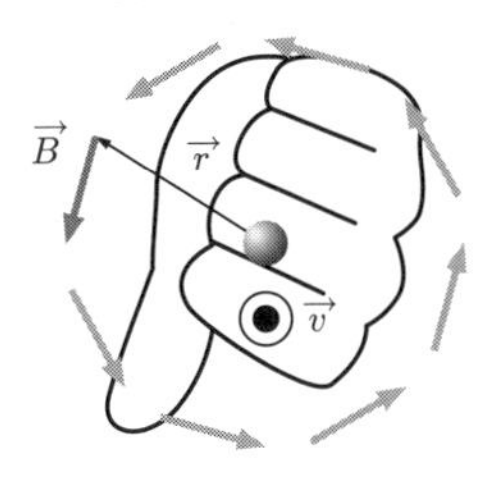

図 23.4

ビオ・サバールの法則は一見すると複雑ですが，電場におけるクーロンの法則に対応しています[注1]．そして，後述のアンペールの法則はガウスの法則に対応します[注2]．

注 1　クーロンの法則で得られる電場

$$\vec{E} = \frac{1}{4\pi\varepsilon_0}\frac{q\vec{r}}{r^3}$$

と似ています．

注 2　形式上，$1/\varepsilon_0$ と μ_0 が対応します．

23.3　ビオ・サバールの法則 (電流版)

ビオ・サバールの法則は点電荷よりも電流についての方がよく扱われます．先の点電荷が実は電流の微小部分だったとしたら，どうなるでしょうか．

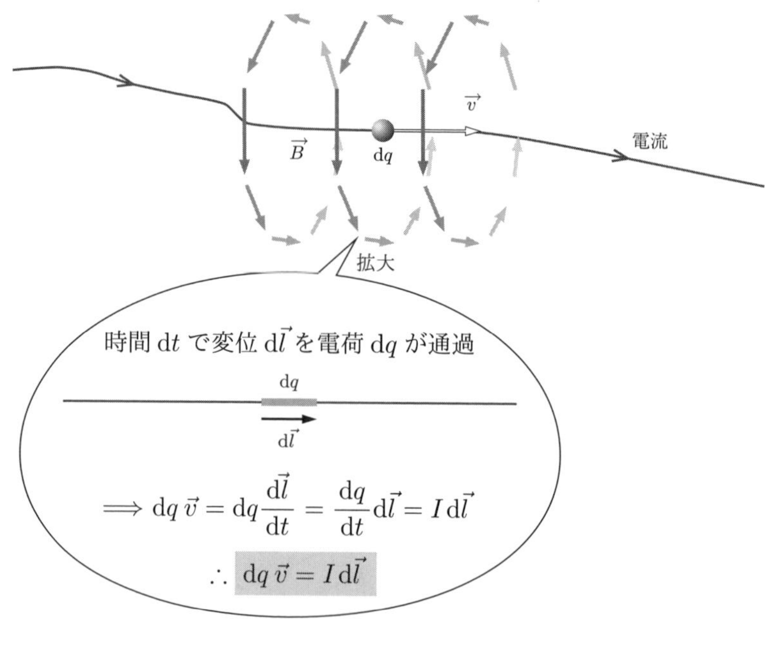

図 23.5

したがって,

$$\mathrm{d}\vec{B} = \frac{\mu_0}{4\pi}\frac{\boxed{\mathrm{d}q\vec{v}} \times \vec{r}}{r^3} \quad \Longrightarrow \quad \vec{B} = \frac{\mu_0}{4\pi}\int \frac{\boxed{I\mathrm{d}\vec{l}} \times \vec{r}}{r^3}$$

ビオ・サバールの法則（点電荷 dq） ⟹ ビオ・サバールの法則（電流 I）

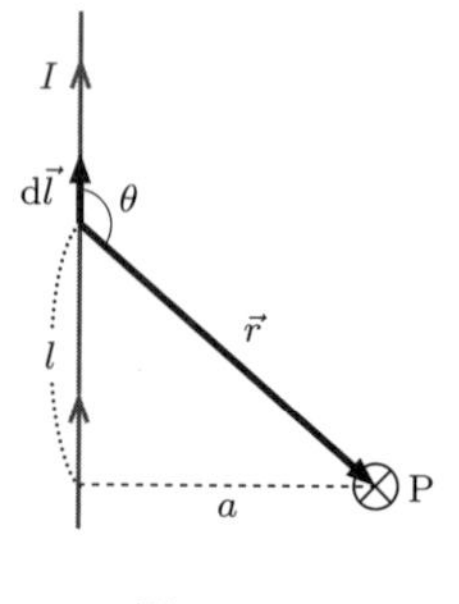

図 23.6

例題 23.1　無限に長い直線電流 I から a 離れた点 P における磁場 $\vec{B}$ をビオ・サバールの法則から計算します.

解説　まず, $\vec{B}$ の向きを考えましょう. 図 23.6 からわかるように d$\vec{l}\times\vec{r}$ の向きは常に紙面裏向き ⊗ になることがわかります. 向きがわかれば, 後は大きさ $B(=|\vec{B}|)$ を計算するだけです.

$$\begin{aligned}
B &= \frac{\mu_0}{4\pi}\int \frac{I|\mathrm{d}\vec{l}\times\vec{r}|}{r^3} \\
&= \frac{\mu_0 I}{4\pi}\int_{-\infty}^{\infty} \frac{a}{r^3}\,\mathrm{d}l \qquad (|\mathrm{d}\vec{l}\times\vec{r}| = r\sin\theta\mathrm{d}l = a\mathrm{d}l) \\
&= \frac{\mu_0 I}{4\pi}\int_{-\infty}^{\infty} \frac{a\mathrm{d}l}{(\sqrt{a^2+l^2})^3} \\
&= \frac{\mu_0 I}{4\pi a}\underbrace{\int_{-\infty}^{\infty} \frac{\mathrm{d}l'}{(\sqrt{1+l'^2})^3}}_{=2\ (l' \text{ を tan で置換})} \qquad \left(\frac{l}{a} \text{ を } l' \text{ で置換 (積分範囲変わらず)}\right)
\end{aligned}$$

$$= \frac{\mu_0 I}{2\pi a}$$

23.4 アンペールの法則

電荷分布が電場を作るときのガウスの法則に対応して，電流が磁場を作るときには**アンペールの法則**が成り立ちます．

電流を適当な閉曲線で囲み，小さく区切り，$\vec{B}_i \cdot \Delta\vec{l}_i$ を各部分で計算します．

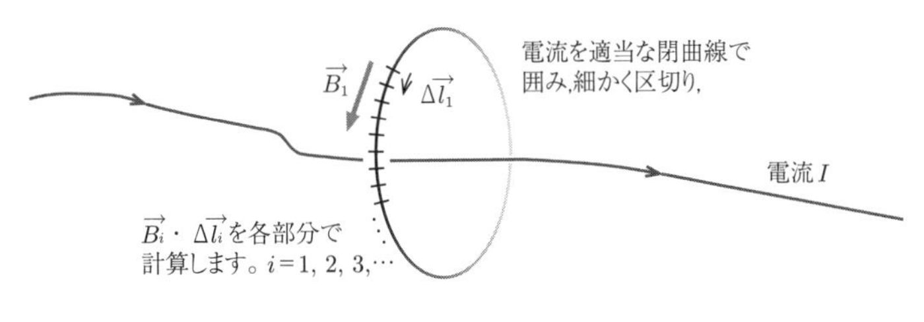

図 23.7

それをすべて足し，区切りを無限小にする極限で，

$$\sum \vec{B}\cdot\Delta\vec{l} \longrightarrow \int_{閉曲線} \vec{B}\cdot \mathrm{d}\vec{l} = \mu_0 I_{内部}$$ 注 3

（$\sum \vec{B}\cdot\Delta\vec{l} \longrightarrow$：区切りを無限小に細かくする）
（$\int_{閉曲線} \vec{B}\cdot \mathrm{d}\vec{l} =$：閉曲線をどうとってもこうなる）
（$\mu_0 I_{内部}$：閉曲線が張る面を貫く全電流）

注 3　ガウスの法則

$$\int_{ガウス面} \vec{E}\cdot \mathrm{d}\vec{S} = \frac{Q_{内部}}{\varepsilon_0}$$

と似ています．
やはり $1/\varepsilon_0$ と μ_0 が対応します．

電流$I_{内部}$の正の向きと閉曲線の積分の正の向きは関連して定められています．右手で閉曲線の積分の正方向に指を曲げたときの親指が電流の正方向を向きます．

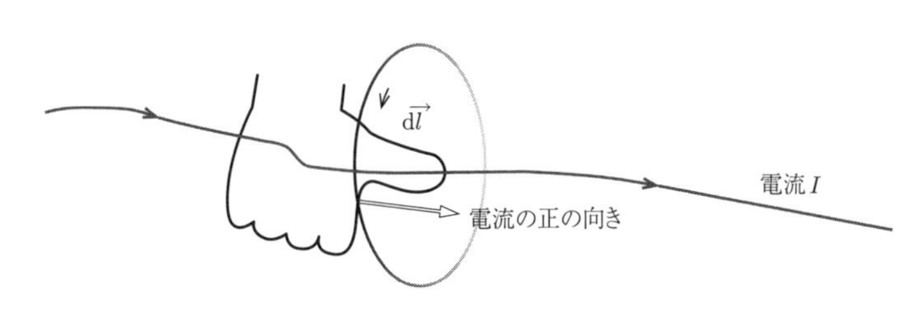

図 23.8

ちなみに

先の例題をアンペールの法則で計算すると，閉曲線 C を半径 a の円として，

$$\int_C \vec{B}\cdot \mathrm{d}\vec{l} = B\ 2\pi a = \mu_0 I \quad \therefore\ B = \frac{\mu_0 I}{2\pi a}$$

($\because$ 円上で $\vec{B} \parallel \mathrm{d}\vec{l}$, $\vec{B}$ は一定)

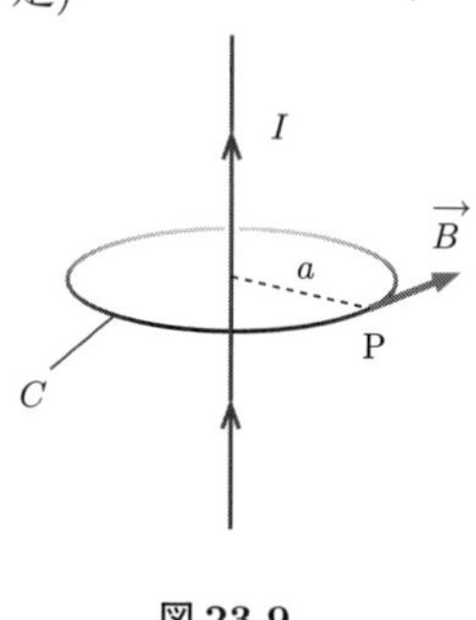

図 23.9

23.5 ローレンツ力

電磁気学は本質的に次の 5 式に集約されます．

マクスウェル方程式 4 本
(→ 電荷，電流の分布から $\vec{E}, \vec{B}$ が決まる)

- **ガウスの法則** (→ 第 19〜20 章)
- **磁場のガウスの法則**
- **ファラデーの法則** (→ 第 24 章)
- **アンペール・マクスウェルの法則** (→ 今回の内容 $+\alpha$)

＋

荷電粒子の運動方程式　：$m\dfrac{\mathrm{d}^2\vec{r}}{\mathrm{d}t^2} = q\vec{E} + \underbrace{q\vec{v}\times\vec{B}}_{\text{ローレンツ力}}$

最後の式の右辺に現れるのが**ローレンツ力**です[注4]．

注 4　そのくらい根源的な力だということです．

図 23.10 のように一様な磁場中に荷電粒子が突入するとローレンツ力が働いて粒子は曲がります．

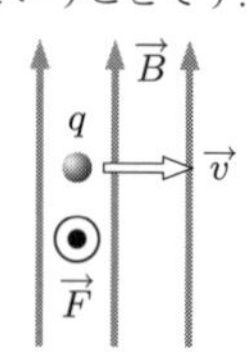

図 23.10

$$\vec{F}_{\text{ローレンツ}} = q\vec{v}\times\vec{B}$$

$\vec{v}, \vec{B}, \vec{F}$ の位置関係を確認してください．

電流の場合も，

$$\vec{F}_{\text{ローレンツ}} = I\vec{l}\times\vec{B}$$

当然，手前側に力が働きます (図 23.11)．

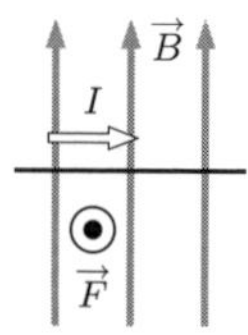

図 23.11

この $\vec{I}, \vec{B}, \vec{F}$ の関係が有名な**フレミングの左手の法則**です (図 23.12) 注5.

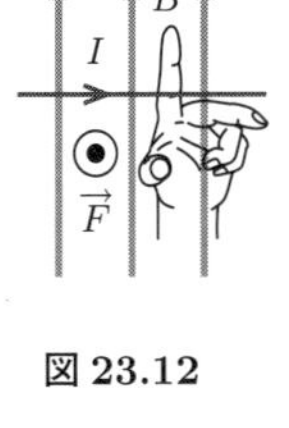

図 23.12

注5 しかし！！
その本質はローレンツ力なので，ローレンツ力 (と外積) さえ理解していれば，フレミングの法則を覚える必要はありません．

試金石問題

23.1 次の電流 I が点 P に作る磁場 $\vec{B}$ を求めよ．

(1) 右図

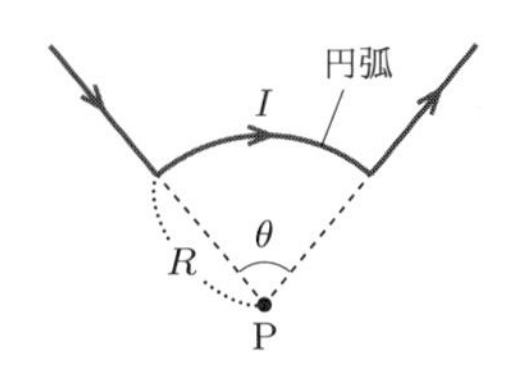

(2) 半径 R の円電流 I とそれに垂直な中心軸上の点 P

23.2 単位長さ当たりの巻き数 n の無限に長いソレノイドに電流 I を流すとき，その内外に作られる磁場 $\vec{B}$ を求めよ．

23.3 図 23.13 のように一様な磁場 $\vec{B}$ 中を一辺の長さが l の金属の立方体が速度 $\vec{v}$ で動く．電位が高くなる面と生じる電位差 V を求めよ．

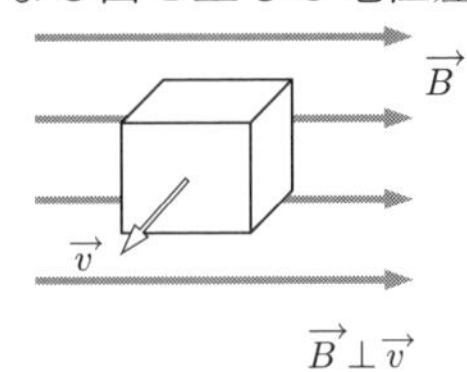

図 23.13

23.4 図 23.14 のように一様な磁場 $\vec{B}$ の中に抵抗 R を含むコの字型の導線に質量 m の導体棒が置かれている．ab 間の距離を l とし，摩擦や導線と導体棒自体が作る磁場は無視できるとする．

(1) 導体棒の速度が v のとき，この回路に流れる電流 $I(v)$ を求めよ．

(2) 導体棒に初速度 v_0 を与えたとき，その後の速度 $v(t)$ を求めよ．

(3) 導体棒が静止するまでに抵抗で発生するジュール熱 Q_J を求めよ．

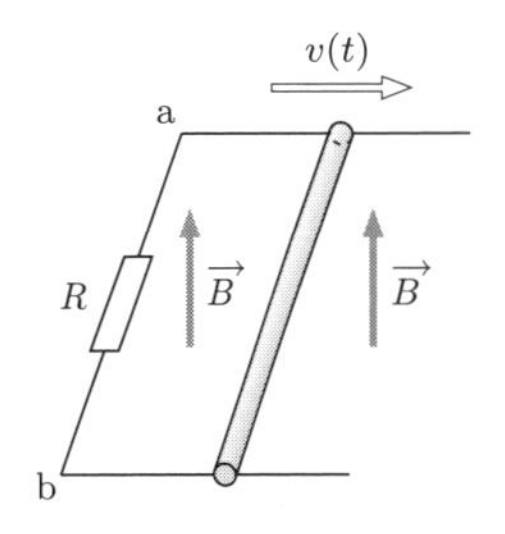

図 23.14

試験前チェック

□ ビオ・サバールの法則を式で表し説明することができる．

$$\mathrm{d}\vec{B} = \frac{\mu_0}{4\pi}\frac{\mathrm{d}q\vec{v} \times \vec{r}}{r^3}, \qquad \vec{B} = \frac{\mu_0}{4\pi}\int \frac{I\mathrm{d}\vec{l} \times \vec{r}}{r^3}$$

□ ビオ・サバールの法則を用いて，電流が作る磁場を求めることができる．

□ アンペールの法則を式で表し説明することができる．

$$\int_{\text{閉曲線}} \vec{B} \cdot \mathrm{d}\vec{l} = \mu_0 I_{\text{内部}}$$

□ アンペールの法則を用いて，電流が作る磁場を求めることができる.

□ ローレンツ力を式で表し説明することができる.

$$\vec{F}_{ローレンツ} = q\vec{v} \times \vec{B}$$

$$\vec{F}_{ローレンツ} = I\vec{l} \times \vec{B}$$

24 電磁誘導

キーワード
磁束／ファラデーの法則／自己インダクタンス／RL 回路

24.1 磁束とファラデーの法則

定常電流による磁場の生成は，その逆の定常磁場による電流の生成を示唆しました．しかし試行錯誤の末にヘンリーやファラデーが発見したのは，磁場の“変化”が電流を生み出すということでした．

マクスウェル方程式の一角を担うファラデーの**電磁誘導**の法則を理解するために，まずは**磁束** Φ_B について理解しましょう．

$$\text{磁束：} \Phi_B = \int_S \vec{B} \cdot \mathrm{d}\vec{S}$$

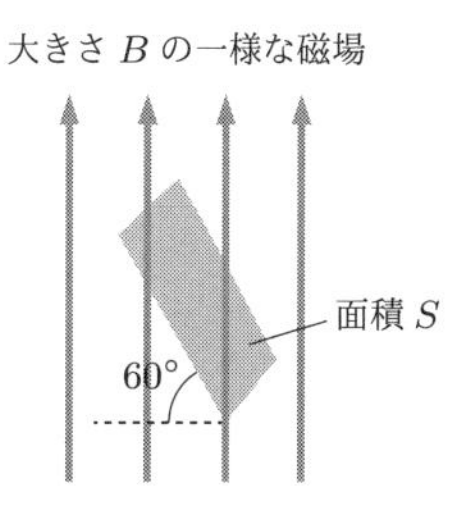

図 24.1

例　図 24.1 のような状況で面積 S の部分を貫く磁束は，

$$\Phi_B = BS\cos 60^\circ = \frac{BS}{2}$$

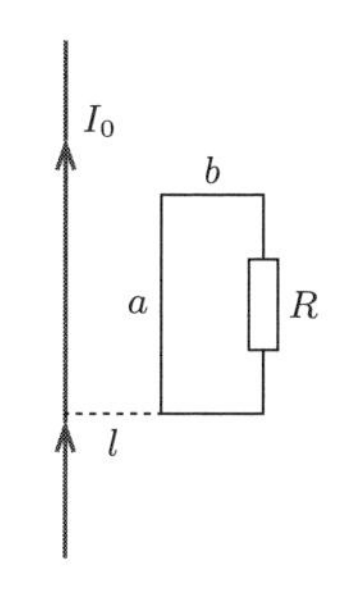

図 24.2

例　次の電流 I_0 が作り回路内を貫く磁束は

$$\begin{aligned}
\Phi_B &= \int_S B\,\mathrm{d}S \qquad (\because\ \vec{B} \perp \vec{S}) \\
&= a\int_l^{l+b} B(r)\mathrm{d}r \qquad \text{(電流に平行な方向に } B \text{ は一定)} \\
&= a\int_l^{l+b} \frac{\mu_0 I_0}{2\pi r}\mathrm{d}r \qquad \text{(第 23 章参照)} \\
&= \frac{\mu_0 a I_0}{2\pi}\ln\frac{l+b}{l}
\end{aligned}$$

さて，**ファラデーの法則**は次のように書かれます．

$$V = -\frac{\mathrm{d}\Phi_B}{\mathrm{d}t} \tag{24.1}$$

たとえば図 24.3 のように回路に棒磁石を近づけると，回路の内側を貫く磁束 Φ_B が増加することで回路に**誘導起電力** V が生じます (その向きに電流が流れます)．

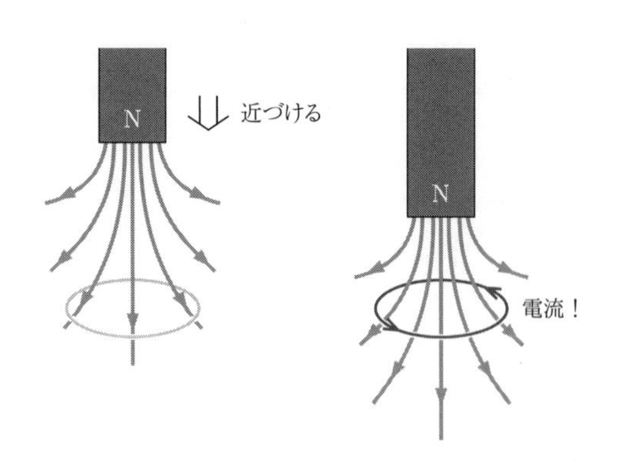

図 24.3

図 24.4

注 1　式 (24.1) のマイナス符号は変化を打ち消すように起電力が誘起されるという意味になります.

磁束の正の向きを定めたとき，起電力の正の向きは図 24.4 のように約束されています．“生じる電流が作る磁場が元の磁場の変化を打ち消す向き”と理解することができます[注1].

先の例で長方形の回路を電流から速さ v で遠ざけると，Φ_B が変化するため回路に電流が流れます．その大きさ I は,

$$
\begin{aligned}
I &= \frac{|V|}{R} = \frac{\mu_0 a I}{2\pi R}\left|-\frac{\mathrm{d}}{\mathrm{d}t}\left(\ln\frac{l+b}{l}\right)\right| \\
&= \frac{\mu_0 a I}{2\pi R}\left|-\left(\frac{1}{l+b}-\frac{1}{l}\right)\underbrace{\frac{\mathrm{d}l}{\mathrm{d}t}}_{=v}\right| = \frac{\mu_0 a b I}{2\pi l(l+b)R}v
\end{aligned}
$$

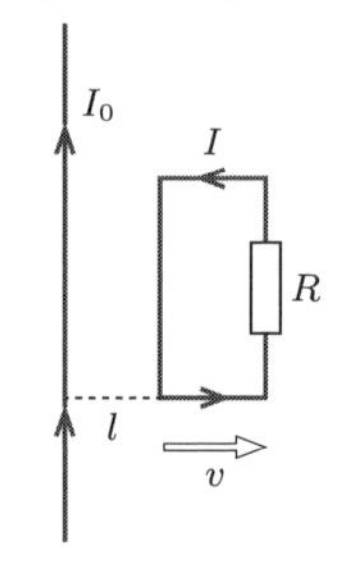

図 24.5

注 2　そうでなければ電磁波 (第 25 章参照) を理解できません.

電流 I の向きは図 24.5 の向きになります．磁場が変化したときに，たとえそこに回路がなくても空間自体に起電力が生じると考える方が的を射ています[注2].

そこに回路 (導線) があった場合には，実際に電流が流れるというわけです.

24.2 自己インダクタンス

電流は磁場を生むので，回路に流れる電流 I によっても磁場は発生し，その回路内を貫く磁束 Φ_B が発生します．したがって I の変化が Φ_B の変化を生み自ら誘導起電力を引き起こす現象が起こります．これを**自己誘導**といいます．Φ_B と I は比例関係にあることが知られており，その比例定数は**自己インダクタンス** (L) と呼ばれています：

$$\Phi_B = LI$$

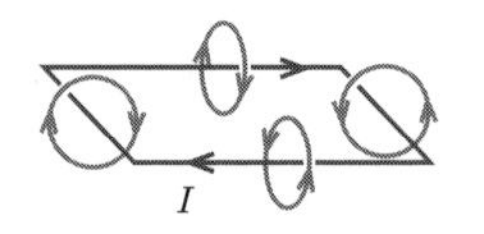

図 24.6

これを式 (24.1) に代入して次式が得られます.

$$\text{自己誘導起電力：} V = -L\frac{\mathrm{d}I}{\mathrm{d}t}$$

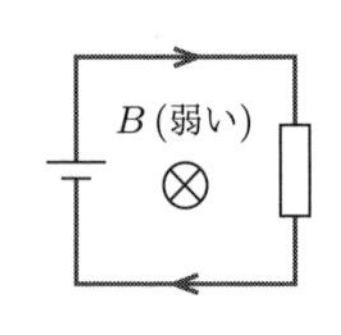

図 24.7

図 24.7 のような回路では自己インダクタンスは小さいので無視できます．ここに N 巻きのコイルを入れてみます．コイル内に作られる磁場を B とすると,

回路内を貫く磁場は NB に相当します．B 自体がすでに N に比例するので，回路内を貫く磁束 Φ_B は N^2 に比例します[注3]．

注 3　したがってコイルは無視できないほどの自己誘導を引き起こします．

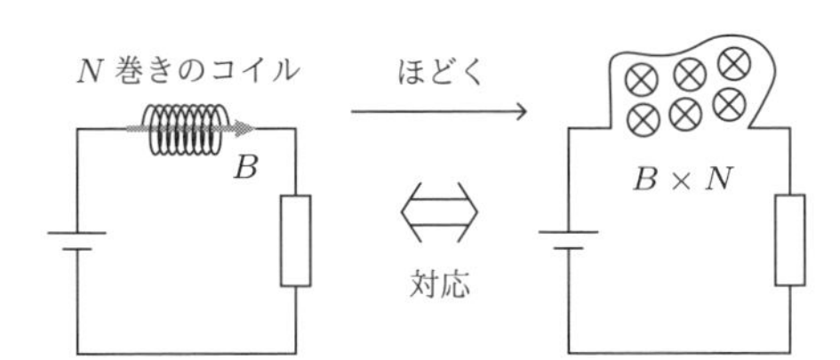

図 24.8

24.3 RL 回路

では，回路にコイルを組み込むとどのような効果が生まれるでしょうか．図 24.9 のように起電力 V の電池，自己インダクタンス L のコイル，抵抗 R からなる回路を考えます．キルヒホッフの第二法則より，

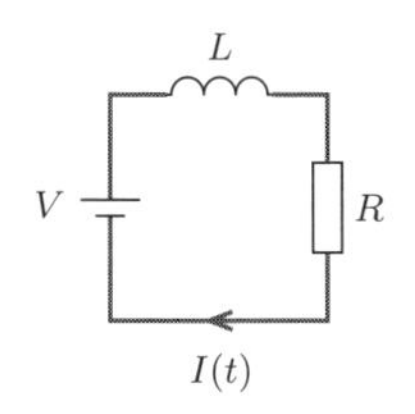

図 24.9

$$V \underbrace{-L\frac{\mathrm{d}I(t)}{\mathrm{d}t}}_{\text{コイルの自己誘電起電力}} - \underbrace{RI(t)}_{\text{抵抗による電圧降下}} = 0 \quad \text{注 4}$$

注 4　回路一周の電位差は 0.

この式を電流 $I(t)$ についての微分方程式とみて，次のように変形することができます．

$$\frac{\mathrm{d}I(t)}{\mathrm{d}t} = -\frac{R}{L}I(t) + \frac{V}{L}$$

よくみると，速度に比例する空気抵抗下の運動方程式 (→ 第 3 章) と同型の微分方程式であることがわかります[注5]．

注 5　解けますか？

$$\frac{\mathrm{d}I(t)}{\mathrm{d}t} = -\frac{R}{L}\left(I(t) - \frac{V}{R}\right)$$

$$\frac{\mathrm{d}I}{I - \frac{V}{R}} = -\frac{R}{L}\mathrm{d}t$$

$$\int_{I(0)}^{I(t)} \frac{\mathrm{d}I'}{I' - \frac{V}{R}} = -\frac{R}{L}\int_0^t \mathrm{d}t'$$

$$\ln\frac{I(t) - \frac{V}{R}}{I(0) - \frac{V}{R}} = -\frac{R}{L}t$$

初期条件として $I(0) = 0$ とすると，

$$I(t) = \frac{V}{R}\left(1 - e^{-\frac{R}{L}t}\right)$$

コイルがなければスイッチを入れた瞬間に V/R の電流が流れます．しかし，コイルの働きによって，スイッチを入れてから徐々に電流が流れるようになります．これを**過渡現象**といいます．

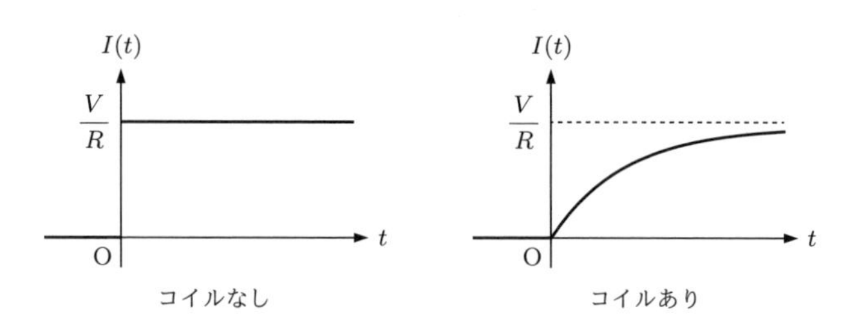

図 24.10

第 20 章で発散 (ダイバージェンス) の意味についてみてきました．今回は回転 (ローテーション) がどのようなイメージなのかみてみましょう．ベクトル場 $\vec{A} = (A_x, A_y, A_z)$ の回転は $\vec{\nabla} \times \vec{A}$ や rot $\vec{A}$ や curl$A$ と表現し，次のように定義されます．

$$\vec{\nabla} \times \vec{A} = \left(\frac{\partial A_z}{\partial y} - \frac{\partial A_y}{\partial z},\ \frac{\partial A_x}{\partial z} - \frac{\partial A_z}{\partial x},\ \frac{\partial A_y}{\partial x} - \frac{\partial A_x}{\partial y} \right)$$

ここで右辺の x 成分の意味をみてみましょう．$\partial A_z/\partial y$ は y 方向に対する $\vec{A}$ の z 成分の変化を表します．仮に $\partial A_z/\partial y > 0$ ならば，y が増えるにつれ $\vec{A}$ の z 成分が大きくなるということです．すなわち図 24.11 の左側のようになります．同様に $\partial A_y/\partial z > 0$ ならば，z が増えるにつれ $\vec{A}$ の y 成分が大きくなることを意味します (図 24.11 の右側)．この状況を川の流れで考えてみましょう．

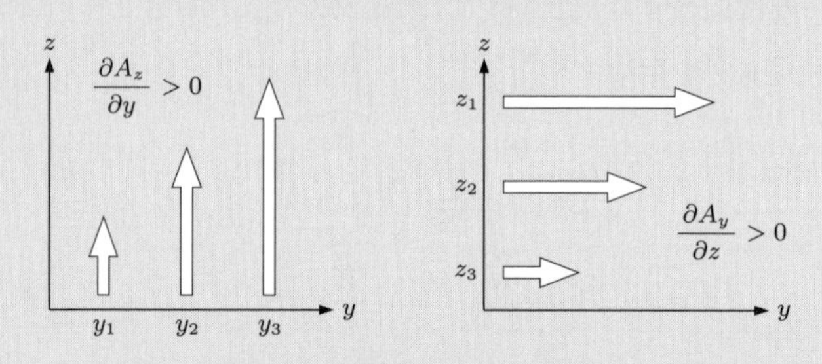

図 24.11

$\partial A_z/\partial y > 0$ の川の流れに葉を落とすと，葉は反時計回りに回転するはずです (図 24.12 の左側)．一方，$\partial A_y/\partial z > 0$ の流れの場合は時計回りに回転します (図 24.12 の右側)．右辺の x 成分は両者の差であり，正ならば x 軸に対し反時計回り，ゼロならば回転せず，負ならば時計回りということになります．同様に右辺の第 2 項と第 3 項で表される y 成分，z 成分もそれぞれ y 軸，z 軸回りの回転を表しています．このようにイメージできると容易に回転の定義式を導くことができるようになります．

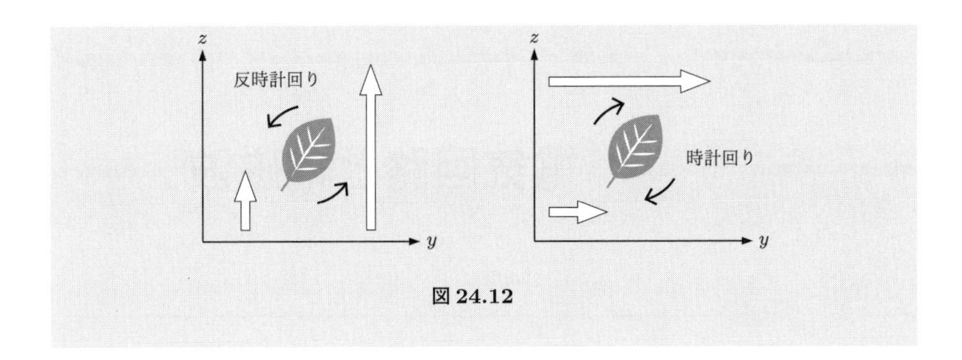

図 24.12

試金石問題

24.1 回路 C を貫く磁束 Φ_B は C を縁とする任意の曲面での面積分で計算される．このとき Φ_B は曲面のとり方によらないのはなぜか．
(ヒント：磁場についてのガウスの法則を考えよ)

24.2 図 24.13 のように，一様な磁場 $\vec{B}$ に垂直な回路 (面積 S) を時刻 0 から角速度 ω で回転させたときに流れる電流 $I(t)$ を求めよ図中の向きを電流の正方向とし，回路の持つ抵抗を R とする．

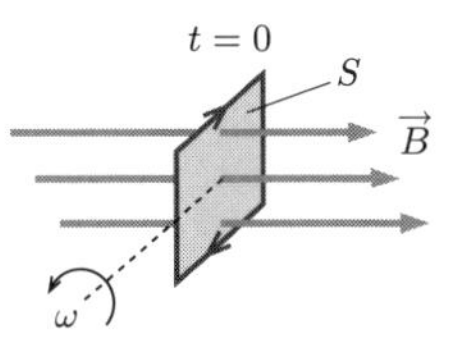

交流発電機の原型です

図 24.13

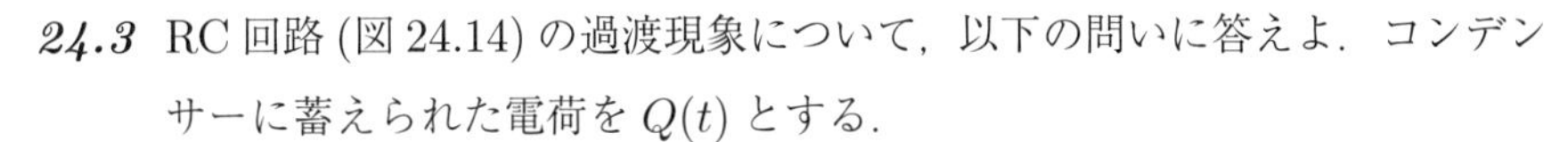

24.3 RC 回路 (図 24.14) の過渡現象について，以下の問いに答えよ．コンデンサーに蓄えられた電荷を $Q(t)$ とする．

(1) $Q(t)$ について成り立つ方程式を求めよ．

(2) 初期条件を $Q(0) = 0$ として (1) で求めた式を解け．

(3) $Q(t)$ 及び $I(t)$ についてのグラフを描け．

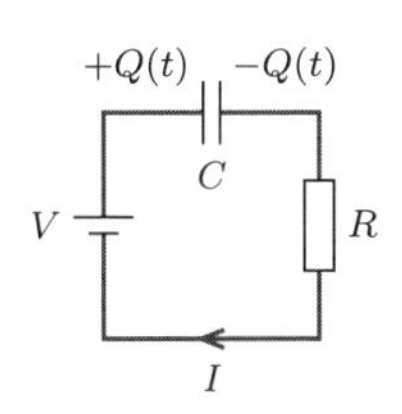

図 24.14

試験前チェック

□ 磁束の定義を式で表し説明することができる．

$$\Phi_B = \int_S \vec{B} \cdot \mathrm{d}\vec{S}$$

□ ファラデーの法則を式で表し説明することができる．

$$V = -\frac{\mathrm{d}\Phi_B}{\mathrm{d}t}$$

□ 自己インダクタンスを説明することができる．

□ 自己誘導起電力を式で表し説明することができる．

$$V = -L\frac{\mathrm{d}I}{\mathrm{d}t}$$

□ コイルを含む回路と含まない回路において，それぞれの回路における電流の振る舞い (時間変化) を説明することができる．

25 電気回路と電磁波

キーワード
LC 回路／RLC 回路／電気振動／マクスウェル方程式

25.1 LC 回路と RLC 回路

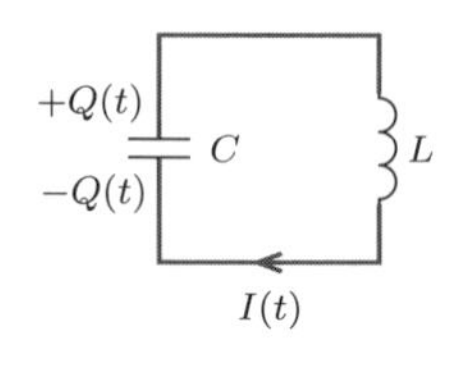

図 25.1

第 24 章では RL 回路を紹介しました．今回は電気振動と呼ばれる特徴的な振る舞いを示す回路について紹介します．コイルとコンデンサーを繋いだ回路を **LC 回路**といいます．回路中でコンデンサーを扱うときのコツは，まず極板の電荷の正負と電流の正の向きを定めることです．いま，上側の極板の電荷を $Q(t)$ ($\therefore$ 下側は $-Q(t)$) とし，電流は時計回りを正とします (図 25.1)．このように定めると電流 $I(t)$ が流れる分だけコンデンサーの電荷 $Q(t)$ は減るので，

$$I(t) = -\frac{\mathrm{d}Q(t)}{\mathrm{d}t} \quad \text{注 1} \tag{25.1}$$

注 1　コンデンサーの電荷や電流の向きの正負によって符号が変わります．

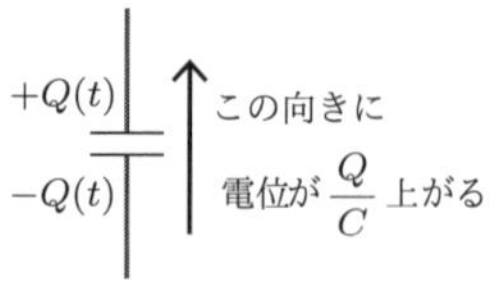

図 25.2

が成り立ちます．キルヒホッフの第二法則から，

$$\frac{Q(t)}{C} - L\frac{\mathrm{d}I(t)}{\mathrm{d}t} = 0 \tag{25.2}$$

式 (25.1) と式 (25.2) を合わせると，

$$\frac{Q(t)}{C} + L\frac{\mathrm{d}^2Q(t)}{\mathrm{d}t^2} = 0 \quad \therefore \quad \frac{\mathrm{d}^2Q(t)}{\mathrm{d}t^2} = -\frac{1}{LC}Q(t)$$

これは力学における単振動のときと同型の微分方程式であり一般解は次式です．

$$Q(t) = A\sin\omega t + B\cos\omega t \quad \left(\omega \equiv \frac{1}{\sqrt{LC}}\right)$$

初期条件を $Q(0) = Q_0, I(0) = 0$ とすると，

$$Q(t) = Q_0\cos\omega t, \quad I(t) = Q_0\omega\sin\omega t \quad \text{注 2}$$

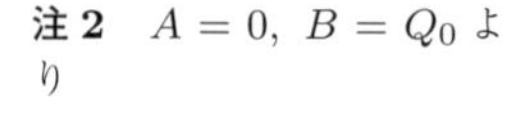
注 2　$A = 0$，$B = Q_0$ より

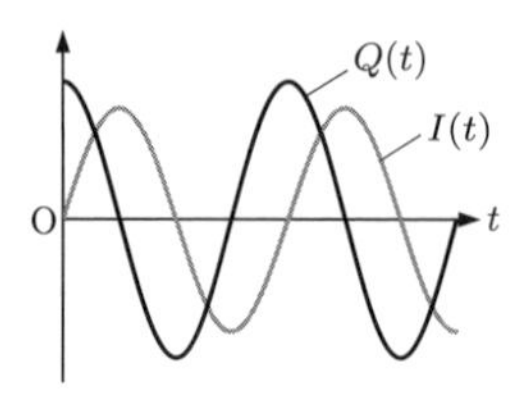

図 25.3

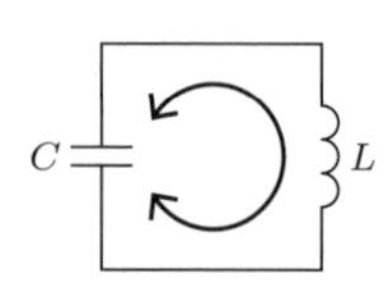

図 25.4

つまり電荷がコンデンサーの両極板間を行ったり来たりする現象が起こります (図 25.4). これを**電気振動**といいます. この回路に抵抗 R を加えると,

$$\frac{Q(t)}{C} - L\frac{\mathrm{d}I(t)}{\mathrm{d}t} - RI(t) = 0$$

$$\therefore\ \frac{\mathrm{d}^2Q(t)}{\mathrm{d}t^2} + \frac{R}{L}\frac{\mathrm{d}Q(t)}{\mathrm{d}t} + \frac{1}{LC}Q(t) = 0$$

これは減衰振動 (→ 第 12 章) と同型の微分方程式です. 電気振動が抵抗によって減衰します. このように, 異なる物理現象であっても背後にある共通の数理で繋がっていることがあります [注3].

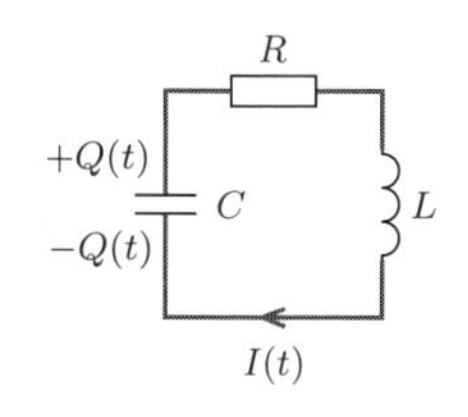

図 25.5

注 3 物理の面白さの 1 つです.

25.2 マクスウェル方程式

マクスウェルはこれまで学んできた電磁気の法則を 4 つの式にまとめました. これらは**マクスウェル方程式**と呼ばれ, 電磁波を含め多くの電磁気現象を説明することができます. いわば電磁気学の集大成といえます. マクスウェル方程式には積分形と微分形があるのでセットで理解するとよいでしょう.

	積分形	**微分形**
ガウスの法則	$\int_S \vec{E}\cdot\mathrm{d}S = \frac{Q_{\mathrm{in}}}{\varepsilon_0}$	$\vec{\nabla}\cdot\vec{E} = \frac{\rho}{\varepsilon_0}$
磁場に関するガウスの法則	$\int_S \vec{B}\cdot\mathrm{d}S = 0$	$\vec{\nabla}\cdot\vec{B} = 0$
ファラデーの法則	$\oint_C \vec{E}\cdot\mathrm{d}\vec{l} = -\frac{\mathrm{d}\Phi_B}{\mathrm{d}t}$	$\vec{\nabla}\times\vec{E} = -\frac{\partial\vec{B}}{\partial t}$
アンペール・マクスウェルの法則 [注4]	$\oint_C \vec{B}\cdot\mathrm{d}\vec{l} = \mu_0 I_{\mathrm{in}} + \varepsilon_0\mu_0\frac{\mathrm{d}}{\mathrm{d}t}\int_S \vec{E}\cdot\mathrm{d}\vec{S}$	$\nabla\times\vec{B} = \mu_0\vec{j} + \mu_0\varepsilon_0\frac{\partial\vec{E}}{\partial t}$

注 4 アンペールの法則に変位電流の効果を補足した式がアンペール・マクスウェルの法則になります. 詳しくは試金石問題で説明します.

上のマクスウェル方程式から電場と磁場が求まります. 電荷がこれらの電場と磁場から受ける力は次式で表されます. 右辺第 2 項が第 23 章で学んだ**ローレンツ力**です.

電荷が電場と磁場から受ける力

$$\vec{F} = q\vec{E} + \underbrace{q\vec{v}\times\vec{B}}_{\text{ローレンツ力}}$$

次に電磁波について見ていきます.

25.3 電磁波

マクスウェル方程式から真空中を伝搬する**電磁波**を考えてみましょう．微分形のファラデーの法則を表す式の両辺に $\vec{\nabla}\times$(回転) を作用させます．

$$\vec{\nabla}\times(\vec{\nabla}\times\vec{E}) = -\vec{\nabla}\times\frac{\partial\vec{E}}{\partial t} \quad \text{注 5}$$

$\vec{\nabla}\times(\vec{\nabla}\times\vec{A}) = -\nabla^2\vec{A} + \vec{\nabla}(\vec{\nabla}\cdot\vec{A})$ の関係 注 6 を適用すると，

$$-\nabla^2\vec{E} + \vec{\nabla}(\vec{\nabla}\cdot\vec{E}) = -\frac{\partial}{\partial t}(\vec{\nabla}\times\vec{B})$$

が得られます．微分形のガウスの法則とアンペール・マクスウェルの法則の式を代入すると，

$$-\nabla^2\vec{E} + \frac{1}{\varepsilon_0}\vec{\nabla}\rho = -\mu_0\frac{\partial\vec{J}}{\partial t} - \varepsilon_0\mu_0\frac{\partial^2\vec{E}}{\partial t^2}$$

真空には電荷や電流は存在しないので ρ や $\vec{J}$ はゼロになります．したがって，以下のような簡単な式になります．

$$\nabla^2\vec{E} = \varepsilon_0\mu_0\frac{\partial^2\vec{E}}{\partial t^2} \tag{25.3}$$

磁場についても同様に次式が求まります．

$$\nabla^2\vec{B} = \varepsilon_0\mu_0\frac{\partial^2\vec{B}}{\partial t^2} \quad \text{注 7} \tag{25.4}$$

式 (25.3) や式 (25.4) は**波動方程式**と呼ばれるもので，解は波を表します．これより電磁波の正体が波であることが示されます．また，この波の速度は $1/\sqrt{\varepsilon_0\mu_0}$ となることが知られており，その値は光速 c に等しくなります．さらに考察を進めると，電磁波が横波であることも示すことができます．光には特定の (規則的な) 方向にのみ振動する**偏光**と呼ばれる特性があり，実際に光が横波であることを示しています．

注 5　$\because\ \vec{\nabla}\times\vec{E} = \mathrm{rot}\,\vec{E}$
詳しくは第 24 章を参照．

注 6　ベクトル解析という分野で示される関係式です．ここではこのような関係が成り立つとだけ知っておきましょう．
$\because\ \vec{\nabla}\cdot\vec{B} = \mathrm{div}\,\vec{B}$
詳しくは第 20 章を参照．

注 7　試金石問題を用意しました．導出してみてください．

試金石問題

25.1 マクスウェルはアンペールの法則

$$\oint_C \vec{B}\cdot \mathrm{d}\vec{r} = \mu_0 I_{\mathrm{in}}$$

ではそれまで扱ってきた荷電粒子の流れである伝導電流のみにしか適用できないことに気がつき，式を拡張してアンペール・マクスウェルの式を導いた．アンペール・マクスウェルの式には補足項が追加されたが，それは何故か説明しなさい．

25.2 式 (25.4) の波動方程式を導出しなさい．

試験前チェック

- □ LC 回路に生じる電気振動を説明することができる.
- □ RLC 回路に生じる減衰振動を説明することができる.
- □ 電磁波の性質を説明することができる.

付　録

準備編

A

測定値の取り扱い〜有効数字〜

測定で得られた数値は数学で学ぶ数とは異なり，完全な正確さを持つものではなく，有限の精度を持った値となります．このような測定値がどれくらい正確なのかを表したいとき，「**有効数字**」，「**精度**」，「**誤差**」と呼ばれる数値を用います．皆さんも自然科学実験などの場面で測定値を扱うことがあるのではないでしょうか．実験や観測で得た値や解析した値に対して常に有効値を意識するようにしましょう．なお，今回は物理分野で一般的に用いられる有効数字の取り扱いについて紹介します．他の分野や物理系分野内でも有効数字の取り扱い方法が違う場合がありますので，先生や先輩などに聞いて確認しておきましょう．

まとめ

- 有効数字とは，数値がどれだけ信用できるか，あるいはどこまで意味を持つかを示す．
- 正規化表現　(1 以上 10 未満の値) $\times 10^n$
- 和と差の場合，計算後四捨五入し，最も位の高い数値 (精度の低い数値) に合わせる．
- 積と商の場合，計算後四捨五入し，最も有効数字の桁が小さい数値に合わせる．

A.1　有効数字とは

1 mm の目盛りを持ったものさしで棒の長さを測ることを考えてみましょう．

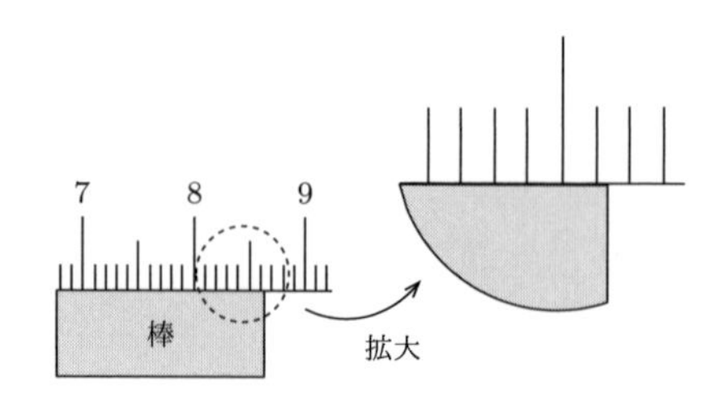

図 A.1

皆さんは棒の長さをどのように読みますか．ある人は 86.3 mm，ある人は 86.4 mm，またある人は 86.2 mm と読みとるかもしれません．1 mm 以下は目分量で測定するので 0.2，0.3，0.4 mm の値はやや疑わしくなります．一般に測定値の最後の数字は最も確からしい値だと思われる場合に意味を持ちます．まったく不確かであればその数字は意味を持ちません．この場合，少なくとも 86.3 mm は確からしいので 0.3 mm まで記すことに意味があります．このように，86.3 mm と 86.30 mm は数学的には同じであっても測定値としては大きく意味が異なります．このような意味のある数字を**有効数字**といいます．

A.2 有効数字の桁数の数え方

有効数字の桁数の数え方について説明します．

● 1〜9 の数はすべて有効数字として数えます．

123 → 有効数字 3 桁

1.23 → 有効数字 3 桁

● ゼロは有効数字に含める場合と含めない場合があります．

- 1〜9 の数に挟まれている場合は有効数字に含めます．

  3.006 → 有効数字 4 桁

- 小数点以下の最下位のゼロおよび最下位まで連続しているゼロは有効数字に含めます．

  7.00 → 有効数字 3 桁

  0.700 → 有効数字 3 桁

- 小数点の位として用いられているゼロは有効数字に含めません．

  0.0012 → 有効数字 2 桁

- 整数で最後の桁まで連続したゼロは有効数字に含めません[注1]．

  7300 → 有効数字 2 桁

注 1 ただし，位取りのためのゼロではなく意味のあるゼロの場合は有効数字に含めます．7300 の例では，十の位のゼロが意味のあるゼロで，一の位のゼロが位取りのためのゼロの場合は，有効数字は 3 桁になります．また，両方のゼロに意味がある場合は，有効数字は 4 桁になります．有効数字を明確にする方法として，次の A.3 節で説明する正規化表現があります．

A.3 測定値の表記法

数学的には同じであっても測定値を表記する際には注意が必要であることがわかりました．有効数字を含めた測定値の表記には一定のルールがあります．その 1 つに**正規化表現**があり，測定値を

$$(1\text{ 以上 }10\text{ 未満の値}) \times 10^n$$

と表します．なぜこのような表記をするのでしょうか．たとえばある物体の質量が 1.35 kg であったとします．g の単位で表すと 1350 g となります．特に何も説明がなければ 1.35 kg は 3 桁，1350 g は 4 桁で表されているので，両者は異なる精度を持った印象を与えます．同条件で得た測定値であるならば g 単位でもはっきりと 3 桁で表現すべきです．そこで正規化表現が役に立ってきます．こ

の例では 1.35×10^3 g と記すことで，3 桁で表現することができます．

A.4 有効数字を考慮した計算

通常，実験などで得られた測定値は平均値を求めるなど四則演算をはじめとする数学的な処理が施されます．計算によって有効数字の取り扱いが異なりますので，ここでは一般的に用いられる四則演算に関する有効数字の取り扱いについてみていきましょう．

和と差の場合

測定値の和と差では，計算した後，計算に用いた数値の中で最も末尾の大きい位 (精度の低い数値) に揃えるように四捨五入します．

$$324.85 + 7.6 - 49.53 = ?$$

この中で末尾の位が最も高い値は 7.6 です．よって，計算後は小数点第 2 位で四捨五入し，結果は小数点第 1 位まで表します．

$$\begin{aligned} 324.85 + 7.6 - 49.53 &= 282.92 \\ &= 282.9 \end{aligned}$$

今回の例ではこのままでも問題ありませんが，正規化表現をするとよいでしょう．

$$\begin{aligned} 324.85 + 7.6 - 49.53 &= 282.92 \\ &= 282.9 \\ &= 2.829 \times 10^2 \end{aligned}$$

和と差の計算では有効数字の桁数が増減します．上の例では減りましたが，増える場合を次の例でみてみましょう．

$$72.8 + 30.6 = 103.4$$

小数点第 1 位以上はすべて信頼できます．よって有効数字は 3 桁から 4 桁に増えます．

積と商の場合

測定値の積と商では，計算した後，有効数字の桁数の最も小さい値に揃えるように四捨五入します．以下の例をみて確認しましょう．

$$134.6 \div 17 = ?$$

この中で最も有効数字の小さい値は 17 で，その有効数字は 2 桁になります．

よって,

$$
\begin{aligned}
134.6 \div 17 &= 7.91764705\cdots \\
&= 7.9
\end{aligned}
$$

となります.

一般的に途中計算では，できる限り大きい桁数で計算します．それができない場合は有効数字よりも一桁大きくとって計算します．そして最終的に得られた値に対して有効な桁数や有効数字に合うように四捨五入します.

例題 A.1　実験結果の分析でよく使われる平均値を求めてみましょう.

測定値 (m)	
1.018	0.990
0.986	1.013
1.002	0.985
1.007	0.984
1.002	0.998

解説　上で与えられた 10 個の測定値の平均は,

$$
\begin{aligned}
&(1.018 + 0.986 + 1.002 + 1.007 + 1.002 + \\
&\qquad 0.990 + 1.013 + 0.985 + 0.984 + 0.998)/10 \\
&= 0.9985 \\
&= 0.999
\end{aligned}
$$

となります．この例では測定のデータ数は 10 であるので平均を求める際，10 で除しています．この 10 は厳密に10 であり不定性を持つ測定値ではありません．このような計算では，測定値のみの有効数字を考慮することになります.

B 合成関数の微分

物理学では様々な現象を数学的手法で取り扱います．今回は，微積分を駆使する大学の物理学で頻出する**合成関数の微分**についてまとめます．ほぼ高校数学の復習となりますが，欠かせないものですので，よく理解するようにしてください．

まとめ

関数 $f(x)$ の x の代わりに関数 $g(x)$ を代入した関数 $f(g(x))$ を f と g の**合成関数**という．物理の分野ではこのような依存性をもつ物理量が多くある．微分可能な f と g からなる合成関数の微分では以下の式が成り立つ．

$y = f(g(x))$ が与えられたとき，$v = g(x)$ とおくと，

$$y' = \frac{\mathrm{d}y}{\mathrm{d}x} = \frac{\mathrm{d}y}{\mathrm{d}v}\frac{\mathrm{d}v}{\mathrm{d}x}$$

合成関数の微分法を理解しておくことは大変有益です．たとえば，$(2x+1)^3$ の微分をするとき，

$$f(x) = (2x+1)^3 = 8x^3 + 12x^2 + 6x + 1$$

と展開して，

$$f'(x) = 24x^2 + 24x + 6$$

と求めることができます．しかし $(2x+1)^7$ のようにべき数が大きい場合，式を展開して微分する方法はあまり効率的ではありません．このような場合は $(2x+1)^7$ を

$$v = 2x + 1$$
$$y = v^7$$

とおき，合成関数の形にして微分の公式を使うと楽に求めることができます．合成関数の微分の公式を用いて $f(x)$ を微分すると，

$$\begin{aligned} f(x) &= (2x+1)^3 \\ f'(x) &= 3(2x+1)^2 \cdot 2 \\ &= 6(4x^2 + 4x + 1) \end{aligned}$$

$$= 24x^2 + 24x + 6$$

となり，展開して微分した結果と同じになります．

公式の解説

y' についてもう少し詳しくみてみましょう．微分の定義より，

$$\frac{\mathrm{d}y}{\mathrm{d}x} = \lim_{\Delta x \to 0} \frac{f(g(x+\Delta x)) - f(g(x))}{\Delta x}$$

となります．ここで，$f(x)$ と $g(x)$ は共に微分可能な関数とします．そして，

$$g(x+\Delta x) - g(x) = u$$

$$g(x) = v$$

とおくと分子は，

$$\begin{aligned} f(g(x+\Delta x)) - f(g(x)) &= f(g(x)+u) - f(g(x)) \\ &= f(u+v) - f(v) \end{aligned}$$

よって，

$$\begin{aligned} \frac{\mathrm{d}y}{\mathrm{d}x} &= \lim_{\Delta x \to 0} \frac{f(u+v)-f(v)}{\Delta x} \\ &= \lim_{u \to 0} \frac{f(u+v)-f(v)}{u} \lim_{\Delta x \to 0} \frac{u}{\Delta x} \\ &= \lim_{u \to 0} \frac{f(u+v)-f(v)}{u} \lim_{\Delta x \to 0} \frac{g(x+\Delta x)-g(x)}{\Delta x} \\ &= \frac{\mathrm{d}y}{\mathrm{d}v} \frac{\mathrm{d}v}{\mathrm{d}x} \end{aligned} \tag{B.1}$$

このように微分の連鎖律が示されます[注1]．

次に合成関数をグラフを用いて視覚的にみてみます．図 B.1 のように $y = f(g(x))$ の x と y の変化を考えます．

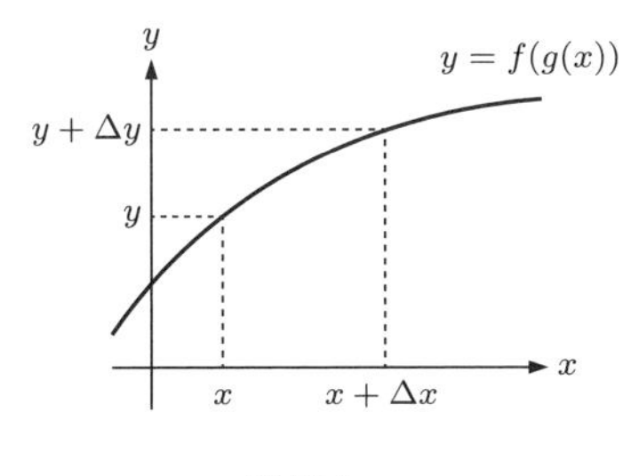

図 B.1

このとき，$y, g(x), v$ の関係は図 B.2 のようになります．

これらの図から，求めるべき微分 $\dfrac{\mathrm{d}y}{\mathrm{d}x}$ を考えます．

$$\frac{\mathrm{d}y}{\mathrm{d}x} = \lim_{\Delta x \to 0} \frac{\Delta y}{\Delta x} = \lim_{\Delta x \to 0} \left(\frac{\Delta y}{\Delta v} \cdot \frac{\Delta v}{\Delta x} \right)$$ 注 2

注 1　ただしこの証明は $u \neq 0$ の場合に限ります．$u = 0$ の場合も含む一般的な証明は数学の教科書などで確認してみてください．

注 2　$\dfrac{\Delta y}{\Delta x}$ を Δx について極限をとると $\dfrac{\mathrm{d}y}{\mathrm{d}x}$ になります．

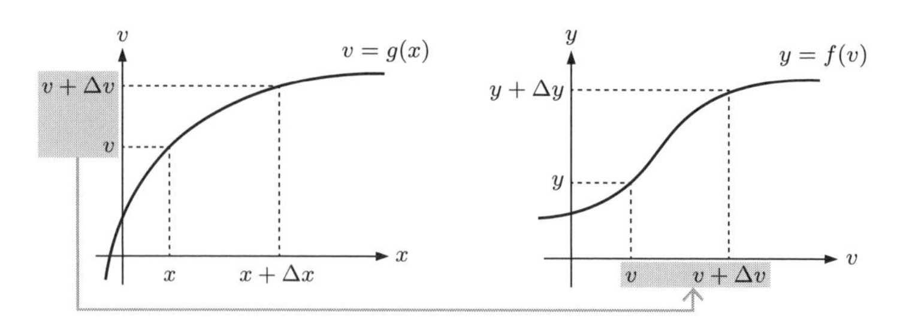

図 B.2

注 3　グラフからも見て取れます.

$$= \left(\lim_{\Delta x \to 0} \frac{\Delta y}{\Delta v}\right)\left(\lim_{\Delta x \to 0} \frac{\Delta v}{\Delta x}\right) \quad \text{注 3}$$

ここで,

$$\lim_{\Delta v \to 0} \frac{\Delta y}{\Delta v} = \frac{\mathrm{d}y}{\mathrm{d}v} \qquad \lim_{\Delta x \to 0} \frac{\Delta v}{\Delta x} = \frac{\mathrm{d}v}{\mathrm{d}x}$$

が成り立つことに注意すると,

$$\frac{\mathrm{d}y}{\mathrm{d}x} = \frac{\mathrm{d}y}{\mathrm{d}v}\frac{\mathrm{d}v}{\mathrm{d}x}$$

となり, 式 (B.1) と同じ微分の連鎖律が示されました.

例題 B.1　半径 r の円周上の点は位置ベクトル $\vec{r}(t) = (r\cos\theta(t), r\sin\theta(t))$ で表される. このとき,

(1) 速度を求めなさい.

(2) 加速度を求めなさい.

解説　(1) 速度

注 4　半径 r は定数であることに注意しましょう.

$$\vec{v}(t) = \frac{\mathrm{d}\vec{r}(t)}{\mathrm{d}t} = \left(r\left(\frac{\mathrm{d}}{\mathrm{d}t}\cos\theta(t)\right),\ r\left(\frac{\mathrm{d}}{\mathrm{d}t}\sin\theta(t)\right)\right) \quad \text{注 4}$$

$$= \left(r\left(\frac{\mathrm{d}}{\mathrm{d}\theta}\cos\theta\right)\frac{\mathrm{d}\theta(t)}{\mathrm{d}t},\ r\left(\frac{\mathrm{d}}{\mathrm{d}\theta}\sin\theta\right)\frac{\mathrm{d}\theta(t)}{\mathrm{d}t}\right)$$

$$= \left(-r\sin\theta(t)\frac{\mathrm{d}\theta(t)}{\mathrm{d}t},\ r\cos\theta(t)\frac{\mathrm{d}\theta(t)}{\mathrm{d}t}\right)$$

$$= r\frac{\mathrm{d}\theta(t)}{\mathrm{d}t}(-\sin\theta(t),\ \cos\theta(t))$$

(2) 加速度

$$\vec{a}(t) = \frac{\mathrm{d}\vec{v}(t)}{\mathrm{d}t} = r\left(\frac{\mathrm{d}}{\mathrm{d}t}\left(\frac{\mathrm{d}\theta(t)}{\mathrm{d}t}\right)\right)(-\sin\theta(t),\ \cos\theta(t)) + r\frac{\mathrm{d}\theta(t)}{\mathrm{d}t}\frac{\mathrm{d}}{\mathrm{d}t}(-\sin\theta(t),\ \cos\theta(t))$$

$$= r\frac{\mathrm{d}^2\theta(t)}{\mathrm{d}t^2}(-\sin\theta(t),\ \cos\theta(t)) + r\frac{\mathrm{d}\theta(t)}{\mathrm{d}t}\left(\frac{\mathrm{d}}{\mathrm{d}t}(-\sin\theta(t)),\ \frac{\mathrm{d}}{\mathrm{d}t}(\cos\theta(t))\right)$$

$$
\begin{aligned}
&= r\frac{\mathrm{d}^2\theta(t)}{\mathrm{d}t^2}(-\sin\theta(t),\ \cos\theta(t)) \\
&\qquad + r\frac{\mathrm{d}\theta(t)}{\mathrm{d}t}\left(\frac{\mathrm{d}}{\mathrm{d}\theta}(-\sin\theta)\left(\frac{\mathrm{d}\theta(t)}{\mathrm{d}t}\right),\ \frac{\mathrm{d}}{\mathrm{d}\theta}(\cos\theta)\left(\frac{\mathrm{d}\theta(t)}{\mathrm{d}t}\right)\right) \\
&= r\frac{\mathrm{d}^2\theta(t)}{\mathrm{d}t^2}(-\sin\theta(t),\ \cos\theta(t)) \\
&\qquad - r\left(\frac{\mathrm{d}\theta(t)}{\mathrm{d}t}\right)^2(\cos\theta(t),\ \sin\theta(t))
\end{aligned}
$$

試金石問題

B.1 y を x について微分しなさい．

(1) $y = \sqrt{x^3+1}$

(2) $y = e^{\sqrt{x}}$

(3) $y = \log(\sin(x^2-2))$

B.2 合成関数の微分を用いて，以下の商の微分公式を導出しなさい．

$$
\frac{\mathrm{d}}{\mathrm{d}x}\left[\frac{f(x)}{g(x)}\right] = \frac{f'(x)g(x) - f(x)g'(x)}{\left(g(x)\right)^2}
$$

C テイラー展開

物理学の勉強をするなら確実に知っておくべき公式に**テイラー展開**があります．テイラー展開の素晴らしい点は，複雑な関数を簡単なべき級数で表現できることです．テイラー展開によって面倒な計算が簡単になるため，その応用は幅広く，数値計算や振り子の運動方程式の導出，あるいは統計学の解析でも用いられます．問題を解くための公式として暗記している人もいるかもしれませんが，理解を深めることで数学的な考え方が養われますし，理解がともなうと公式を忘れたり間違えたりすることも少なくなります．それではテイラー展開とその特徴をみていきましょう．

まとめ

●テイラー展開

$\dfrac{\mathrm{d}f(x)}{\mathrm{d}x} = f'(x)$ とするとき，$f(x)$ は以下のべき級数で表される．

$$f(x) = f(a) + \frac{f'(a)}{1!}(x-a) + \frac{f''(a)}{2!}(x-a)^2 + \cdots$$

特に $a = 0$ のときのテイラー展開を**マクローリン展開**と呼ぶ．

●マクローリン展開の例

$$e^x = 1 + \frac{x}{1!} + \frac{x^2}{2!} + \frac{x^3}{3!} + \cdots$$

$$e^{-x} = 1 - \frac{x}{1!} + \frac{x^2}{2!} - \frac{x^3}{3!} + \cdots$$

$$\log(1+x) = x - \frac{x^2}{2} + \frac{x^3}{3} - \frac{x^4}{4} + \cdots$$

$$\sin x = x - \frac{x}{3!} + \frac{x^5}{5!} - \frac{x^7}{7!} + \cdots$$

$$\cos x = 1 - \frac{x^2}{2!} + \frac{x^4}{4!} - \frac{x^6}{6!} + \cdots$$

$$(1+x)^\alpha = 1 + \alpha x + \frac{\alpha(\alpha-1)}{2}x^2 + \cdots + \frac{\alpha(\alpha-1)\cdots(\alpha-n+1)}{n!}x^n + \cdots$$

$$\tan x = x + \frac{1}{3}x^3 + \frac{2}{15}x^5 + \frac{17}{315}x^7 + \cdots$$ 注1

注1　$\tan x$ の導出は試金石問題としました．各自で確認しましょう．

C.1　マクローリン展開の導出：$\sin x$ の例

例として，$\sin x$ のマクローリン展開の導出をみてみましょう．ここでは $\sin x$ がべき級数で表されると仮定して計算してみます．そして，$x=0$ 近傍において $\sin x$ とマクローリン展開の計算結果を比較し，$\sin x$ がべき級数で表せるのか確認してみます．

$f(x)=\sin x$ とおき，下のようにべき級数で表します．

$$\sin x = a_0 + a_1 x + a_2 x^2 + a_3 x^3 + a_4 x_4 + a_5 x^5 + \cdots \tag{C.1}$$

次に係数 $a_0, a_1, a_2, \cdots$ を求めていきます．もし求められなければ，そもそもべき級数の形で表しても意味がないことになります．

0 次

$$f(0) = \sin 0 = a_0 + 0 + 0 + 0 + 0 + \cdots \qquad \therefore\ a_0 = 0$$

1 次

$$f'(x) = a_1 + 2a_2 x + 3a_3 x^2 + 4a_4 x^3 + 5a_5 x^4 + \cdots$$

$$f'(0) \overset{注2}{=} \cos 0 = a_1 + 0 + 0 + 0 + 0 + \cdots \qquad \therefore\ a_1 = 1$$

注 2　$\dfrac{\mathrm{d}}{\mathrm{d}x}\sin x = \cos x$

2 次

$$f''(x) = 2a_2 + 3\cdot 2a_3 x + 4\cdot 3a_4 x^2 + 5\cdot 4a_5 x^3 + \cdots$$

$$f''(0) \overset{注3}{=} -\sin 0 = 2a_2 + 0 + 0 + 0 + \cdots \qquad \therefore\ a_2 = 0$$

注 3　$\dfrac{\mathrm{d}}{\mathrm{d}x}\cos x = -\sin x$

3 次

$$f'''(x) = 3\cdot 2a_3 + 4\cdot 3\cdot 2a_4 x + 5\cdot 4\cdot 3a_5 x^2 + \cdots$$

$$f'''(0) = -\cos 0 = 3\cdot 2a_3 + 0 + 0 + \cdots \qquad \therefore\ a_3 = -\frac{1}{3!}$$

4 次

$$f^{(4)}(x) = 4\cdot 3\cdot 2a_4 + 5\cdot 4\cdot 3\cdot 2a_5 x + \cdots$$

$$f^{(4)}(0) = \sin 0 = 4\cdot 3\cdot 2a_4 + 0 + \cdots \qquad \therefore\ a_4 = 0$$

5 次

$$f^{(5)}(x) = 5\cdot 4\cdot 3\cdot 2a_5 + \cdots$$

$$f^{(4)}(0) = \cos 0 = 5\cdot 4\cdot 3\cdot 2a_5 + \cdots \qquad \therefore\ a_5 = \frac{1}{5!}$$

上の結果を式 (C.1) に代入しまとめると，

$$\sin x = x - \frac{x}{3!} + \frac{x^5}{5!} + \cdots \tag{C.2}$$

が得られ，べき級数で表すことができました．次に，このべき級数が $x = 0$ 近傍で $\sin x$ に近い関数になっているのか 1 次，3 次，5 次までの項を含めた場合を比較し式 (C.2) の振る舞いについてみていきましょう．

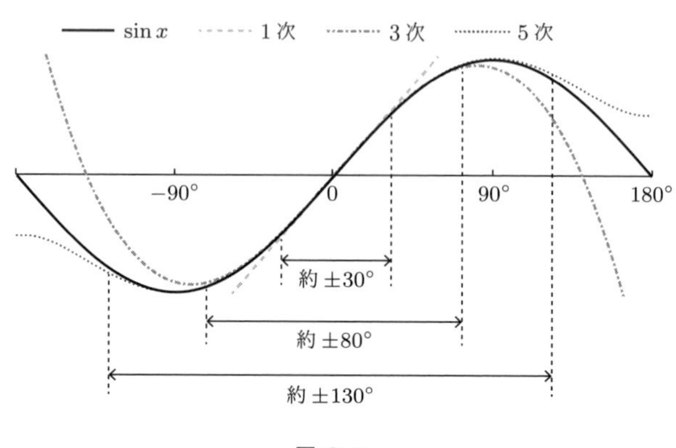

図 C.1

図 C.1 は式 (C.2) をグラフで表したもので横軸を角度 (度)，縦軸が 式 (C.2) の右辺の値となっています．1 次の項まで ($\sin x = x$) の場合 (破線) はおよそ ±30° の領域で一致しています．では 3 次の項まで ($\sin x = x - x^3/3!$) 含めた場合 (一点破線) はどうでしょうか．およそ ±80° の領域までよく一致しています．さらに 5 次の項まで ($\sin x = x - x^3/3! + x^5/5!$) 含めた場合 (点線) およそ ±130° の領域まで一致し，徐々に $\sin x$ に近づいていくことがわかります．このことから，$\sin x$ はべき級数で表すことができ，高次の項を含めれば含めるほど精度が高くなることがみてとれたと思います．もしかすると高校で，θ が小さいときは $\sin\theta \cong \theta$ と教えてもらったことがあるかもしれません．実はこのことはテイラー展開からいえることだったのです．また，テイラー展開は関数電卓にも応用され，三角関数や指数関数を始めとするさまざまな関数の計算に用いられています．

C.2 オイラーの公式

18 世紀の偉大な数学者レオンハルト・オイラーが導いた数学の至宝と呼ばれる**オイラーの公式**，

$$e^{ix} = \cos x + i \sin x \quad \text{注 4}$$

注 4　i は虚数と呼ばれ，2 乗すると -1 になります．

を知っていますか．三角関数と指数関数を結び付けた式で，様々な分野で応用されています．波動を分析する際に用いられるフーリエ変換にも使われます．オイラーの公式はテイラー展開 (あるいはマクローリン展開) から導くことができます．オイラーの公式は電磁気学でも用いられますので，これを機に公式の導出ともに覚えてしまいましょう．

オイラーの公式の導出

前頁に記した e^x の展開式から，

$$\begin{aligned}
e^{ix} &= 1 + i\frac{x}{1!} + (i^2)\frac{x^2}{2!} + (i^3)\frac{x^3}{3!} + (i^4)\frac{x^4}{4!} \\
&\qquad + (i^5)\frac{x^5}{5!} + (i^6)\frac{x^6}{6!} + (i^7)\frac{x^7}{7!} + \cdots \\
&= 1 + i\frac{x}{1!} - \frac{x^2}{2!} - i\frac{x^3}{3!} + \frac{x^4}{4!} + i\frac{x^5}{5!} - \frac{x^6}{6!} - i\frac{x^7}{7!} + \cdots \\
&= \underbrace{\left(1 - \frac{x^2}{2!} + \frac{x^4}{4!} - \frac{x^6}{6!}\cdots\right)}_{\cos x} + i\underbrace{\left(x - \frac{x}{3!} + \frac{x^5}{5!} - \frac{x^7}{7!}\cdots\right)}_{\sin x} \\
&= \cos x + i\sin x
\end{aligned}$$

C.3　アインシュタインの有名な式 ($E = mc^2$)

アインシュタインが示した，質量とエネルギーの等価性を示す $E = mc^2$ という式を 1 度は見たことがあるかもしれません．実は正確にいうと $E^2 = (mc^2)^2 + (pc)^2$ です．これは特殊相対論の内容ですので詳しい説明は省きますが，この式をマクローリン展開を適用することでも $E = mc^2$ の式を導くことができます．それを見てみましょう．

$$E^2 = (mc^2)^2 + (pc)^2 \quad \text{注 5}$$

$$\begin{aligned}
E &= \sqrt{m^2c^4 + p^2c^2} \\
&= mc^2\sqrt{1 + \frac{p^2c^2}{m^2c^4}} \\
&\overset{\text{注 6}}{=} mc^2\sqrt{1 + \frac{v^2}{(1 - v^2/c^2)c^2}} = mc^2\left(1 - \frac{v^2}{c^2}\right)^{-\frac{1}{2}}
\end{aligned}$$

$v \ll c$ のとき，$E \approx mc^2$ となりますが，試しにマクローリン展開して確認してみると，

$$= mc^2\left(1 - \left(-\frac{1}{2}\right)\frac{v^2}{c^2} + \frac{1}{2!}\left(-\frac{1}{2}\right)\left(-\frac{1}{2} - 1\right)\left(\frac{v^2}{c^2}\right)^2 + \cdots\right)$$

$v \ll c$ のとき，$E \cong mc^2$ 注 7

注 5　p は運動量と呼ばれ

$$p = mv\Big/\sqrt{1 - \frac{v^2}{c^2}}$$

で与えられます．

注 6　$p = \dfrac{mv}{\sqrt{1 - \frac{v^2}{c^2}}}$ を代入

注 7　有名な質量とエネルギーの等価式に帰着します．

試金石問題

C.1 $\tan x$ のマクローリン級数を第 2 項まで導きなさい.

C.2 $(1.005)^{20}$ をマクローリン級数の 3 次の項までを用いて見積もりなさい. 得られた結果と関数電卓で求めた値を比較しなさい.

試金石問題の略解

第I部　力学編

第1章

1.1　(1) $v(t) = \dfrac{\mathrm{d}x(t)}{\mathrm{d}t} = -4t + 8 \qquad \therefore\ v(3) = -4$

(2) $a(t) = \dfrac{\mathrm{d}v(t)}{\mathrm{d}t} = -4$

(3) $\Delta x = x(3) - x(1) = 11 - 11 = 0,\ l = \displaystyle\int_1^3 |v(t)|\mathrm{d}t = \cdots = 4$

1.2　(1) $v(t) = at + v_0,\ a(t) = a$

(2) 加速度，初速度，初期位置

(3) $v^2(t_2) - v^2(t_1) = (at_2 + v_0)^2 - (at_1 + v_0)^2 = \cdots = 2a(x(t_2) - x(t_1))$

(4) $36\,\mathrm{km/hour} = \dfrac{36 \times 1000}{60 \times 60}\mathrm{m/s} = 10\,\mathrm{m/s}$

$(0\,\mathrm{m/s})^2 - (10\,\mathrm{m/s})^2 = 2 \times (-5.0\,\mathrm{m/s^2}) \times l \qquad \therefore\ l = 10\,\mathrm{m}$

元のスピードが時速54 kmの場合，$\left(\dfrac{54}{36}\right)^2 = \dfrac{9}{4} = 2.25$ 倍なので，$l = 22.5\,\mathrm{m} \cong 23\,\mathrm{m}$ [注1]

注1　つまり時速36 kmから時速54 kmにちょっと(3/2倍)スピードアップしただけで，止まるのに2倍以上の距離が必要になるということがわかる．交通安全に関する問題といえる．

1.3　(1) $v_x(t) = \dfrac{\mathrm{d}x(t)}{\mathrm{d}t} = -r\omega \sin \omega t, \quad v_y(t) = \dfrac{\mathrm{d}y(t)}{\mathrm{d}t} = r\omega \cos \omega t$

$$v = \sqrt{v_x^2(t) + v_y^2(t)} = r\omega \quad (\text{一定})$$

(2) 等速円運動

第2章

2.1　(1) すべての場合でボールが同じ高さに到達することから，すべての場合で鉛直方向の初速度も等しくなる．

(2) すべての場合でボールの加速度は鉛直方向の重力加速度に等しくなる．(1) よりすべての場合で鉛直方向の初速度が等しく，また，すべての場合でボールが同じ高さに到達することから，すべての場合で滞空時間も等しくなる．

(3) 水平方向の移動距離はa, b, cの順に大きくなっている．どの場合でも水平方向へは一定の速度で運動することから，水平方向の初速度もa, b, cの順に大きくなる．

(4) (1) からすべての場合で鉛直方向の初速度が等しいので，すべての場合で鉛直方向の最終速度 ($v_\perp$ とする) も等しくなる．また，(3) から水平方向の最終速度 ($v_\parallel$ とする) はa, b, cの順に大きくなる．最終スピードは $\sqrt{{v_\perp}^2 + {v_\parallel}^2}$ で求められるので，a, b, cの順に大きくなる．

第3章

3.1 (1) 運動方程式は $m\dfrac{\mathrm{d}^2\vec{r}(t)}{\mathrm{d}t^2} = -mg\vec{e}_y$ と書ける．

$$\therefore \begin{cases} m\dfrac{\mathrm{d}^2x(t)}{\mathrm{d}t^2} = 0 \\ m\dfrac{\mathrm{d}^2y(t)}{\mathrm{d}t^2} = -mg \end{cases}$$

$$\therefore \begin{cases} x(t) = v_{0x}t + x_0 \\ y(t) = -\dfrac{1}{2}gt^2 + v_{0y}t + y_0 \end{cases}$$

初期条件は $v_{0x} = v_0\cos\theta$, $v_{0y} = v_0\sin\theta$, $x_0 = y_0 = 0$ と表されるので，

$$\begin{cases} x(t) = v_0\cos\theta\cdot t \\ y(t) = -\dfrac{1}{2}gt^2 + v_0\sin\theta\cdot t \end{cases}$$

(2) $x(t) = v_0\cos\theta\cdot t$ より $t = \dfrac{x}{v_0\cos\theta}$

これを $y(t)$ の式に代入すると，

$$\begin{aligned} y &= -\frac{1}{2}g\left(\frac{x}{v_0\cos\theta}\right)^2 + v_0\sin\theta\frac{x}{v_0\cos\theta} \\ &= -\frac{g}{2{v_0}^2\cos^2\theta}x^2 + \tan\theta\cdot x \end{aligned}$$

これが答えでもよいですが，(3) のために平方完成します．

$$= -\frac{g}{2{v_0}^2\cos^2\theta}\Bigl(x - \underbrace{\frac{{v_0}^2}{2g}\sin 2\theta}_{x_{\mathrm{peak}}}\Bigr)^2 + \underbrace{\frac{{v_0}^2}{2g}\sin^2\theta}_{h}$$

注2　$L = x_{\mathrm{peak}} \times 2$

(3) $h = \dfrac{{v_0}^2}{2g}\sin^2\theta$, $L = \dfrac{{v_0}^2}{g}\sin 2\theta$ 注2

(4) $\theta = \dfrac{\pi}{4}$

図1のような状況である．

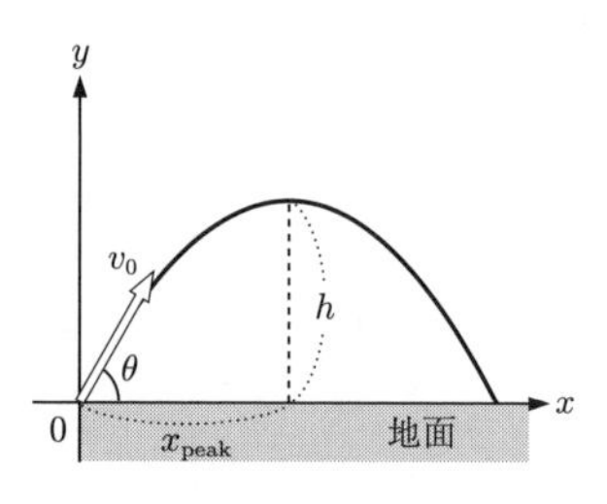

図1

3.2 (1) 図2に飛行機から落とした物体の放物運動を示す．この場合，飛行機の位置を原点とし下向きを $+y$ とすると計算が楽になる (地面に原点をとり，上向きを $+y$ としても問題ない)．飛行機から落ちた物体の加速度は y 方向の重力加速度に等しいことから，

$$y(t) - y_0 = \underbrace{v_{0y}}_{=0}t + \frac{1}{2}gt^2$$

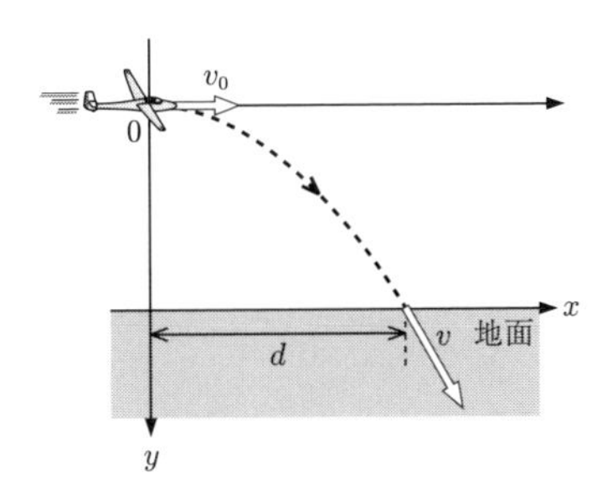

図 2

$$y(t) - y_0 = \frac{1}{2}gt^2$$

$y(t) - y_0 = 300\,\mathrm{m}$ を代入し t を解くと，$t = 7.8\,\mathrm{s}$ が得られる．一方，物体の水平方向の加速度はゼロなので，

$$x(t) - x_0 = v_0 t + \underbrace{\frac{1}{2}at^2}_{=0}$$

$$\begin{aligned} x(t) - x_0 &= v_0 t \\ &= \left(200\frac{\mathrm{km}}{\mathrm{h}} \cdot \frac{1000\,\mathrm{m}}{\mathrm{km}} \cdot \frac{\mathrm{h}}{3600\,\mathrm{s}}\right) \cdot (7.8\,\mathrm{s}) \\ &= 433.3\,\mathrm{m} \end{aligned}$$

(2) 速度を水平成分と垂直成分とに分けて考えよう．水平方向の速度は常に初速度と等しくなる．したがって，

$$v_x = v_{0x} = 200\frac{\mathrm{km}}{\mathrm{h}} = 55.6\frac{\mathrm{m}}{\mathrm{s}}$$

一方，垂直方向には重力が働くので，垂直方向の速度は増加する．垂直方向の初期速度はゼロなので，地上に落ちたときの垂直方向の速度は，

$$v_y = v_{0y} + gt = 0 + \left(9.8\frac{\mathrm{m}}{\mathrm{s}^2}\right)(7.8\,\mathrm{s}) = 76.4\frac{\mathrm{m}}{\mathrm{s}}$$

となる．よって，地上に落ちたときのスピード s は，

$$s = \sqrt{{v_x}^2 + {v_y}^2} = \sqrt{\left(55.6\frac{\mathrm{m}}{\mathrm{s}}\right)^2 + \left(76.4\frac{\mathrm{m}}{\mathrm{s}}\right)^2} = 94.5\frac{\mathrm{m}}{\mathrm{s}}$$

となる．

第 4 章

4.1 (1) $m\dfrac{\mathrm{d}^2 y(t)}{\mathrm{d}t^2} = -mg - bv(t)$

(2) $\dfrac{\mathrm{d}v(t)}{\mathrm{d}t} = -g - \dfrac{b}{m}v(t)$ より

$$\frac{\mathrm{d}}{\mathrm{d}t}\left(v(t) + \frac{mg}{b}\right) = -\frac{b}{m}\left(v(t) + \frac{mg}{b}\right)$$

$$\therefore\ v(t) + \frac{mg}{b} = Ce^{-\frac{b}{m}t} \quad (C \text{ は定数})$$

$$v(0) = 0 \text{ より，} C = \frac{mg}{b}$$

$$\therefore\ v(t) = -\frac{mg}{b}\left(1 - e^{-\frac{b}{m}t}\right) \quad \cdots(\bigstar)$$

$$\therefore\ v_t = v(\infty) = -\frac{mg}{b}$$

(3) 十分な時間が経過すると，物体に働く重力と空気抵抗がつり合うので加速度はゼロとなる．よって，

$$m\frac{\mathrm{d}^2y(\infty)}{\mathrm{d}t^2} = -mg - bv(\infty) = 0 \quad \text{となる．}$$

$$\therefore\ v_t = v(\infty) = -\frac{mg}{b}$$

(4) $v_t = -\dfrac{4.2\times10^{-12}\times9.8}{3.5\times10^{-9}} \cong -1.2\times10^{-2}\,\mathrm{m/s}$

また，(★) より，$\dfrac{b}{m}t_1 = 2$ となればよいので，

$$t_1 = \frac{2m}{b} = \frac{2\times4.2\times10^{-12}}{3.5\times10^{-9}} \cong 2.4\times10^{-3}\,\mathrm{s}$$

4.2 ひもの長さが l の単振り子に対する振り幅 $\theta(t)$ についての方程式は

$$\frac{\mathrm{d}^2\theta(t)}{\mathrm{d}t^2} = -\frac{g}{l}\theta(t)$$

これよりこの単振動の角振動数は $\sqrt{\dfrac{g}{l}}$ となることがわかる．周期は $2\pi\sqrt{\dfrac{l}{g}}$ となり，振り幅にもおもりの質量にもよらない．

$\sin\theta$ のマクローリン展開が

$$\sin\theta = \theta - \frac{1}{3!}\theta^3 + \frac{1}{5}\theta^5 + \cdots$$

であることに着目し，寄与が小さい 5 次以上の項を無視すると，θ に対する 3 次の項の割合が 0.05 以下となる条件は

$$\frac{\frac{\theta^3}{3!}}{\theta} \leq 0.05$$

となり，上式を満たす θ が求める上限と考えられる．よって，$\theta \cong 0.548\,\mathrm{rad} \cong 31^\circ$
(これより $\sin\theta \cong \theta$ の近似がそれほど悪くないことがわかるだろう)

第 6 章

6.1 (1) 地上を x 軸にとると次のようにかける．

$$\begin{cases} y(t) = -\dfrac{1}{2}gt^2 + v_0 t \\ v(t) = -gt + v_0 \end{cases}$$

最高点に到達する時刻を t_1 とすると，$v(t_1) = 0$ より $t_1 = \dfrac{v_0}{g}$

したがって $h = y(t_1) = \cdots = \dfrac{{v_0}^2}{2g}$

(2) $E = \dfrac{1}{2}mv^2(t) + mgy(t)$ が保存するので，$\underbrace{\dfrac{1}{2}m{v_0}^2}_{\text{発射時の } E} = \underbrace{mgh}_{\text{最高点での } E}$ より，$h = \dfrac{{v_0}^2}{2g}$

6.2 (1) 力学的エネルギー保存則より，

$$\frac{1}{2}\cdot10\cdot5^2 + 10\cdot9.8\cdot10 = \frac{1}{2}\cdot10\cdot{v_A}^2 + 10\cdot9.8\cdot5$$

$$\therefore\ v_A \cong 11\,\mathrm{m/s}$$

(2) 力学的エネルギー保存則より，

$$\frac{1}{2}\cdot 10\cdot 5^2+10\cdot 9.8\cdot 10=\frac{1}{2}\cdot 10\cdot 14^2+10\cdot 9.8\cdot h$$

$$\therefore\ h\cong 1.3\,\mathrm{m/s}$$

よって図 3 の 2 つの地点

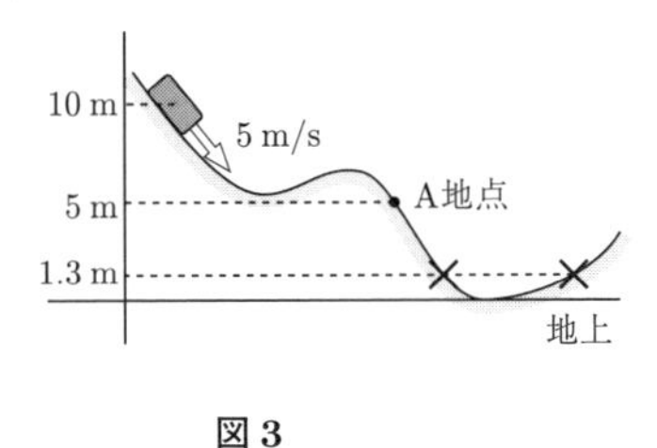

図 3

6.3 運動方程式は次式.

$$m\frac{\mathrm{d}^2x(t)}{\mathrm{d}t^2}=-kx(t)$$

両辺に速度 $v(t)$ を掛けて変形すると，

$$\frac{\mathrm{d}}{\mathrm{d}t}\left(\frac{1}{2}mv^2(t)+\frac{1}{2}kx^2(t)\right)=0$$

$$\therefore\ \frac{1}{2}mv^2(t)+\frac{1}{2}kx^2(t)=E$$

第 7 章

7.1 力学的エネルギー (第 6 章参照) の変化と摩擦力が物体にする仕事の関係 $\Delta E=W_{摩擦}$ より，

$$\left(\frac{1}{2}mv^2+0\right)\quad-\ (0+mgL\sin\theta)\quad=-\mu mgL\cos\theta \qquad 注3$$

↑滑り落ちた後の力学的エネルギー　↑滑り落ちた後の力学的エネルギー

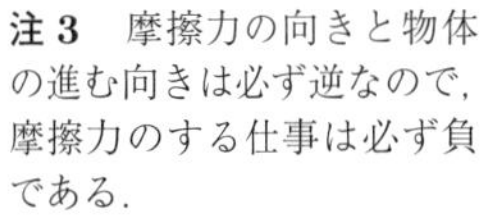

注 3 摩擦力の向きと物体の進む向きは必ず逆なので，摩擦力のする仕事は必ず負である.

$$\therefore\ v=\sqrt{2gL(\sin\theta-\mu\cos\theta)} \qquad 注4$$

注 4 $\sin\theta>\mu\cos\theta$ が満たされていなければ物体は動き出さない.

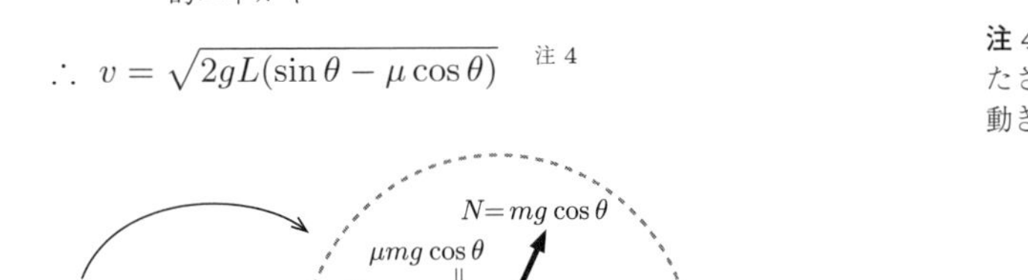

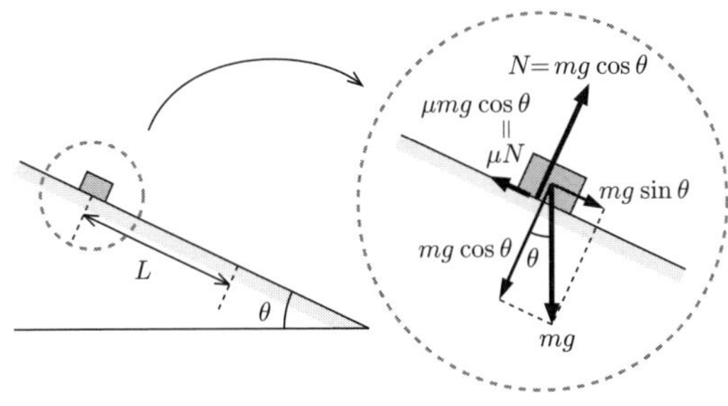

図 4

7.2 (1) $mg=kl$ より，$l=\dfrac{mg}{k}$. 自然長からのばねの伸びを x，手が物体に加える力の大きさを $F_{手}$ とする. 物体に加わる重力とばねの力と手から受ける力が常につり合っていると考えられるので，$mg-kx-F_{手}=0$ より，$F_{手}=mg-kx$. よって，

$$W_{手}=-\int_0^l F_{手}\,\mathrm{d}x=\cdots=-\frac{(mg)^2}{2k} \qquad 注5$$

注 5 手が加える力の向きと物体の動く向きは逆

(2) 物体の最初の位置を重力による位置エネルギーの基準にとる．力学的エネルギー保存則より，

$$0 = \frac{1}{2}kL^2 - mgL \qquad \therefore\ L = \frac{2mg}{k}(= 2l)$$

第8章

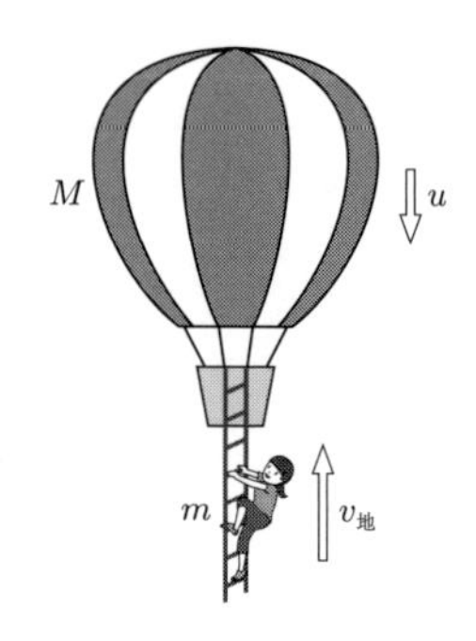

図5

8.1 地面に対する人の速さを $v_{地}$ とする．内力によって気球と人は運動すると考えられるので，運動量保存則より

$$mv_{地} - Mu = 0$$

また，$v, u, v_{地}$ には次の関係がある．

$$v = v_{地} + u$$

以上より，

$$u = \frac{m}{m+M}v$$

人が登るのをやめると，運動量保存則より，ふたたび静止する．

8.2 人やおもりが移動しても重心の位置は変わらないことに注意しよう．また全運動量は0で保存される．

(1) 人が最も沿岸に近づいたときの沿岸からボートまでの距離を x とすると (図6)

$$\frac{200\,\mathrm{kg}\cdot 5\,\mathrm{m} + 50\,\mathrm{kg}\cdot 5\,\mathrm{m} + 100\,\mathrm{kg}\cdot 10\,\mathrm{m}}{200\,\mathrm{kg} + 50\,\mathrm{kg} + 100\,\mathrm{kg}}$$
$$= \frac{200\,\mathrm{kg}\cdot(5\,\mathrm{m} + x) + 50\,\mathrm{kg}\cdot x + 100\,\mathrm{kg}\cdot(10\,\mathrm{m} + x)}{200\,\mathrm{kg} + 50\,\mathrm{kg} + 100\,\mathrm{kg}}$$

が成り立つ．これを x について解くと，$x = 0.71\,\mathrm{m}$ となる．約 70 cm の距離であればジャンプして沿岸に渡れるだろう．

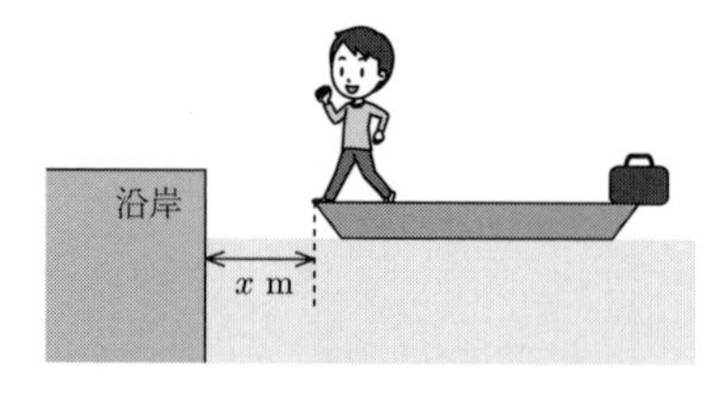

図6

(2) おもりを最も沿岸から遠ざけたのち，人が最も沿岸に近づいたときの沿岸からボートまでの距離を x とすると (図7)

$$\frac{150\,\mathrm{kg}\cdot 8\,\mathrm{m} + 50\,\mathrm{kg}\cdot 8\,\mathrm{m} + 100\,\mathrm{kg}\cdot 3\,\mathrm{m}}{150\,\mathrm{kg} + 50\,\mathrm{kg} + 100\,\mathrm{kg}}$$
$$= \frac{150\,\mathrm{kg}\cdot(x + 5\,\mathrm{m}) + 50\,\mathrm{kg}\cdot x + 100\,\mathrm{kg}\cdot(x + 10\,\mathrm{m})}{150\,\mathrm{kg} + 50\,\mathrm{kg} + 100\,\mathrm{kg}}$$

が成り立つ．これを x について解くと，$x = 0.5\,\mathrm{m}$ となる．50 cm の距離であればジャンプして沿岸に渡れるだろう．

図 7

8.3 N 個の物体からなる系を考える．i 番目の物体が j 番目の物体から受ける力を $\vec{F}_{i\leftarrow j}$ とする (ただし $i=j$ のとき $\vec{F}_{i\leftarrow j}=\vec{0}$ とする)．i 番目の物体に働く外力を $\vec{F'}_i$ とする．i 番目の物体の運動量を $\vec{p}_i$ とすると，i 番目の物体の運動方程式は

$$\frac{\mathrm{d}\vec{p}_i(t)}{\mathrm{d}t}=\sum_{j=1}^{N}\vec{F}_{i\leftarrow j}+\vec{F'}_i$$

N 個の運動方程式を足し上げると，

$$\sum_{i=1}^{N}\frac{\mathrm{d}\vec{p}_i(t)}{\mathrm{d}t}=\underbrace{\sum_{i,j=1}^{N}\vec{F}_{i\leftarrow j}}_{=0\ \text{注 6}}+\sum_{i=1}^{N}\vec{F'}_i$$

$$\therefore\ \underbrace{\frac{\mathrm{d}\vec{P}(t)}{\mathrm{d}t}}_{\text{運動量の時間変化率}}=\vec{F'}\quad^{\text{注 7}}$$

注 6　∵ 作用·反作用の法則

注 7　$\vec{P}(t)\equiv\sum_{i=1}^{N}\vec{p}_i(t)$, $\vec{F'}\equiv\sum_{i=1}^{N}\vec{F'}_i$

両辺を t で積分すると，

$$\underbrace{\int_{t_i}^{t_f}\frac{\mathrm{d}\vec{P}(t)}{\mathrm{d}t}\mathrm{d}t}_{t_i\ \text{から}\ t_f\ \text{の間で変化した運動量}}=\int_{t_i}^{t_f}\vec{F'}\mathrm{d}t$$

$$\therefore\ \Delta\vec{P}=\int_{t_i}^{t_f}\vec{F'}\mathrm{d}t$$

第 10 章

10.1 図 8 のように座標をとる．

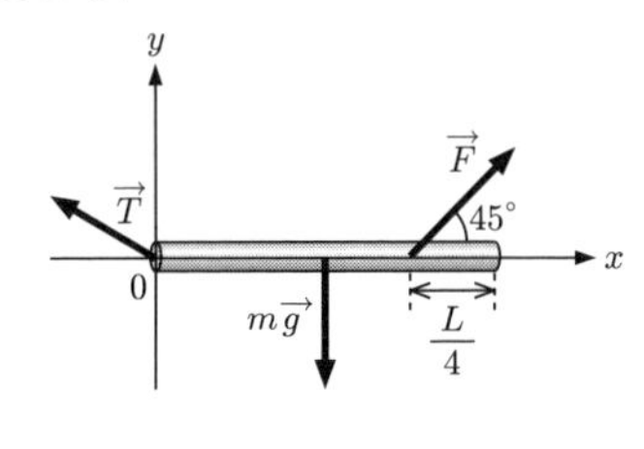

図 8

合力のつり合いから，

$$\begin{cases}T_x+F_x=0\\ T_y+F_y-mg=0\end{cases}$$

原点回りのトルクのつり合いから [注 8]，

$$\frac{L}{2}mg-\frac{3L}{4}F_y=0$$

注 8　時計回りを正とする．

$\vec{F}$ の向きの条件より，

$$F_x = F_y$$

以上の 4 式より，

$$\vec{F} = \left(\frac{2}{3}mg, \frac{2}{3}mg\right), \quad \vec{T} = \left(-\frac{2}{3}mg, \frac{1}{3}mg\right)$$

10.2 (1) 右下の物体を軸とするトルクが 0 を超えればよい．一辺の長さを l として，

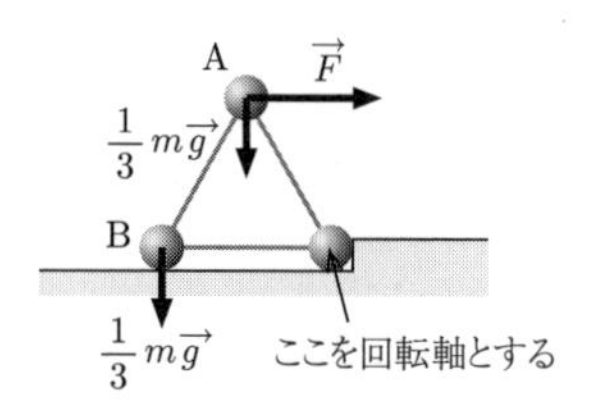

図 9

$$Fl\sin 60^\circ - \underbrace{\frac{1}{3}mgl\sin 30^\circ}_{\text{A の寄与}} - \underbrace{\frac{1}{3}mgl\sin 90^\circ}_{\text{B の寄与}} > 0$$

$$F\frac{\sqrt{3}}{2} > \frac{1}{3}mg\frac{1}{2} + \frac{1}{3}mg$$

$$F > \frac{2}{\sqrt{3}}\left(\frac{1}{6}mg + \frac{1}{3}mg\right)$$

$$\therefore\ F > \frac{1}{\sqrt{3}}mg$$

(2) (1) と同様にして，

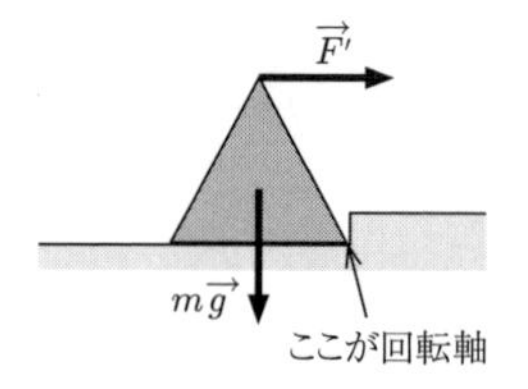

図 10

$$F'l\sin 60^\circ - mg\frac{l}{2} > 0 \qquad \therefore\ F' > \frac{1}{\sqrt{3}}mg$$

(1) の答えも，3 物体の中心 (重心) に質量 m の物体があると考えることで (2) の計算と同様に求めることができるということに気付かされる．

第 11 章

11.1 (1) 円柱の回転の角加速度を α，張力を T，円柱と台の間に働く摩擦力の大きさを f とする．実際に運動する向きを a と α の正の向きとする．それぞれの運動方程式は

$$\begin{cases} Ma = T - f \\ I\alpha = Rf \\ ma = mg - T \end{cases}$$

a と α の関係から

$$a = R\alpha$$

以上の 4 式より，$a = \dfrac{g}{1 + \frac{M}{m} + \frac{I}{mR^2}}$

(2) 静止状態から運動を始め，おもりが h だけ下がり速さが v になったとする．静止状態の位置を位置エネルギーの基準とすると，

$$\frac{1}{2}Mv^2 + \frac{1}{2}I\left(\frac{v}{R}\right)^2 - mgh = 0$$

$$\therefore\ v^2 = \frac{2gh}{1 + \frac{M}{m} + \frac{I}{mR^2}}$$

等加速度運動であることから $v^2 = 2ah$ が成り立つので，

$$a = \frac{g}{1 + \frac{M}{m} + \frac{I}{mR^2}}$$

11.2 (1) 片方の糸を切った直後の運動を次のように考える．

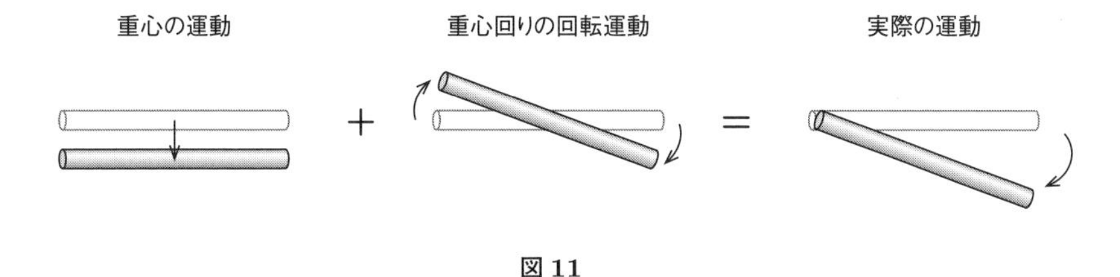

図 11

(切れてない方の) 糸の張力の大きさを T とする．

重心の運動について： $Ma = Mg - T$

回転運動について： $I\alpha = \dfrac{L}{2}T \quad \left(I = \dfrac{1}{12}ML^2\right)$

(2) $\dfrac{L}{2}\alpha = a$ が成り立つ．以上より $a = \dfrac{3}{4}g$

第 12 章

12.1 この棒の回転の運動方程式は，I を慣性モーメントとして

$$I\frac{\mathrm{d}^2\theta(t)}{\mathrm{d}t^2} = -\kappa\theta(t)$$

$I = \dfrac{1}{12}ML^2$ と計算されるので，

$$\frac{\mathrm{d}^2\theta(t)}{\mathrm{d}t^2} = -\frac{12\kappa}{ML^2}\theta(t)$$

よって，この棒は周期 $T = \dfrac{2\pi}{\sqrt{\frac{12\kappa}{ML^2}}} = \pi L\sqrt{\dfrac{M}{3\kappa}}$ の単振動をする．

【参考】巻きばねの単振動の運動方程式と周期 (T)

$$\frac{\mathrm{d}^2x}{\mathrm{d}t^2} = -\frac{k}{m}x$$

$$T = 2\pi\sqrt{\frac{m}{k}}$$

12.2 (1) $I\dfrac{\mathrm{d}^2\theta(t)}{\mathrm{d}t^2} = -Mgl\sin\theta(t)$

(2) $\sin\theta(t) \cong \theta(t)$ として，$\dfrac{\mathrm{d}^2\theta(t)}{\mathrm{d}t^2} = -\dfrac{Mgl}{I}\theta(t)$

$\omega = \sqrt{\dfrac{Mgl}{I}}$ として，$\theta(t) = C_1\sin\omega t + C_2\cos\omega t$ と解ける．

$$\theta(0) = 0 \text{ より，} C_2 = 0$$

$$v_{\text{重心}}(0) = l\frac{\mathrm{d}\theta}{\mathrm{d}t}(0) = \pm v_0 \text{より}, \ lC_1\omega = \pm v_0 \quad \therefore\ C_1 = \pm\frac{v_0}{l\omega}$$

$$\theta(t) = \pm\frac{v_0}{l\omega}\sin\omega t$$

(3) $T = \dfrac{2\pi}{\omega} = 2\pi\sqrt{\dfrac{I}{Mgl}}$

重心に全質量が集まった場合，$I = Ml^2$

$$\therefore\ T' = 2\pi\sqrt{\frac{l}{g}} \qquad \text{(単振り子の周期に一致)}$$

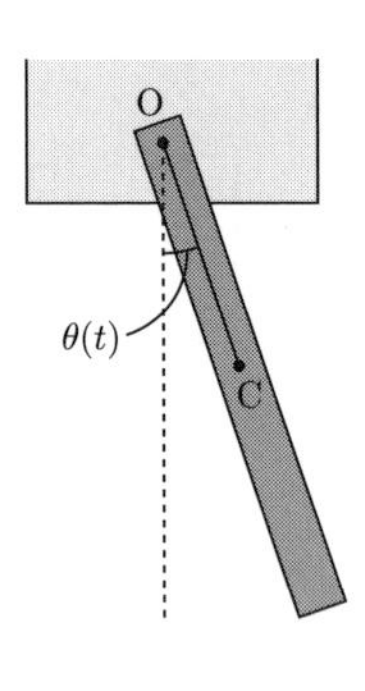

図 12

(4) この棒が長さ L の一様な棒のとき，

$$I = \frac{1}{3}ML^2$$

また，一様な棒であることから OC 間の距離は $L/2$ である．よって，

$$T = 2\pi\sqrt{\frac{\frac{1}{3}ML^2}{Mg\frac{1}{2}L}} = 2\pi\sqrt{\frac{2L}{3g}}$$

(3) の T' と同等の周期になるには $l = \dfrac{2}{3}L \quad \therefore\ L_0 = \dfrac{2}{3}L$

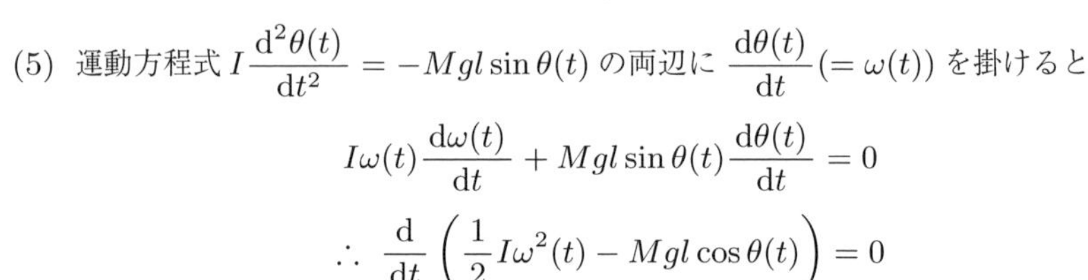

(5) 運動方程式 $I\dfrac{\mathrm{d}^2\theta(t)}{\mathrm{d}t^2} = -Mgl\sin\theta(t)$ の両辺に $\dfrac{\mathrm{d}\theta(t)}{\mathrm{d}t}(=\omega(t))$ を掛けると

$$I\omega(t)\frac{\mathrm{d}\omega(t)}{\mathrm{d}t} + Mgl\sin\theta(t)\frac{\mathrm{d}\theta(t)}{\mathrm{d}t} = 0$$

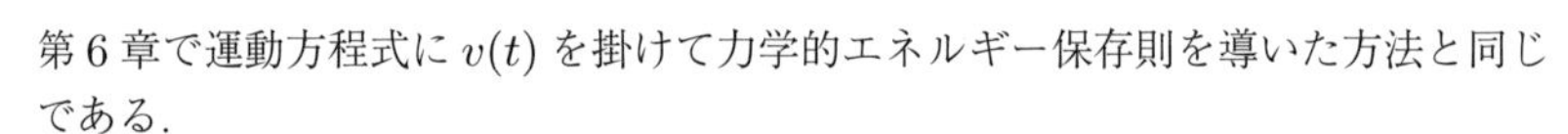

$$\therefore\ \frac{\mathrm{d}}{\mathrm{d}t}\left(\frac{1}{2}I\omega^2(t) - Mgl\cos\theta(t)\right) = 0$$

第 6 章で運動方程式に $v(t)$ を掛けて力学的エネルギー保存則を導いた方法と同じである．

$\theta = 0$ のときを位置エネルギーの基準とするので，

$$\frac{1}{2}I\omega^2(t) + Mgl - Mgl\cos\theta(t) = E\ (\text{定数})$$ 注 9

$$\frac{1}{2}I\omega^2(t) + Mgl(1-\cos\theta(t)) = E\ (\text{定数})$$

注 9　基準点の位置エネルギー Mgl とそれ以外の点での位置エネルギー $Mgl\cos\theta(t)$ との差が位置エネルギーの変化量を表す．両者が等しいとき，位置エネルギーの変化はない．

第 II 部　熱力学編

第 14 章

14.1 (1) $\Delta U_{\mathrm{AC}} = W_{\mathrm{ABC}} + Q_{\mathrm{ABC}} = -20\,\mathrm{J} + 50\,\mathrm{J} = 30\,\mathrm{J}$

$$\therefore\ \Delta U_{\mathrm{CA}} = -\Delta U_{\mathrm{AC}} = -30\,\mathrm{J}$$

$$\therefore\ Q_{\mathrm{CA}} = \Delta U_{\mathrm{CA}} - W_{\mathrm{CA}} = -30\,\mathrm{J} - 13\,\mathrm{J} = -43\,\mathrm{J}$$

(2) $Q_{\mathrm{AB'C}} = \Delta U_{\mathrm{AC}} - W_{\mathrm{AB'C}} = 30\,\mathrm{J} - (-8\,\mathrm{J}) = 38\,\mathrm{J}$

$$\therefore\ Q_{\mathrm{AB'}} = Q_{\mathrm{AB'C}} - Q_{\mathrm{B'C}} = 38\,\mathrm{J} - 18\,\mathrm{J} = 20\,\mathrm{J}$$

(3) $\Delta U_{\mathrm{AB'}} = Q_{\mathrm{AB'}} + W_{\mathrm{AB'}} = 22\,\mathrm{J} - 8\,\mathrm{J} = 14\,\mathrm{J}$

$$(\because\ W_{\mathrm{AB'}} = W_{\mathrm{AB'C}} = -8\,\mathrm{J})$$

$$\therefore\ \Delta U_{\mathrm{B'C}} = \Delta U_{\mathrm{AC}} - \Delta U_{\mathrm{AB'}} = 30\,\mathrm{J} - 14\,\mathrm{J} = 16\,\mathrm{J}$$

第 15 章

15.1 $\mathrm{d}H = \mathrm{d}U + \mathrm{d}p\,V + V\mathrm{d}p = \mathrm{d}'Q + V\mathrm{d}p \quad (\because \mathrm{d}U = \mathrm{d}'Q - p\mathrm{d}V)$

$$\therefore\ \mathrm{d}'Q = \left(\frac{\partial H}{\partial T}\right)_P \mathrm{d}T + \left(\left(\frac{\partial H}{\partial p}\right)_T - V\right)\mathrm{d}p$$

$$\therefore\ C_p = \frac{1}{n}\left.\frac{\mathrm{d}'Q}{\mathrm{d}'T}\right|_{\mathrm{d}p=0} = \frac{1}{n}\left(\frac{\partial H}{\partial T}\right)_p$$

15.2 (1) 空気の質量を M (定数) とすると，$\rho V = M$ より，$\mathrm{d}\rho V + \rho \mathrm{d}V = 0$

$$\mathrm{d}\rho = -\frac{\rho}{V}\mathrm{d}V$$

$$\frac{\mathrm{d}p}{\mathrm{d}\rho} = -\frac{V}{\rho}\frac{\mathrm{d}p}{\mathrm{d}V}$$

(2) $pV^\gamma =$ 一定 より，

$$\mathrm{d}p\,V^\gamma + \gamma p V^{\gamma-1}\mathrm{d}V = 0$$

$$\therefore\ \frac{\mathrm{d}p}{\mathrm{d}V} = -\gamma\frac{p}{V}$$

したがって，$\dfrac{\mathrm{d}p}{\mathrm{d}\rho} = -\dfrac{V}{\rho} \times \left(-\gamma\dfrac{p}{V}\right) = \gamma\dfrac{p}{\rho}$

理想気体を仮定すると，

$$pV = nRT = \frac{M}{m}RT$$

$$\therefore\ p = \frac{\rho}{m}RT$$

$$\therefore\ \frac{p}{\rho} = \frac{RT}{m}$$

したがって，

$$v = \sqrt{\frac{\mathrm{d}p}{\mathrm{d}\rho}} = \sqrt{\gamma\frac{p}{\rho}} = \sqrt{\gamma\frac{RT}{m}} = \sqrt{1.4 \times \frac{8.3 \times 288}{29 \times 10^{-3}}}$$

$$= 3.4 \times 10^2\ \mathrm{m/s}$$

第 16 章

16.1 (1) 図 13 のように状態 1〜4 を定める．状態 i の圧力，体積をそれぞれ p_i, V_i とする ($i = 1 \sim 4$)．$1 \to 2$ の変化で系が受けとる熱 Q_H はこの変化で系がする仕事に等しい．同様に $3 \to 4$ の変化で系が吐き出す熱 Q_C はこの変化で系がされる仕事に等しい．よって作業物質を n モルとすると，

$$Q_H = nRT_H \ln\frac{V_2}{V_1}, \quad Q_C = nRT_C \ln\frac{V_3}{V_4}$$

また，理想気体の断熱変化で成り立つ関係 ($TV^{\gamma-1} =$ 一定) より

$$T_H {V_2}^{\gamma-1} = T_C {V_3}^{\gamma-1}, \quad T_H {V_1}^{\gamma-1} = T_C {V_4}^{\gamma-1}$$

$$\therefore\ \frac{V_2}{V_1} = \frac{V_3}{V_4} \quad \text{注 10}$$

よって $\dfrac{Q_C}{Q_H} = \dfrac{T_C}{T_H}$ より，$\eta_C = 1 - \dfrac{Q_C}{Q_H} = 1 - \dfrac{T_C}{T_H}$

(2) 等温変化の実現に長い時間がかかってしまうから．

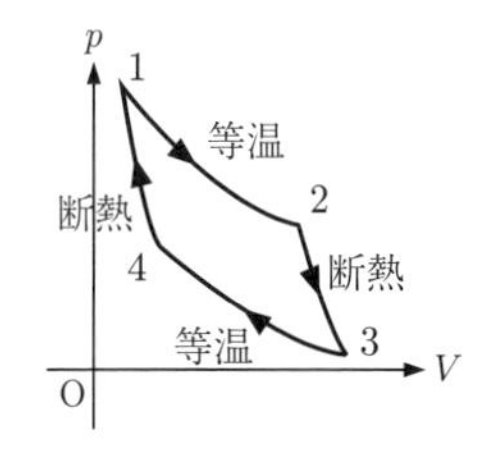

図 13

注 10 先の式を後の式で割る

(3) $K_C = \dfrac{Q_C}{W} = \dfrac{Q_C}{Q_H - Q_C} = \dfrac{T_C}{T_H - T_C}$

T_H が固定されているとき，T_C が小さいほど $K_C = \dfrac{1}{\frac{T_H}{T_C} - 1}$ は小さくなる (つまり冷やせば冷やすほど，冷やすのが大変になる).

(4) ヒーターは系外からの仕事 (電力) をそのまま熱エネルギーに変えているので成績係数が 1 を超えることはない.

$$K_{H(\text{ヒーター})} < 1$$

ヒートポンプでは低温側の熱浴から受けとる熱がある分，成績係数は 1 を超える.

$$K_{H(\text{ヒートポンプ})} > 1$$

よって，$K_{H(\text{ヒーター})} < K_{H(\text{ヒートポンプ})}$

第 18 章

18.1 まずは始状態と終状態を定める.

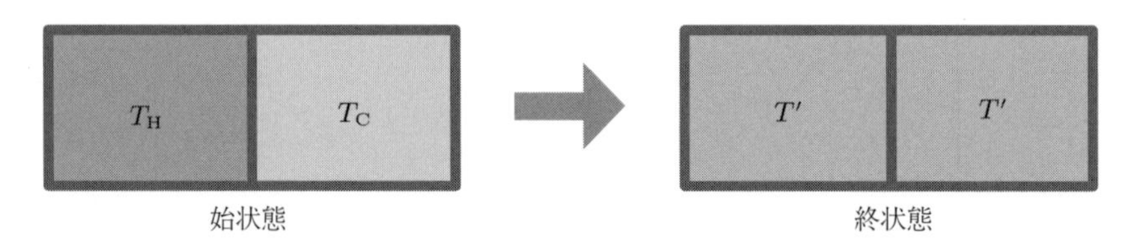

図 14

熱容量が等しいので平衡温度 T' は最初の温度の平均である.

$$T' = \frac{T_H + T_C}{2}$$

次に始状態と終状態を可逆変化で結ぶ. この場合はそれぞれの部分を準静的定積変化で結ぶのがよいだろう.

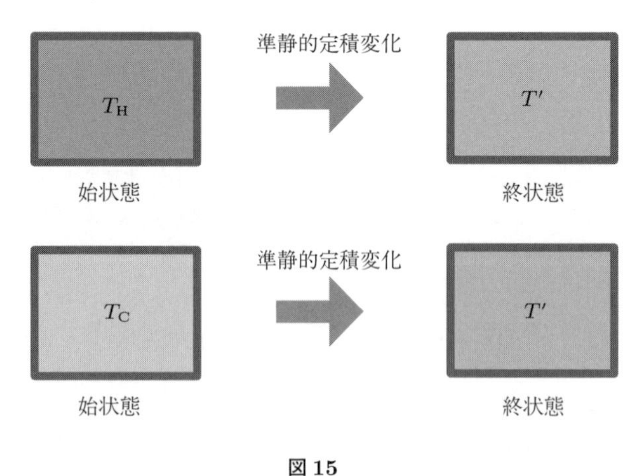

図 15

全エントロピー変化はそれぞれの部分のエントロピーの変化の和になる.

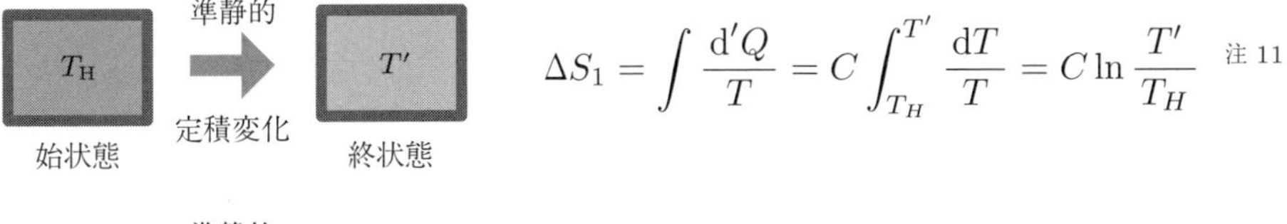

$$\Delta S_1 = \int \frac{\mathrm{d}'Q}{T} = C\int_{T_H}^{T'} \frac{\mathrm{d}T}{T} = C\ln\frac{T'}{T_H} \quad \text{注 11}$$

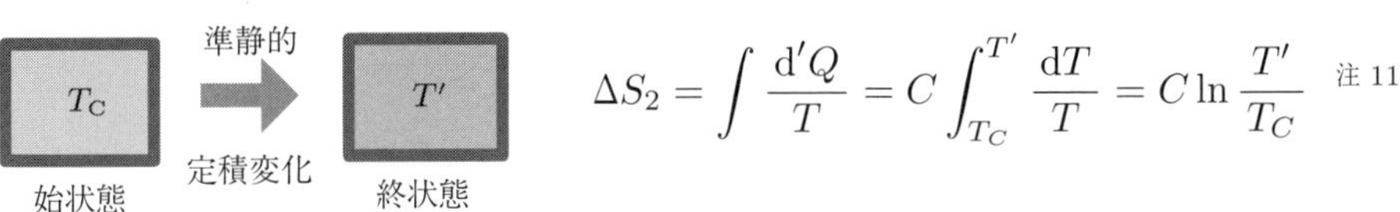

$$\Delta S_2 = \int \frac{\mathrm{d}'Q}{T} = C\int_{T_C}^{T'} \frac{\mathrm{d}T}{T} = C\ln\frac{T'}{T_C} \quad \text{注 11}$$

$$\begin{aligned}
\Delta S = \Delta S_1 + \Delta S_2 &= C\ln\frac{T^2}{T_H T_C} = C\ln\frac{(T_H+T_C)^2}{4T_H T_C} \\
&= C\ln\frac{(T_H+T_C)^2 - 4T_H T_C + 4T_H T_C}{4T_H T_C} \\
&= C\ln\left\{1 + \frac{(T_H - T_C)^2}{4T_H T_C}\right\} \geq 0 \quad \text{注 12}
\end{aligned}$$

注 11　$\because\ \mathrm{d}'Q = C\mathrm{d}T$

注 12　全体として孤立系の不可逆変化なのでエントロピーは増大する ($T_H = T_C$ のときは変化が起きないので当然 $\Delta S = 0$ となる).

第 III 部　電磁気学編

第 19 章

19.1　有限の長さの場合は電荷に平行な向きへの並進対称性がなくなる (図 16). 直線電荷の端の方ほど電場の向きが電荷に垂直ではなくなる. そのためどのようにガウス面を設定してもガウスの法則における積分の計算が困難になってしまう.

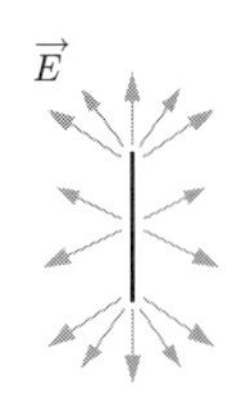

図 16

19.2　(1) 円環上の微小部分 $\mathrm{d}l$ が点 P に作る電場の円環に垂直方向の成分 $\mathrm{d}E_\perp(z)$ は

$$\mathrm{d}E_\perp(z) = \frac{1}{4\pi\varepsilon_0}\frac{\rho\mathrm{d}l}{z^2+r^2}\cos\theta = \frac{1}{4\pi\varepsilon_0}\frac{\rho z\mathrm{d}l}{(z^2+r^2)^{3/2}}$$

$$\begin{aligned}
\therefore\ \vec{E}_0(z) &= \int \mathrm{d}E_\perp \vec{e}_\perp = \frac{1}{4\pi\varepsilon_0}\frac{\rho z}{(z^2+r^2)^{3/2}}\int \mathrm{d}l\vec{e}_\perp \quad \text{注 13} \\
&= \frac{1}{2\varepsilon_0}\frac{\rho z r}{(z^2+r^2)^{3/2}}\vec{e}_\perp
\end{aligned}$$

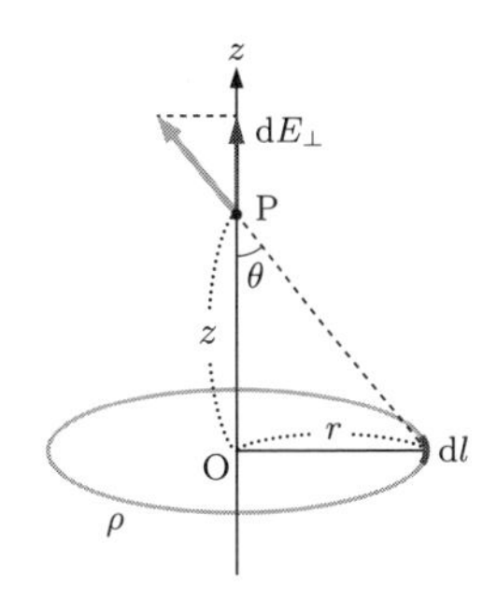

図 17

注 13　$\vec{e}_\perp$ は円環に垂直な方向の単位ベクトルである.

(2)　$\vec{E}_R(z) = \int \mathrm{d}\vec{E}_0 = \frac{1}{2\varepsilon_0}\int_0^R \frac{\sigma z r\mathrm{d}r}{(z^2+r^2)^{3/2}}\vec{e}_\perp = \cdots = \frac{\sigma}{2\varepsilon_0}\left(1 - \frac{z}{\sqrt{z^2+R^2}}\right)\vec{e}_\perp$

($\rho = \sigma\mathrm{d}r$ が成立する.)

(3)　$\lim_{R\to\infty}\vec{E}_R(z) = \frac{\sigma}{2\varepsilon_0}\vec{e}_\perp$

$$\lim_{R\to 0}\vec{E}_R(z) = \lim_{R\to 0}\frac{\pi R^2\sigma}{2\varepsilon_0}\frac{1}{\pi R^2}\left(1 - \frac{z}{\sqrt{z^2+R^2}}\right)\vec{e}_\perp$$

$\downarrow$ $\pi R^2\sigma = Q$ (一定)

$$= \frac{Q}{2\pi\varepsilon_0}\lim_{R\to 0}\frac{1 - \frac{z}{\sqrt{z^2+R^2}}}{R^2}\vec{e}_\perp$$

$\downarrow$ ロピタルの定理

$$= \frac{Q}{2\pi\varepsilon_0}\lim_{R\to 0}\frac{\frac{Rz}{(z^2+R^2)^{3/2}}}{2R}\vec{e}_\perp = \frac{1}{4\pi\varepsilon_0}\frac{Q}{z^2}\vec{e}_\perp$$

予想されるように点電荷の作る電場に一致した.

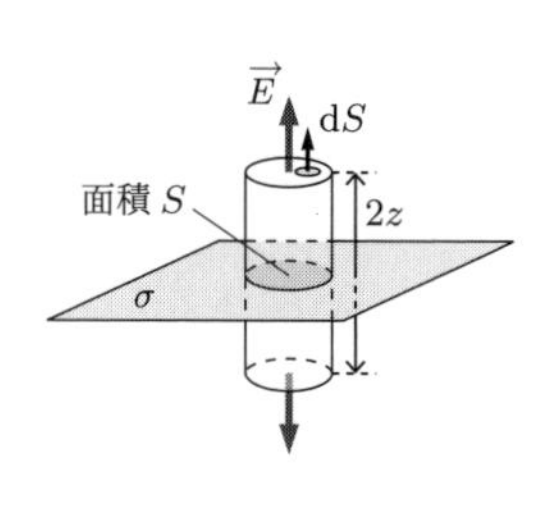

図 18

注 14　球対称な電荷分布ならば必ずこうなる．

注 15　球殻構造のため，内部の電場はゼロ．

19.3　図 18 のようにガウス面を設定すると，

$$\frac{\sigma S}{\varepsilon_0} = \int \vec{E} \cdot \mathrm{d}\vec{S} = E\ 2S \qquad \therefore\ \vec{E} = \frac{\sigma}{2\varepsilon_0}\vec{e}_\perp$$

19.4　いずれの場合もガウス面を電荷分布と同心の球に設定する．

$$\frac{Q_{\text{内部}}}{\varepsilon_0} = \int \vec{E} \cdot \mathrm{d}\vec{S} = E\ 4\pi r^2$$

$$\therefore\ E(r) = \frac{1}{4\pi\varepsilon_0}\frac{Q_{\text{内部}}}{r^2} \quad \text{注 14}$$

電場の向きは放射状に外向きである．

(1)　$r < R$ のとき $E(r) = 0$，　$R < r$ のとき $E(r) = \dfrac{1}{4\pi\varepsilon_0}\dfrac{Q}{r^2}$

(2)　$r < R_1$ のとき　$E(r) = 0$

$R_1 < r < R_2$ のとき　$E(r) = \dfrac{1}{4\pi\varepsilon_0}\dfrac{Q_1}{r^2}$

$R_2 < r$ のとき　$E(r) = \dfrac{1}{4\pi\varepsilon_0}\dfrac{Q_1 + Q_2}{r^2}$

(3)　$r < R$ のとき　$E(r) = \dfrac{1}{4\pi\varepsilon_0}\dfrac{1}{r^2} \cdot \rho \cdot \dfrac{4}{3}\pi r^3 = \dfrac{Q}{4\pi\varepsilon_0 R^3}r \quad \left(\rho = \dfrac{3Q}{4\pi R^3}\right)$

$R < r$ のとき　$E(r) = \dfrac{1}{4\pi\varepsilon_0}\dfrac{Q}{r^2}$

(4)　$E(r) = \dfrac{1}{4\pi\varepsilon_0}\dfrac{1}{r^2}\displaystyle\int_0^r \rho(r')4\pi r'^2\,\mathrm{d}r'$

第 21 章

21.1　(1) 電場は

$$r > R \text{ のとき } E(r) = \frac{1}{4\pi\varepsilon_0}\frac{Q}{r^2}, \quad r < R \text{ のとき } E(r) = 0$$

であるので電位は $r > R$ のとき，

$$V(r) = -\int_\infty^r E(r')\mathrm{d}r' = -\int_\infty^r \frac{1}{4\pi\varepsilon_0}\frac{Q}{r'^2}\mathrm{d}r'$$

$$= -\frac{1}{4\pi\varepsilon_0}\left[-\frac{Q}{r'}\right]_\infty^r = \frac{1}{4\pi\varepsilon_0}\frac{Q}{r}$$

$r < R$ のとき

$$V(r) = -\int_\infty^r E(r')\mathrm{d}r$$

$$= -\int_\infty^R E(r')\mathrm{d}r - \int_R^r \underbrace{E(r')}_{=0\ \text{注 15}}\mathrm{d}r$$

$$= \frac{1}{4\pi\varepsilon_0}\frac{Q}{R}$$

(2)　電場は

$$r \geq R \text{ のとき } E(r) = \frac{1}{4\pi\varepsilon_0}\frac{Q}{r^2}, \quad r \leq R \text{ のとき } E(r) = \frac{Q}{4\pi\varepsilon_0 R^3}r$$

であるので電位は (1) と同様に $r \geq R$ のとき，

$$V(r) = \frac{1}{4\pi\varepsilon_0}\frac{Q}{r}$$

$r < R$のとき

$$\begin{aligned}V(r) &= -\int_{\infty}^{r} E(r')\mathrm{d}r \\ &= -\int_{\infty}^{R} E(r')\mathrm{d}r - \int_{R}^{r} E(r')\mathrm{d}r \\ &= \frac{1}{4\pi\varepsilon_0}\frac{Q}{R} - \frac{Q}{4\pi\varepsilon_0 R^3}\left(\frac{1}{2}r^2 - \frac{1}{2}R^2\right) \\ &= \frac{Q}{8\pi\varepsilon_0 R}\left(3 - \frac{r^2}{R^2}\right)\end{aligned}$$

21.2 図19のように座標を設定すると，点$\mathrm{P}(0,0,z)$に微小部分$\mathrm{d}l$が作る電位は

$$\frac{1}{4\pi\varepsilon_0}\frac{\rho\mathrm{d}l}{\sqrt{a^2+z^2}} \quad (\rho\text{は線電荷密度})$$

これを円環に沿って積分するのだが，これは円環に沿って定数なので，点Pにおける電位$V(z)$は

$$V(z) = \frac{1}{4\pi\varepsilon_0}\frac{Q}{\sqrt{a^2+z^2}} \qquad \cdots (※)$$

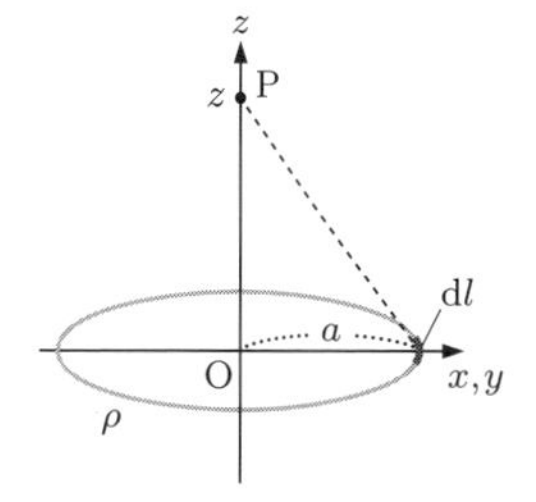

図19

系の対称性から$\vec{E}(z) = E_z(z)\vec{e}_z$と考えられる．そして，

$$E_z(z) = -\frac{\partial}{\partial z}V(z) = \frac{Q}{4\pi\varepsilon_0}\frac{z}{(\sqrt{a^2+z^2})^3}$$ [注16]

注16 直接電場を求める場合(試金石問題***19.2***(1))と比べてみてください．

注意) 式(※)の$V(z)$から

$$E_x = -\frac{\partial}{\partial x}V(z) = 0$$

とするのは誤りである．このように求めたいならば中心軸上に限らず$V(x,y,z)$を求めた上で微分しなければならない．

もし$V(z) = V(x_1,y_1,z)$ (x_1, y_1は任意の定数，上の問題の場合は$x_1 = y_1 = 0$)が得られたときに$E_z(z) = -\dfrac{\partial}{\partial z}V(z)$が成り立つことは次の計算で確認できる．

$$\begin{aligned}E_z(z) = E_z(\vec{r})\Big|_{x=x_1,y=y_1} &= -\frac{\partial}{\partial z}V(\vec{r})\Big|_{x=x_1,y=y_1} = -\frac{\partial}{\partial z}V(x_1,y_1,z) \\ &= -\frac{\partial}{\partial z}V(z)\end{aligned}$$

第22章

22.1 (1) 電場には重ね合わせが成り立つので，平行平板コンデンサーの作る電場は図21のような形になる[注17]．

注17 本当は図20のようになるが，端の寄与は無視する．

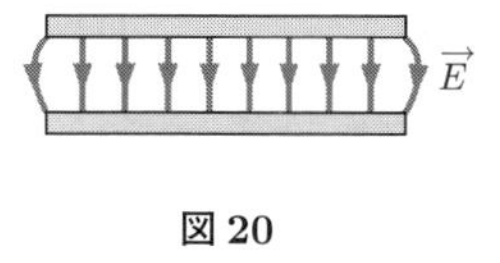

図20

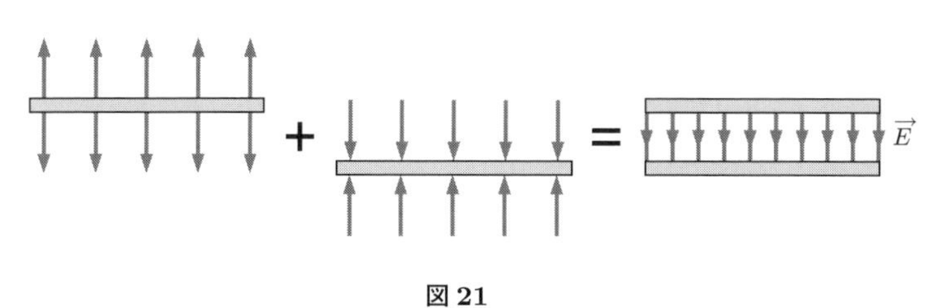

図21

極板に蓄えられた電荷を$\pm Q$とする．極板間に作られる電場の大きさEは，ガウスの法則より，

$$ES' = \frac{\sigma S'}{\varepsilon_0} \qquad \therefore\ E = \frac{\sigma}{\varepsilon_0} = \frac{Q}{\varepsilon_0 S} \quad (\sigma\text{は極板の面電荷密度})$$

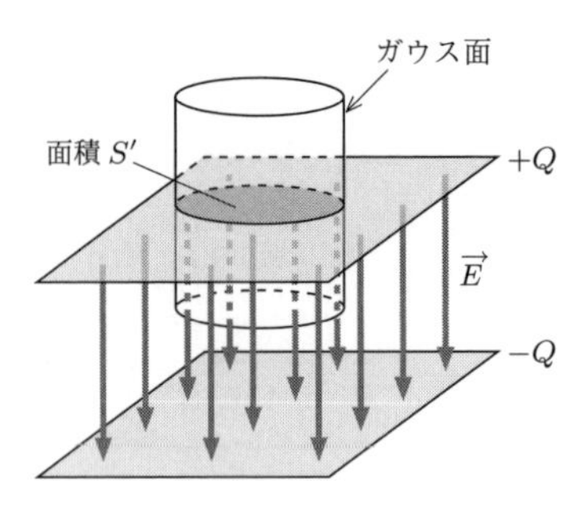

図 22

したがって，極板間の電位 V は

$$V = Ed = \frac{d}{\varepsilon_0 S}Q$$

$Q = CV$ と見比べて

$$C = \frac{\varepsilon_0 S}{d}$$

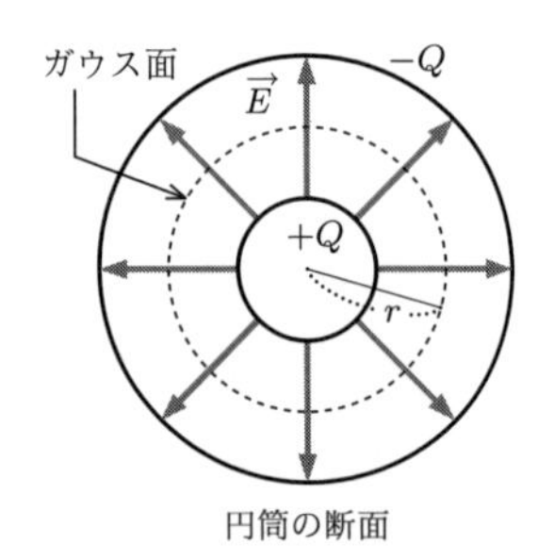

図 23

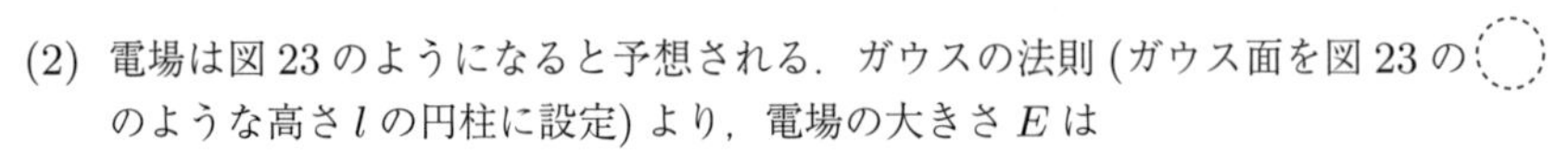

(2) 電場は図 23 のようになると予想される．ガウスの法則 (ガウス面を図 23 ののような高さ l の円柱に設定) より，電場の大きさ E は

$$E\ 2\pi rl = \frac{Ql}{\varepsilon_0} \qquad E(r) = \frac{1}{2\pi\varepsilon_0}\frac{Q}{r}$$

$$V = -\int_b^a E(r)\mathrm{d}r = \frac{Q}{2\pi\varepsilon_0}\ln\frac{b}{a}$$ 注 18

$Q = CV$ と見比べて

$$C = \frac{2\pi\varepsilon_0}{\ln\frac{b}{a}}$$ 注 19

注 18　電位の低い所から高い所へ積分するので，積分の始点を $r = b$ の地点，終点を $r = a$ の地点とする．

注 19　単位長さ当たりの電気容量である．

22.2 キルヒホッフ第一法則より，

$$I_1 + I_2 = I_3 \quad \cdots ①$$

キルヒホッフ第二法則より

ループ 1 : $E_\mathrm{A} = I_1R_1 + I_3R_3$

$$2.0\,\mathrm{V} = (1.0\,\Omega)I_1 + (3.0\,\Omega)I_3 \quad \cdots ②$$

ループ 2 : $E_\mathrm{B} = I_2R_2 + I_3R_3$

$$7.0\,\mathrm{V} = (2.0\,\Omega)I_2 + (3.0\,\Omega)I_3 \quad \cdots ③$$

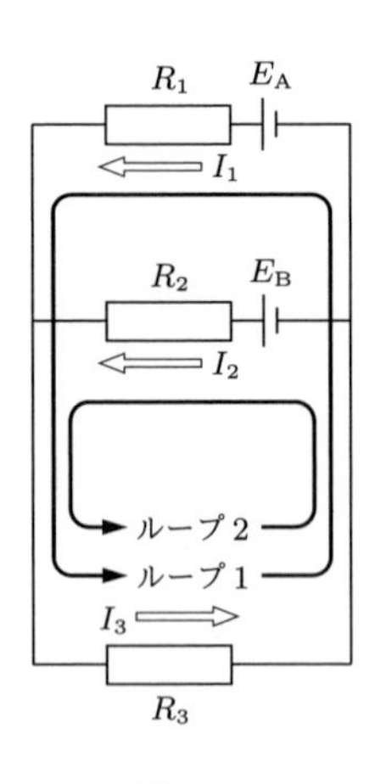

図 24

①と③から

$$(2.0\,\Omega)(I_3 - I_1) + (3.0\,\Omega)I_3 = 7.0\,\mathrm{V}$$

$$-(2.0\,\Omega)I_1 + (5.0\,\Omega)I_3 = 7.0\,\mathrm{V}$$

$$I_3 = \frac{7.0\,\mathrm{V} + (2.0\,\Omega)I_1}{5.0\,\Omega} \quad \cdots ④$$

②と④から

$$(1.0\,\Omega)I_1 = 2.0\,\mathrm{V} - (3.0\,\Omega)\left[\frac{7.0\,\mathrm{V} + (2.0\,\Omega)I_1}{5.0\,\Omega}\right]$$

$$\frac{11.0\,\Omega}{5.0} I_1 = 2.0\,V - \frac{(21.0\,\Omega\text{V})}{5.0\,\Omega}$$

$$I_1 = -1.0\,\text{A}$$

符号が負なので右向き

第 23 章

23.1 (1) ビオ・サバールの法則から求める．直線部分の電流は点 P に作る磁場に寄与しない ($\mathrm{d}\vec{l} \times \vec{r} = \vec{0}$)．したがって，

$$|\vec{B}| = \frac{\mu_0}{4\pi} \int_{\text{円弧}} \frac{I|\mathrm{d}\vec{l} \times \vec{r}|}{r^3} = \frac{\mu_0}{4\pi} \frac{I}{R^2} \int_{\text{円弧}} \mathrm{d}l = \frac{\mu_0 I}{4\pi R}\theta \quad \text{注 20}$$

注 20　$\mathrm{d}\vec{l} \perp \vec{r},\ r = R$

$\vec{B}$ の向きは紙面の奥向き．

(2) 円電流の微小部分が点 P に作る微小磁場は図 25 のようになる．

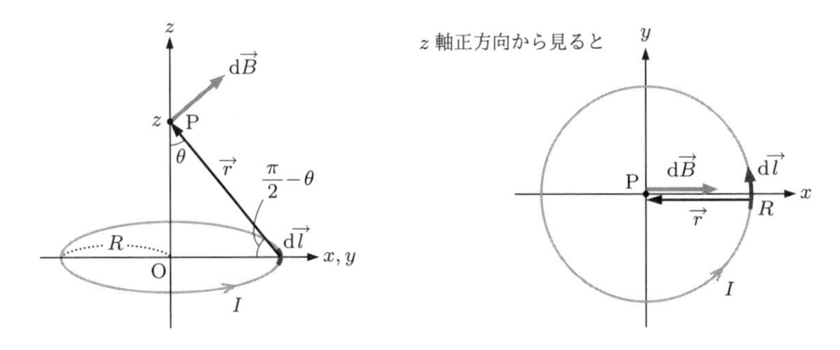

図 25

これを円に沿って積分すると z 成分のみが残る．したがって，

$$B_z = \frac{\mu_0 I}{4\pi} \int_{\text{円}} \frac{\cos(\pi/2 - \theta)\,\mathrm{d}l}{R^2 + z^2} = \frac{\mu_0 I}{4\pi} \int_0^{2\pi} \frac{R^2\,\mathrm{d}\theta}{(R^2 + z^2)^{3/2}}$$

$$= \frac{\mu_0 I}{2} \frac{R^2}{(R^2 + z^2)^{3/2}}$$

$$\therefore\ \vec{B} = \frac{\mu_0 I}{2} \frac{R^2}{(R^2 + z^2)^{3/2}} \vec{e}_z$$

ちなみに (1) で $\theta = 2\pi$ の場合と (2) で $z = 0$ の場合は同じ状況になる．実際に両者とも $|\vec{B}| = \dfrac{\mu_0 I}{2R}$ と一致する．

23.2 図 26 はソレノイドの断面図である．たとえば電流の微小部分 a と b がそれぞれ点 P に作る微小磁場の和はソレノイドに平行になる．すべての微小電流をこのようなペアに組むことができるので，ソレノイドの内外にかかわらず磁場の向きはソレノイドに平行になる (図中の d$\vec{B}$ の向き)．

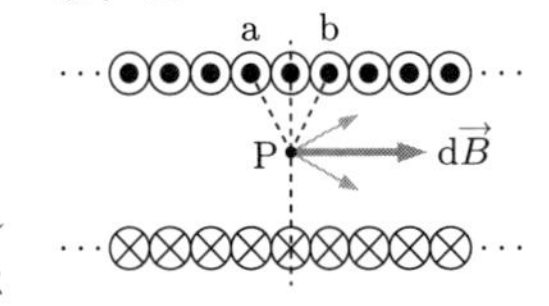

図 26

また，ソレノイドの外側では図 27 のように電流の微小部分 a′ と b′(互いに電流の向きが逆) が作る磁場がほぼ打ち消し，無限遠方では完全に打ち消すと考えられる．すべての微小電流をこのようなペアに組むことができるので，無限遠方での磁場は $\vec{0}$ である．

P ∞ $B \to 0$

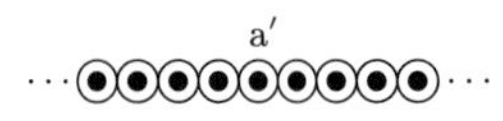

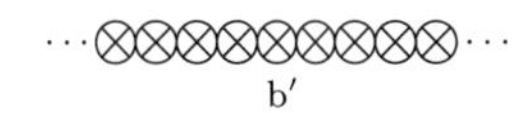

図 27

さて，ソレノイドの外側で図 28 のような閉曲線 abcd に対しアンペールの法則を適用すると，辺 ab と辺 cd では積分に寄与がない ($\mathrm{d}\vec{l} \perp \vec{B}$)．よって，この閉曲線を貫く電流はないので辺 bc と辺 ad の寄与が等しくなる．辺 ad を無限遠方へもっていくと，そこでの磁場は $\vec{0}$ だから辺 ad の寄与もなくなり，辺 bc での磁場も $\vec{0}$ であることがわかる．したがってソレノイドの外側では $\vec{B} = \vec{0}$ である．

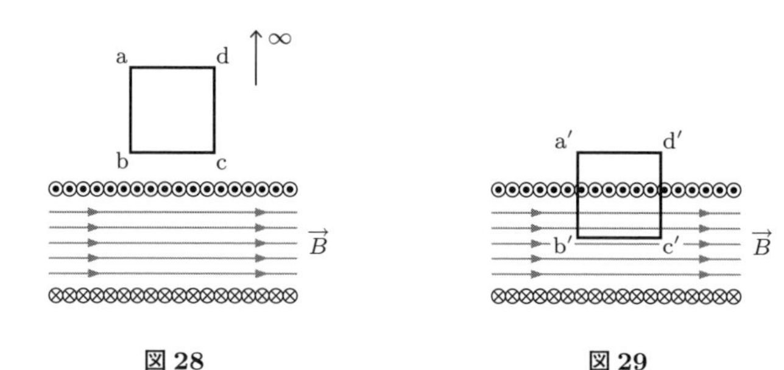

図 28　　　図 29

次に，図 29 のような閉曲線 a′b′c′d′ に対しアンペールの法則を適用する．先と同様に辺 a′b′ と辺 c′d′ で積分に寄与はない．辺 a′d′ でも積分に寄与がない (磁場が $\vec{0}$)．したがって次がわかる．

$$B = \mu_0 n I$$

23.3 電子がローレンツ力 $-evB$ を受けて下面側へ移動するので上面の電位が高くなる．その結果生まれる電場の大きさを E とすると，電場から受ける力 $-eE$ とローレンツ力 $-evB$ がつり合うまで電子の移動が起こる．したがって，

$$-eE = -evB \quad \therefore\ E = vB \quad \therefore\ V = El = vBl$$

23.4 (1) 導体棒の両端には $V = vBl$ の電位差ができるので，

$$I(v) = \frac{V}{R} = \frac{vBl}{R}$$

(2) 導体棒には大きさ $IBl = \dfrac{B^2l^2}{R}v$ のローレンツ力が運動を妨げる向きに働くので，次の運動方程式が成り立つ．

$$m\frac{\mathrm{d}v(t)}{\mathrm{d}t} = -\frac{B^2l^2}{R}v(t) \quad \therefore\ v(t) = v_0 e^{-\frac{B^2l^2}{mR}t}$$

(3) $Q_J = \displaystyle\int_0^\infty RI^2(t)\,\mathrm{d}t = \cdots = \frac{1}{2}mv_0^2$ (はじめに導体棒が持っていた運動エネルギー)

第 24 章

24.1 曲面のとり方で磁束の値が変わってしまうのであれば，図 30 のようなグニャグニャの回路でどのように曲面をとればよいのかわからなくなってしまう．しかし，そのような心配をする必要はないというのがこの問題の意図である．

図 30

たとえば図 31 のような 2 つの曲面を考える．

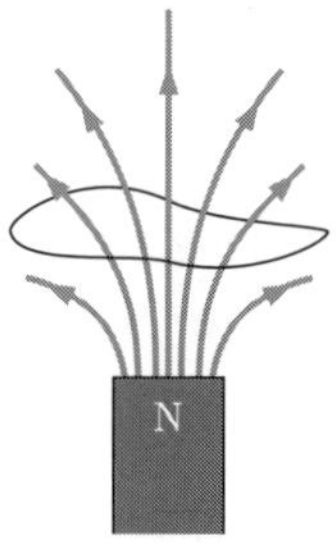

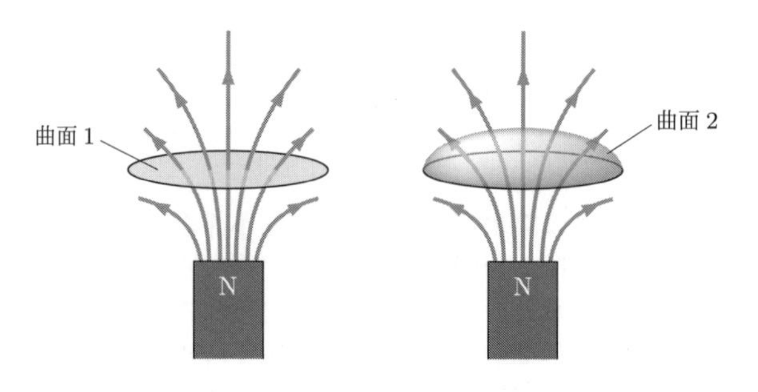

図 31

磁場に関しては次の "磁場についてのガウスの法則" が成り立つ．

$$\int_{\text{閉曲面}} \vec{B}\cdot\mathrm{d}\vec{S} = 0$$ 注 21

注 21　この式の $\mathrm{d}\vec{S}$ は閉曲面の内から外向きを正ととるので，曲面 1 での $\mathrm{d}\vec{S}$ は図 32 において下向きになる．

この法則を図 32 のように曲面 1 と曲面 2 で囲まれた閉曲面に適用し，面積分を曲面 1 と曲面 2 の部分に分けて書くと，

$$\int_{\substack{\text{曲面 1}\\(\text{下向き正})}} \vec{B}\cdot \mathrm{d}\vec{S} + \int_{\text{曲面 2}} \vec{B}\cdot \mathrm{d}\vec{S} = 0$$

$$\therefore\ -\int_{\substack{\text{曲面 1}\\(\text{上向き正})}} \vec{B}\cdot \mathrm{d}\vec{S} + \int_{\text{曲面 2}} \vec{B}\cdot \mathrm{d}\vec{S} = 0$$ 注 22

$$\therefore\ \Phi_{B1} = \Phi_{B2}$$

以上のことは回路 C，曲面 1，曲面 2 のとり方によらず成り立つ．つまり，Φ_B は曲面のとり方によらず一意に定まる．

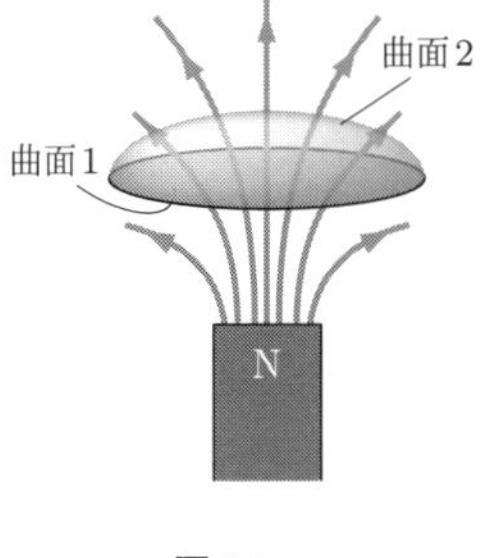

図 32

注 22　下向き正から上向き正に変える．そのとき符号が変わる．

24.2　右手前から左奥向きが磁束の正の方向なので，

$$\Phi_B(t) = -BS\cos\omega t \qquad \therefore\ V(t) = -\frac{\mathrm{d}\Phi_B}{\mathrm{d}t} = -BS\omega\sin\omega t$$

よって，オームの法則より，

$$I(t) = -\frac{BS\omega}{R}\sin\omega t$$

24.3　(1) キルヒホッフ第二法則より，

$$V - \frac{Q(t)}{C} - RI(t) = 0$$

図のような $Q(t)$ と電流の向きのとり方の場合，

$$\frac{\mathrm{d}Q(t)}{\mathrm{d}t} = I(t)$$

したがって，

$$V - \frac{Q(t)}{C} - R\frac{\mathrm{d}Q(t)}{\mathrm{d}t} = 0$$

(2)

$$\frac{\mathrm{d}Q(t)}{\mathrm{d}t} = -\frac{Q(t)}{RC} + \frac{V}{R}$$

$$\therefore\ \frac{\mathrm{d}}{\mathrm{d}t}(Q(t) - CV) = -\frac{1}{RC}(Q(t) - CV)$$

$$Q(t) - CV = Q_0 e^{-\frac{t}{RC}} \quad (Q_0\ \text{は定数})$$

$Q(0) = 0$ より

$$Q(t) = CV(1 - e^{-\frac{t}{RC}})$$

(3)

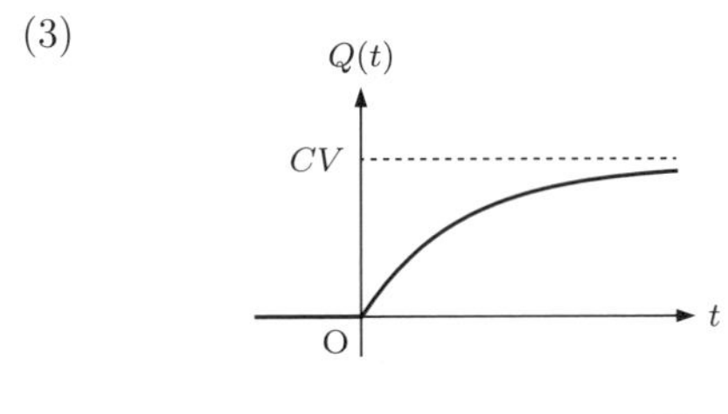

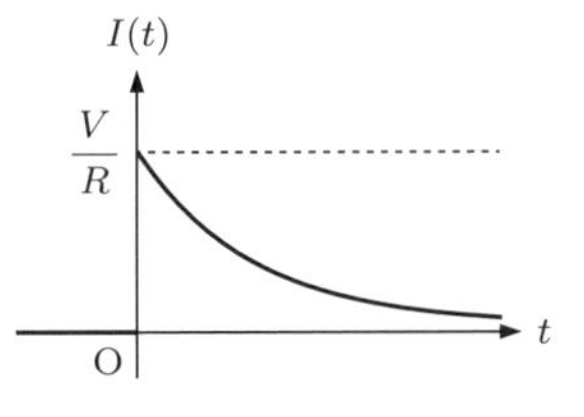

図 33

$$\left(I(t) = \frac{\mathrm{d}Q(t)}{\mathrm{d}t} = \frac{V}{R}e^{-\frac{t}{RC}}\right)$$

つまりコンデンサーはスイッチを入れた瞬間は結線されたように振舞い，十分時間が経つと断線されたように振舞う．

第 25 章

25.1 コンデンサーに対し図 34 のように閉曲線 C を取る．アンペールの法則によると，閉曲線 C に沿った線積分 $\oint_C \vec{B}\cdot \mathrm{d}\vec{l}$ は閉曲線 C を縁とする任意の面を通る電流に μ_0 をかけたもの $(\mu_0 I)$ に等しくなるはずである．図 34 のように閉曲線 C を縁とする平面 A と曲面 B を考える．平面 A の場合は，平面 A を電流 I が通るのでアンペールの法則が成り立つ．しかし，曲面 B の場合には，曲面 B には電流 I が通らないので，アンペールの法則が成り立たない．

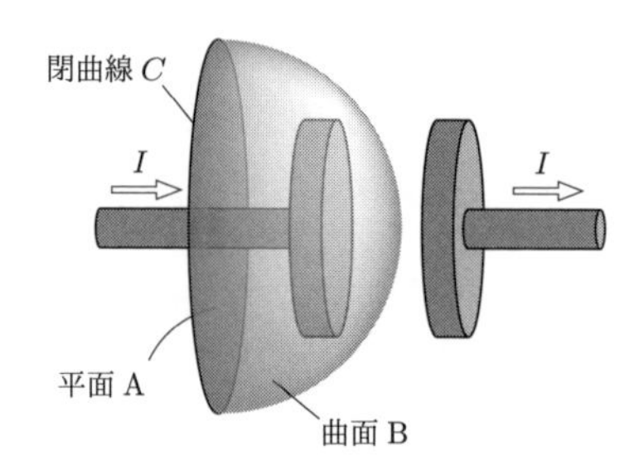

図 34

$$\oint_C \vec{B}\cdot \mathrm{d}\vec{r} = \mu_0(I_{\mathrm{in}} + I_{\mathrm{d}}) \qquad \left(I_{\mathrm{d}} = \varepsilon_0 \frac{\mathrm{d}}{\mathrm{d}t}\int_S \vec{E}\cdot \mathrm{d}\vec{S}\right)$$

上のアンペール・マクスウェルの法則ならば，曲面 B の場合でも，曲面を変位電流 I_{d} が通ると考えることができ，問題を解決することができる．

実際, コンデンサーの電極の面積を S, それぞれの電極に蓄えられた電荷を $+Q(t)$，$-Q(t)$ とすると，ガウスの法則から，

$$Q(t) = \varepsilon_0 S E(t)$$

となる．これを時間で微分すると，

$$\frac{\mathrm{d}Q(t)}{\mathrm{d}t} = \varepsilon_0 S \frac{\mathrm{d}E(t)}{\mathrm{d}t}$$

これより，曲面 B を考えた場合，

$$I_{\mathrm{d}} = \varepsilon_0 \frac{\mathrm{d}}{\mathrm{d}t}\int_{\mathrm{B}} \vec{E}\cdot \mathrm{d}\vec{S} = \varepsilon_0 S \frac{\mathrm{d}E(t)}{\mathrm{d}t} = \frac{\mathrm{d}Q(t)}{\mathrm{d}t} = I$$

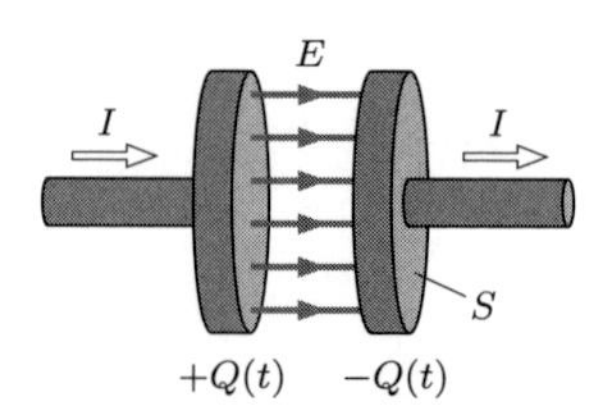

図 35

つまり，平面 A を考えた場合には $I_{\mathrm{in}} = I$，$I_{\mathrm{d}} = 0$ となり，曲面 B を考えた場合には $I_{\mathrm{in}} = 0$，$I_{\mathrm{d}} = I$ となるので，アンペール・マクスウェルの法則が矛盾なく成立する．

25.2 式微分形のアンペール・マクスウェルの法則の式を変形していく．

$$\vec{\nabla}\times\vec{B} = \mu_0\vec{j} + \mu_0\varepsilon_0\frac{\partial\vec{E}}{\partial t}$$

両辺に回転をとり，$\vec{\nabla}\times(\vec{\nabla}\times\vec{A}) = -\nabla^2\vec{A}+\vec{\nabla}(\vec{\nabla}\cdot\vec{A})$ の関係を適用する．

$$\vec{\nabla}\times(\vec{\nabla}\times\vec{B}) = \mu_0\vec{\nabla}\times\vec{j}+\mu_0\varepsilon_0\vec{\nabla}\times\frac{\partial\vec{E}}{\partial t}$$

$$-\nabla^2\vec{B}+\vec{\nabla}(\vec{\nabla}\cdot\vec{B}) = \mu_0\vec{\nabla}\times\vec{j}+\mu_0\varepsilon_0\underline{\frac{\partial}{\partial t}(\vec{\nabla}\times\vec{E})}\ ^{\text{注 23}}$$

注 23　時間微分と空間微分を入れ替えます．

真空中では電流がないことに注意し，微分形の磁場に関するガウスの法則とファラデーの法則を適用すると，

$$-\nabla^2\vec{B}+\vec{\nabla}(\underbrace{\vec{\nabla}\cdot\vec{B}}_{0}) = \mu_0\underbrace{\vec{\nabla}\times\vec{j}}_{0}+\mu_0\varepsilon_0\underline{\frac{\partial}{\partial t}(\vec{\nabla}\times\vec{E})}$$

$$-\nabla^2\vec{B} = -\mu_0\varepsilon_0\frac{\partial^2\vec{B}}{\partial t^2}$$

となり式 (25.4) が導かれる．

付録　準備編

付録 B

B.1　(1) $y=\sqrt{x^3+1}=(x^3+1)^{\frac{1}{2}}$

$$\frac{\mathrm{d}y}{\mathrm{d}x}=\frac{1}{2}(x^3+1)^{-\frac{1}{2}}(3x^2)=\frac{3x^2}{2}(x^3+1)^{-\frac{1}{2}}=\frac{3x^2}{2\sqrt{x^3+1}}$$

(2)　$y=e^{\sqrt{x}}=\exp(x^{1/2})$

$$\frac{\mathrm{d}y}{\mathrm{d}x}=\exp(x^{1/2})\frac{1}{2}x^{-1/2}=\frac{e^{\sqrt{x}}}{2\sqrt{x}}$$

(3)　$\dfrac{\mathrm{d}y}{\mathrm{d}x}=\dfrac{1}{\sin(x^2-2)}\cos(x^2-2)(2x)=\dfrac{2x\cos(x^2-2)}{\sin(x^2-2)}$

B.2　積の微分公式より

$$\frac{\mathrm{d}}{\mathrm{d}x}\left[\frac{f(x)}{g(x)}\right]=\frac{1}{g(x)}\frac{\mathrm{d}}{\mathrm{d}x}f(x)+f(x)\frac{\mathrm{d}}{\mathrm{d}x}\frac{1}{g(x)}$$

合成関数の公式より，右辺第 2 項の微分部分は

$$\frac{\mathrm{d}}{\mathrm{d}x}\frac{1}{g(x)}=\frac{\mathrm{d}}{\mathrm{d}x}g(x)^{-1}=-g(x)^{-2}g'(x)=-\frac{g'(x)}{g^2(x)}$$

となります．故に，

$$\frac{\mathrm{d}}{\mathrm{d}x}\left[\frac{f(x)}{g(x)}\right]=\frac{1}{g(x)}f'(x)-f(x)\frac{g'(x)}{g^2(x)}$$

$$=\frac{f'(x)g(x)-f(x)g'(x)}{(g(x))^2}$$

付録 C

C.1　$$\tan x=a_0+a_1x+a_2x^2+a_3x^3+a_4x^4+\cdots$$

とべき級数の形で置く．

$$f(x)=\tan x$$

$$f'(x)\overset{\text{注 24}}{=}\sec x=\tan^2 x+1$$

注 24　$\sec x=\dfrac{1}{\cos x}$

$$
\begin{aligned}
f''(x) &= 2\tan x \sec^2 x = 2\tan x(\tan^2 x + 1) \\
&= 2\tan^3 x + 2\tan x \\
f'''(x) &= 6\tan^2 x \sec^2 x + 2\sec^2 x \\
&= 6\tan^2 x(\tan^2 x + 1) + 2(\tan^2 x + 1) \\
&= 6\tan^4 x + 8\tan^2 x + 2
\end{aligned}
$$

0 次

$$
f(0) = \tan 0 = a_0 + 0 + 0 + 0 + 0 + \cdots \qquad \therefore\ a_0 = 0
$$

1 次

$$
\begin{aligned}
f'(x) &= a_1 + 2a_2 x + 3a_3 x^2 + 4a_4 x^3 + \cdots \\
f'(0) &= \tan^2 0 + 1 = a_1 + 0 + 0 + 0 + \cdots \qquad \therefore\ a_1 = 1
\end{aligned}
$$

2 次

$$
\begin{aligned}
f'(x) &= 2a_2 + 3\cdot 2a_3 x + 4\cdot 3a_4 x^2 + \cdots \\
f''(0) &= 2\tan^3 0 + 2\tan 0 = 2a_2 + 0 + 0 + \cdots \qquad \therefore\ a_2 = 0
\end{aligned}
$$

3 次

$$
\begin{aligned}
f'(x) &= 3\cdot 2a_3 + 4\cdot 3\cdot 2a_4 x + \cdots \\
f'(0) &= 6\tan^4 0 + 8\tan^2 0 + 2 = 3\cdot 2a_3 + 0 + 0 + 0 + \cdots \qquad \therefore\ a_3 = \frac{1}{3}
\end{aligned}
$$

上の結果を①式にまとめると,

$$
\tan x = x + \frac{1}{3}x^3
$$

C.2 $(1.005)^{20} = (1 + 0.005)^{20} = 1 + 20(0.005) + \dfrac{20(20-1)}{2!}(0.005)^2$
$= 1.10475$

関数電卓の計算結果 1.104895577 と小数点第 3 位まで一致している.

参考文献

力学編

- 栗焼久夫・鴇田昌之・原田恒司・矢山英樹・本庄春雄・副島雄児『基幹物理学』(培風館, 2014)
- 山本義隆『磁力と重力の発見』(みすず書房, 2003)
- Paul G. Hewitt, John Suchocki, Leslie A. Hewitt『物理科学のコンセプト 2 エネルギー』(共立出版, 2015)
- 末廣一彦・斉藤準・鈴木久男・小野寺彰『カラー版　レベル別に学べる　物理学 I 改訂版』(丸善出版, 2015)

熱力学編

- 栗焼久夫・鴇田昌之・原田恒司・矢山英樹・本庄春雄・副島雄児『基幹物理学』(培風館, 2014)
- 高林武彦『熱学史　第二版』(海鳴社, 1999)
- 山本義隆『熱学思想の史的展開 1–3 —熱とエントロピー』(ちくま学芸文庫, 2008–2009)
- 末廣一彦・斉藤準・鈴木久男・小野寺彰『カラー版　レベル別に学べる　物理学 II　改訂版』(丸善出版, 2016)

電磁気学編

- 末廣一彦・斉藤準・鈴木久男・小野寺彰『カラー版　レベル別に学べる　物理学 II　改訂版』(丸善出版, 2016)
- Raymond A. Serway and John W. Jewett Jr., *Physics for Scientists and Engineers with Modern Physics* (7th ed.), Brooks/Cole-Thomson, 2007.

準備編

- 工学院大学基礎教養教育部門『物理学実験』(学術図書出版社, 2014)

索　引

■ な 行

■ は 行

■ ま 行

■ や 行

■ ら 行

著者紹介

浅賀　圭祐（あさか　けいすけ）

岩手大学教学マネジメントセンター講師，博士（理学）．
北海道大学にて素粒子物理学を専攻し，北海道大学高等教育推進機構特定専門職員，玉川大学学術研究所助教を経て2023年2月より現職．現在の専門は高等教育（特に教学IR）．

秋山　永治（あきやま　えいじ）

博士（理学）．新潟工科大学工学部准教授．同大学教育センター兼任．北海道大学高等教育推進機構特定専門職員，新潟工科大学工学部講師を経て，2021年10月より現職．

監修者紹介

鈴木　久男（すずき　ひさお）

北海道大学理学研究院物理学部門教授

大学初年次で学ぶ物理のコツ

2020年3月30日　第1版　第1刷　発行
2023年2月10日　第1版　第2刷　発行

著　者　浅賀圭祐
　　　　秋山永治
監修者　鈴木久男
発行者　発田和子
発行所　株式会社　学術図書出版社

〒113−0033　東京都文京区本郷5丁目4の6
TEL 03−3811−0889　振替　00110−4−28454
印刷　三松堂（株）

定価はカバーに表示してあります．

ISBN978−4−7806−0850−2　C3042